KB151287

반려견 기초 그루밍

천선화

박영story

머리말

이 책은 애견미용사로서 가장 먼저 익혀두어야 할 지식과 범용성이 높은 트리밍 기법을 한 권에 담은 입문서입니다. 기본적인 지식과 미용기술부터 국가공인 반려견스타일리스트 자격증에 관한 내용까지 담아 반려동물 관련 학과 학생들의 그루밍 교과서로 쓰일 수 있도록 기술하였습니다. 애견미용 기술에는 정석이 없으나 20여 년 동안 애견미용을 해오면서 익힌 기술과 최근의 애견미용 업계의 트렌드와 정보, 독자성이 높은 내용도 적극적으로 기술했습니다. 이 책이 기초적인 입문서로만이 아니라 학교의 주교재나 부교재로 꼭 활용되기를 바라며, 애견미용을 배우는 분들에게 조금이나마 도움이 되길 진심으로 기원합니다.

차례

I

작업장 및 미용 숍 안전위생관리

I 작업장 및 미용 숍 안전위생관리

1 안전 수칙 파악하기

1) 작업장과 미용 숍의 차이

작업장은 동물을 실제로 미용하는 공간을 의미하며, 미용 숍은 작업장 외의 공간으로 반려동물 관련 용품을 전시 또는 판매하며, 고객과 상담하고, 반려동물이 대기하는 공간 등을 의미한다.

2) 미용사의 안전 수칙

미용사는 동물과 장시간 미용작업을 하고, 작업장에는 여러 미용도구 및 기자재들이 있으므로 미용사는 본인의 안전뿐만 아니라 동물의 안전, 작업장 내의 안전을 위해 항상 신경을 써야 한다. 또한 미용사는 미용 숍에 방문하는 고객에게도 사전에 안전 교육을 하여 작업장 내에서 불의의 사고가 일어나지 않도록 한다.

- 미용사는 미용 숍과 작업장 안에 있는 모든 시설 및 작업 도구를 주기적으로 점검해야 한다.
- 동물의 갑작스러운 도주를 예방하기 위해 출입문과 통로에 있는 안전문을 꼭 닫고, 수시로 확인한다.
- 미용 숍과 작업장 안의 환경을 항상 청결하게 유지한다.
- 청결과 위생, 작업의 용이성 등을 고려하여 작업복을 선택한다.

- 작업 중 안전사고를 방지하기 위해 반드시 동물과 작업에만 집중한다.
- 작업장 안과 미용 숍, 특히 동물이 대기하는 장소에서 장난을 치거나 뛰어다니면 안 된다.
- 미용 숍 또는 작업장에 있는 소화기의 비치 장소를 알아야 한다.
- 하수구에는 절대로 유류를 버려서는 안 된다.
- 미용 숍과 작업장에서 절대 흡연을 하면 안 된다.

3) 고객의 안전 수칙 교육하기

- 고객에게 대기하는 다른 동물을 함부로 만지지 않도록 교육한다.
- 동물이 음식 섭취로 사고가 발생할 가능성이 있으므로 고객에게 대기하는 다른 동물에게 음식을 주지 않도록 교육한다.
- 동물 대기 장소에는 많은 동물이 있으므로 고객에게 뛰어다니지 않도록 이해시킨다.
- 동물의 갑작스러운 도주를 예방하기 위해 출입문과 통로에 있는 안전문을 꼭 닫도록 교육한다.
- 고객에게 미용사의 허락 없이 함부로 작업장에 들어가지 않도록 이해시킨다.
- 부득이하게 작업장에 들어갈 경우에는 노크를 하거나 벨을 눌러 사전에 미용사에게 알릴 수 있도록 교육한다.
- 집에서 얌전한 동물도 낯선 환경에서는 미용사에게 공격성을 나타낼 수 있다는 점을 사전에 고객에게 이해시킨다.
- 공격성을 나타내거나 예민한 동물을 보정하거나 진정시킬 때 고객의 도움이 필요할 수 있다는 점을 사전에 고객에게 이해시킨다.
- 동물과 미용사의 안전을 위해 반려동물에게 물림방지 도구를 착용시킬 수 있다는 점을 사전에 이해시킨다.
- 테이블에 설치되어있는 암줄은 동물에게 해가 되지 않으며, 낙상 등을 대비한 안전줄임을 인식시킨다.
- 고객을 간접적으로 교육하기 위해 교육 관련 인쇄물 등을 활용한다.

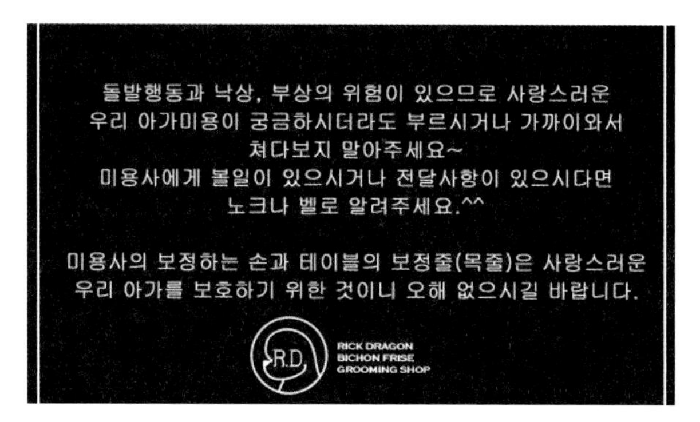

그림 I - 1 작업장과 관련된 고객용 안내문의 예시

❷ 안전사고 대처방법

1) 반려동물에게 발생할 수 있는 안전사고와 예방 및 대처방법

장시간 동안 미용을 하다 보면 예기치 못한 사고가 발생할 수 있다. 반려동물이 테이블에서 뛰어내려 다리의 골절이 일어날 수 있고, 미용도구에 의해서 반려동물이 다칠 수 있으며, 생각지도 못했던 곳에서 사고가 발생할 수 있다. 이러한 불의의 사고가 일어나지 않도록 안전 교육 및 대처방법에 대해 알아보고자 한다.

(1) 반려동물에게 발생할 수 있는 안전사고

① 테이블 및 높은 곳에서 낙상사고가 발생하는 경우

② 뜨거운 드라이 바람이나 뜨거운 물에 의해 화상을 입는 경우

③ 미용도구에 의한 상처가 발생하는 경우

④ 보호자와 떨어져 낯선 환경에 불안함을 느껴 건물 밖으로 도주하여 교통사고를 당하거나 실종되는 경우

⑤ 다른 동물들과 싸워 교상을 입는 경우

⑥ 이물질을 섭취하는 경우

(2) 반려동물에게 발생할 수 있는 사고의 예방 및 대처방법

① 테이블 및 높은 곳에서 낙상사고가 발생하는 경우

반려동물이 테이블 및 높은 곳에서 떨어져 낙상사고가 발생할 수 있다. 이로 인해 골절, 뇌손상, 쇼크 등이 올 수 있으므로 항상 주의해야 한다.

예방방법

- 테이블 위에 반려동물이 있을 시 미용사는 테이블을 떠나지 말아야 하며, 주의 깊게 지켜봐야 한다. 또한 암줄을 반려동물에게 착용한다. 혹 암줄을 불편해할 보호자를 위해 암줄의 필요성을 설명드리고, 미용실 문이나 보호자가 잘 보이는 곳에 암줄의 필요성을 적어 놓은 인쇄물을 붙여놓는 것을 추천한다([그림 I - 1] 작업장과 관련된 고객용 안내문의 예시 참고).
- 미용사가 반려동물이 있는 테이블을 벗어나야 하는 상황이 생긴다면 반려동물을 안고 이동을 하거나 애견이동장 및 애견 대기 장소에 두고 이동을 해야 한다.

대처방법

- 낙상 발생 시 반려동물 신체 중 어느 부분이 땅에 먼저 닿았는지 기억해야 하며, 반려동물의 의식이 있는 경우 걷는 행동에 이상이 없는지 관찰해야 한다. 다리의 절음이나 주저앉는 행동 등 이상이 발견될 경우에는 즉시 동물병원으로 이동해야 하며, 의식이 없는 경우 또한 즉시 동물병원으로 이동해야 한다.
- 낙상 발생 후 반려동물의 이상증상이 없다 하더라도 한동안 관찰해야 하며, 보호자에게도 이 사실을 알려 1~2일 동안은 이상증상이 없는지 관찰이 필요하다고 당부한다.

② 뜨거운 드라이 바람이나 뜨거운 물에 의해 화상을 입는 경우

반려동물의 피부는 사람에 비해 피부가 얇고 약하기 때문에 낮은 온도에서도 화상을 입을 수 있다. 목욕 시 뜨거운 물로 인해 화상을 입을 수 있으며, 장시간 사용해 뜨거워진 클리퍼의 날에 의해 화상을 입을 수가 있다. 또한 애견용드라이어나 헤어드라이어로 인해 화상을 입을 수 있다.

예방방법

- 물을 처음부터 반려동물에게 바로 적시지 않고, 벽이나 바닥 쪽으로 10초 이상 흘려보낸 후 온도가 차가운지 뜨거운지 확인한 후에 사용한다. 목욕 시 온도는 35~38℃가 적당하다. 그 이후에도 목욕 중 수시로 물의 온도를 측정하는 것이 중요하다.
- 장시간 사용하여 뜨거워진 클리퍼 날은 냉각기를 이용하여 식히거나, 여유분을 마련하여 교체해가며 사용하는 것도 좋은 방법이다. 클리퍼 날을 이용해 미용할 때에는 수시로 클리퍼 날의 온도를 체크하는 것이 중요하다.
- 애견용드라이어나 헤어드라이어를 동물에게 향하기 전에 미용사의 손바닥에 먼저 대어 보아 바람의 온도가 너무 뜨겁지 않은지 확인한다.
- 애견용드라이어나 헤어드라이어와 동물 사이가 30cm 이상 되도록 간격을 유지한다.

대처방법

- 반려동물이 화상을 입었을 시 화상 부위에 10분 이상 너무 차갑지 않은 물이나 식염수를 흘려 화상 부위의 열기를 제거해준 후 화상 부위에 차가운 멸균거즈를 덮어 동물병원으로 이동한다.

③ 미용도구에 의한 상처가 발생하는 경우

반려동물의 발톱의 혈관 부분을 잘라 피가 난다거나 날카로운 미용도구를 미용테이블에 올려놓아 반려동물이 입으로 물거나 밟아 상처가 날 수 있다. 또한 반려동물의 갑작스러운 행동변화, 잘못된 미용도구 사용법, 잘못된 보정방법 등 미용도구로 인해 긁힘, 베임, 찢김 등이 발생할 수 있다.

예방방법

- 발톱을 자를 시 혈관을 자르지 않도록 주의한다. 혈관이 보이는 발톱은 혈관 바로 앞까지 잘라주며, 혈관이 보이지 않는 검정발톱인 경우는 발톱을 조금씩 잘라 단면에 검은색 점이 보일 때까지 잘라준다.

그림 I - 2 검정발톱 단면

- 작업 중에 필요한 도구만 손에 들고 사용하며, 그 외 도구들은 보관함이나 미용도구 카트를 사용하여 보관하는 것이 바람직하다.
- 작업 중에 예기치 못한 반려동물의 갑작스러운 행동이 나올 수 있으므로 반응에 대처할 수 있도록 주의 깊게 관찰하면서 작업해야 하며, 특히 얼굴 미용 시 도구 잡는 힘을 빼고 작업을 해야 혀를 내민다든지 얼굴을 갑자기 돌리는 행동에 대한 대처를 신속히 할 수 있다. 특히 입 주변 미용 시 혀가 나오지 않도록 보정 후 미용작업을 해야 한다.
- 겨드랑이, 턱업, 배 부분은 클리핑 미용 시 상처가 빈번히 발생하는 곳이므로 주름이 생기지 않도록 최대한 피부를 당겨 클리핑해야 한다.

대처방법

- 발톱에 출혈 발생 시 지혈제를 이용하여 지혈한다.
- 지혈제가 없을 시 가벼운 출혈은 멸균솜이나 클로르헥시딘 솜, 면봉 등을 이용하여 출혈이 멈출 때까지 압박한다.
- 지혈을 하여도 출혈이 계속 진행되면 동물병원에 내원해야 한다.

④ 보호자와 떨어져 낯선 환경에 불안함을 느껴 건물 밖으로 도주하여 교통사고를 당하거나 실종되는 경우

보호자와 떨어지면 낯선 환경에 불안함을 느끼고 스트레스를 받는 경우가 있다. 이 경우 주인과 같이 들어온 문으로 탈출을 시도하거나 살짝 열린 문밖으로 도주를 하여 큰 사고로 이어질 수 있다.

예방방법

- 작업장 안에서 밖으로 통하는 출입구 전에 이중으로 안전문을 설치하고, 안전문이 잘 잠겨있나 수시로 확인한다.
- 안전문을 쉽게 뛰어넘을 수 있는 점프력이 좋은 반려동물이나 대형견일 경우에는 케이지 안에 넣어두는 것이 좋다. 이때 안정감을 주기 위해 케이지 안에 평소에 가지고 놀던 장난감이나 방석을 넣어두는 것도 좋은 방법이다.
- 반려동물의 대기 공간에 CCTV를 설치하여 수시로 확인한다.

대처방법

- 당황하여 소리를 지르거나 쫓아가는 행동은 오히려 동물이 겁을 먹고 멀리 도망가거나 놀자는 의미로 인식할 수 있어, 흥분을 하지 못하도록 조심히 다가가거나 앉아서 반려동물의 이름을 부른다.
- 공격성을 나타내거나 겁을 먹은 동물은 억지로 잡으려고 하면 놀라서 더 멀리 도주를 하거나 미용사가 물리는 경우가 생길 수 있으니 넓은 수건이나 이불로 감싸 안는다.
- 잡을 수 없을 정도로 순식간에 밖으로 도주하는 동물은 주변사람들에게 도움을 요청하고, 동물이 차도로 뛰어들어 갈 경우에는 주변 운전자들에게 차를 멈추거나 속도를 줄이도록 요청한다.

⑤ 다른 동물들과 싸워 교상을 입는 경우

동물들이 낯선 환경에 와서 예민한 상태이므로 동물들 간에 예기치 못한 싸움이 발생할 수 있다.

예방방법

- 보호자에게 동물을 인계를 받기 전에 동물의 성격을 미리 파악한다.
- 동물 대기 시 독립된 케이지, 장, 울타리 등에 넣어 둔 후 문이 잘 잠겨있는지 확인한다.
- 미용사가 잘 보이는 곳에 동물을 대기하게 하고, 동물이 잘 있는지 수시로 확인해야 한다.
- 공간 부족 등으로 미용사가 보이지 않는 곳에 대기할 경우 CCTV를 설치하여 수시로 확인한다.
- 부득이하게 동물이 같은 공간에 있어야 하는 경우에는 체구가 비슷하고, 성향이 비슷한 동물끼리 함께 있도록 하며, 대형견과 소형견은 절대 같은 공간에서 대기하지 않도록 한다.
- 동물이 침을 흘린다거나 구석에 몸을 웅크리고 예민한 모습을 보이면 즉시 분리시키도록 한다.

대처방법

- 동물들의 싸움을 목격한 경우 동물에게 상해를 가하지 않는 안전한 물이나 물 스프레이를 몸이나 얼굴 쪽에 뿌려 즉각적으로 떨어뜨리는 것이 좋다.
- 싸움을 말리기 위해 동물의 목을 잡거나 옆구리를 잡아 들어 올리게 되면 방향전환성 공격성(redirected aggression)이 발현될 수 있으므로 이런 행동은 삼가야 한다.

✔ 방향전환성 공격성: 특정 자극에 흥분해 있을 때 다른 곳으로 방향이 전환되어 공격성이 나타나는 행동 (예: 엉뚱한 곳에 화풀이, 다른 개를 보고 흥분하거나 짖는 개를 통제하려고 하는 보호자를 공격하는 경우)

- 매우 흥분한 동물이 2차적으로 미용사를 물 가능성이 있으므로 주의해서 접근한다.
- 다른 동물을 문 동물은 충분히 가릴 수 있는 큰 수건이나 담요로 동물의 얼굴과 몸을 덮은 후 잡거나, 여러 개의 수건으로 미용사의 손을 감아 보호하고 물고 있는 동물의 뒤에서 접근하여 잡는다.
- 물린 동물의 상처 부위를 확인하고, 생리 식염수 등을 흘려서 세척한 후, 상처 부위를 멸균 거즈로 덮고 가까운 동물병원으로 이동한다.

⑥ 이물질을 섭취하는 경우

동물은 후각 능력이 사람보다 1만 배 이상이 뛰어나기 때문에 냄새를 맡으며 호기심을 표출한다. 보통 이물질을 섭취하는 경우는 배고파서, 심심해서, 지루해서, 호기심으로, 그리고 분리불안같이 스트레스를 풀기 위해 이물질을 섭취하는 경우가 생긴다.

이물질 삼킬 경우 자연스럽게 변으로 나오는 경우도 있지만 날카롭거나 큰 씨앗, 큰 이물질은 소화가 되지 않아 그대로 장에 내려가게 되면 장을 막게 되어 장 천공 및 합병증 등 장폐색을 일으켜서 생명에 지장을 줄 수도 있다.

예방방법

- 동물이 삼킬 수 있는 물건이 있는지 살피고 작업 전에 모두 치운다.
- 작업 전에 바닥에 떨어진 물건이 없도록 자주 청소하고 확인한다.
- 작업 중 동물이 잘라 낸 털을 삼키지 못하게 작업대에 털이 쌓이지 않도록 하고 수시로 작업대 위나 바닥을 청소한다.
- 목욕 시 탕 주변에 있는 비누 등을 삼키지 못하도록 모두 치운다.

대처방법

- 동물이 어떤 이물질을 섭취했는지 기억하고, 보호자에게 섭취 사실을 알린 후 동물병원으로 이동한다.
- 이물질 섭취 후 '켁켁' 기침을 한다거나, 잇몸과 혀의 색깔이 창백해지거나, 입을 벌린 채 헐떡거리거나 호흡곤란의 위급한 증상을 보일 때에는 하임리히법을 실시한다.
  - 하임리히법을 숙지하여 응급 상황에 대처한다.

그림 I - 3 잘못 섭취한 이물질을 제거하는 방법 1

출처: NCS 모듈 01. 애완동물미용 안전 · 위생관리 p.29

① 입이나 목에 이물질이 있는 것이 확인이 된다면 손보단 핀셋 등을 이용해 이물질을 제거하는 것이 좋다.

② 소형견일 경우 손이 닿지 않지만 털어서 나올 정도의 깊이라면 강아지의 양쪽 뒷다리를 잡아 거꾸로 세워 공중으로 올려서 탈탈 털듯이 흔들어 역류하게끔 유도한다.

③ 중/대형견일 경우 뒷다리를 잡아 머리를 아래쪽으로 향하게 한 다음 물구나무 자세를 한 후 등을 두드리거나 흔들어준다.

④ 소형견일 경우 복부가 하늘을 향하도록 눕힌 다음 머리를 아래쪽으로 향하게 하고 다리

를 위로 올려준다. 그리고 비스듬히 대각선으로 안아 올린 후 손바닥으로 가슴 가운데에 있는 흉곽을 압박하듯 머리 쪽으로 쓸어내린다.

⑤ 중/대형견일 경우 서있는 상태에서 배에 양팔을 두른 다음, 한 손은 주먹을 쥐고, 다른 손을 위에 얹어서 복부와 갈비뼈 사이를 빠르게 4~5번 압박한다.

이물질을 제거하였더라도 하임리히법으로 갈비뼈나 내부 장기에 손상이 있을 수 있고 여분의 이물질이 아직 남아 있을 수 있으므로 바로 동물병원으로 이동한다.

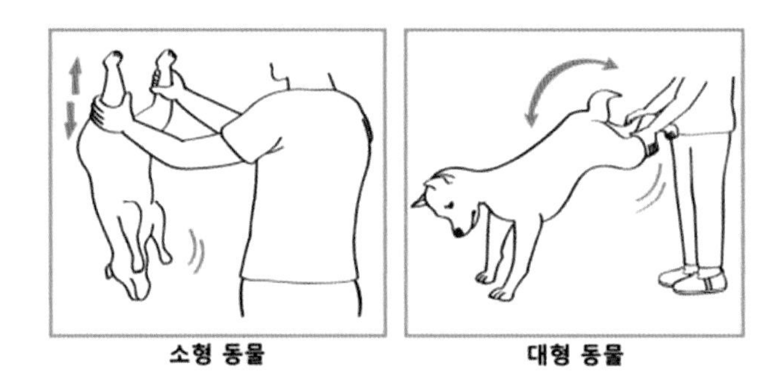

그림 I - 4 잘못 섭취한 이물질을 제거하는 방법 2

출처: NCS 모듈 01.애완동물미용 안전 · 위생관리 p.30

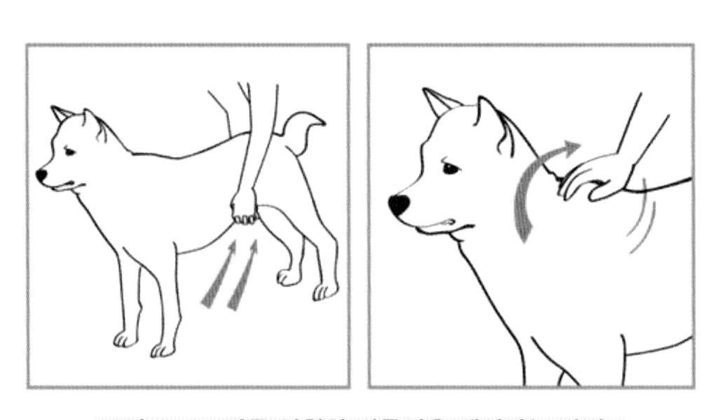

그림 I - 5 잘못 섭취한 이물질을 제거하는 방법 3

출처: NCS 모듈 01.애완동물미용 안전 · 위생관리 p.31

2) 미용사에게 발생할 수 있는 안전사고와 예방 및 대처방법

① 사나운 반려동물에게 물리는 사고

동물들이 불안해하고 두려움을 느끼거나 공격성을 나타내는 등의 부정적인 감정 상태로 인해 미용사가 물리는 경우가 발생한다.

예방방법

- 보호자에게 동물을 인계를 받기 전에 동물의 현재 상태, 미용스트레스, 성격, 입질 등의 여부를 미리 파악한다.
- 동물의 불안감을 낮추기 위해 보호자에게서 동물을 인계받을 때 동물과 정면으로 받지 말고, 동물의 등쪽으로 인계받는다. 즉, 동물이 현재 누구에게 인계가 되었는지 인식을 못 하도록 동물이 보호자를 바라본 상태에서 등을 미용사에게 향하도록 인계받는 것이 좋다.
- 입질이 있는 동물은 넥카라나 물림방지 도구를 착용하며, 보호자에게 미리 양해를 구한다.
- 입질이 있는 동물이라면 보호자에게 미용의 완성도보다 스트레스를 최소화하면서 신속하게 미용을 마무리하는 것에 대한 부분을 이해시키도록 한다.
- 동물이 편안한 상태가 되도록 시간을 주고 혼자 있을 수 있는 독립된 공간에 대기시킨다.

대처방법

- 동물에 의한 가벼운 교상 상처가 생겼다면 즉시 비누를 이용해 흐르는 물에 상처를 씻거나 생리 식염수를 흘려 씻어준다.
- 멸균 거즈나 깨끗한 수건으로 상처를 압박한다.
- 상처에 피가 계속 날 경우에는 15분 이상 압박하여 지혈한다.
- 항생제 연고를 바르고 반창고나 거즈, 붕대 등을 이용하여 상처 부위를 완전히 덮어 보호한다.
- 동물에 의한 상처 부위의 피부가 심하게 뚫리거나 근육이나 뼈가 드러나 상처 주변 부위를 움직일 수 없을 정도로 심한 교상 상처가 생겼다면 상처 부위를 멸균 거즈나 깨끗한 수건을 이용하여 완전히 덮고 압박하면서 병원으로 이동하여 처치를 받는다.
- 동물의 보호자에게 이 사실을 알리도록 한다.
- 동물이 옆으로 눈을 치켜뜨거나 몸을 구부리고 꼬리를 배 쪽으로 숨기거나 이빨을 드러내며, 으르렁대고 짖거나 귀가 긴장된 상태로 펴져 있거나 털이 곤두서 있는 등의 상태일 때에는 언제든지 돌발행동을 나타낼 수 있으므로 주의해야 한다.

② 반려동물이 사람에게 옮기는 질병(인수공통전염병)

인수공통전염병은 동물에 감염되는 병원체가 동시에 사람에게도 전염되어 감염을 일으키는 질병을 말하며, 박테리아, 바이러스, 기생충 등에 의해서 병이 옮겨진다.

• 옴 진드기

– 옴 진드기(Scabies mite)에 의하여 발생하는 동물 기생충성 피부 질환이다.

– 급성 열성 전염병, 홍반열과 라임병 등이 있으며, 증상은 교열과 발진 그리고 구토가 있다. 홍반열은 피부에 붉은 반점이 생기는 것이 특징이다.

– 밤에 심해지는 가려움증이 특징적이다.

• 곰팡이 피부병

– 면역력이 약하거나 나이가 많은 동물들이 비교적 걸리기 쉬운 질병이며, 따뜻하고 약한 습한 피부에서 생기기 쉬운 질병이다.

– 곰팡이 감염으로 인한 피부 질환으로 곰팡이에 감염된 동물에 직접 접촉하거나 오염된 미용기구, 욕조 등의 접촉으로 감염된다.

– 사람이 감염되면 가려움증, 피부 발적, 탈모 등의 증상이 나타난다.

• 고양이 할퀌병

– 고양이가 벼룩에게 물리거나 벼룩의 배설물 등을 통해 감염되는 질환이다.

– 벼룩으로 인해 고양이는 '바르토넬라 헨셀라에(Bartonella henselae)'라는 박테리아에 감염되게 되고, 이 박테리아에 감염된 고양이가 사람을 할퀴거나 물거나 사람의 상처를 핥으면 바르토넬라 헨셀라에는 사람에게 전달된다.

– 주로 이 박테리아는 야생고양이에게 감염되어 있을 경우가 높으며, 집에서 키우는 고양이는 극히 적다.

• 광견병

– 주로 야생동물이 사람에게 직접 전염시키거나 전염된 동물이 다시 사람에게 전염시키는 인수공통전염병이다.

– 광견병에 걸린 동물은 치사율이 99%다.

– 광견병은 광견병 바이러스(rabies virus)를 가지고 있는 동물에게 사람이 물려서 생기

는 질병으로 급성 뇌척수염의 형태로 나타난다.

– 반려동물의 경우 정기적으로 예방접종을 하고 있어 현재는 광견병에 걸릴 확률은 거의 없다.

예방방법

- 반려동물에게 정기적인 예방접종과 구충제를 투여한다.
- 할퀴이나 물림을 당하면 즉시 상처 부위를 소독해야 하며, 특히 피부가 약한 사람은 더 주의해야 한다.
- 상처 난 부분에 반려동물의 침이 닿지 않도록 주의한다.

• 회충, 지알디아, 캠필로박터, 살모넬라균, 대장균

– 이 병원균은 동물의 배설물 등에 의해 옮겨지며, 주로 입으로 감염되어 사람과 동물에게 장염과 같은 소화기 질병을 일으킨다.

③ 날카로운 미용도구에 의한 상처가 발생하는 경우

미용을 하다 보면 미용사의 실수나 예기치 못한 동물의 돌발행동으로 인해 미용도구에 의한 상처가 발생할 수 있다.

예방방법

- 미용도구를 다룰 때 안전수칙을 준수한다.
- 미용도구를 항상 소독 관리하여 청결하도록 유지한다.
- 동물의 돌발행동에 주의한다.

대처방법

- 비누를 이용해 흐르는 물에 상처를 씻거나 생리 식염수나 클로르헥시딘 또는 포비돈으로 소독한다.
- 상처 부위를 반창고로 덮어 상처 부위에 물이 들어가지 않게 한다.
- 출혈이 있는 경우에는 멸균 거즈나 깨끗한 수건으로 충분히 압박하여 지혈한다.
- 상처 부위가 크게 벌어지거나 지혈이 되지 않을 시 상황에 따라 멸균 거즈로 상처를 덮거나 압박한 후 병원으로 이동하여 처치를 받는다.

④ 화상에 의해 발생하는 사고

예방방법

- 미용도구를 이용하는 미용 시 미용도구가 뜨거운지 수시로 확인한다.
- 위험성이 있는 화학제품을 다룰 때는 유의사항을 익히고, 주의해서 다룬다.

대처방법

- 뜨거운 기기에 의한 열화상이 발생했을 시 차갑지 않은 흐르는 물로 20분 이상 열기를 식혀준다.
- 화학제품에 의한 화상이 발생했을 시 신속하게 미지근한 물로 화학제품을 세척한다.
- 충분히 세척을 한 뒤에는 화상 부위에 식염수를 적신 멸균 거즈를 가볍게 덮어 병원으로 이동한다.
- 일부러 수포를 터뜨리지 않는다.
- 화상 부위에 얼음을 대고 냉찜질을 하면 혈관을 수축시키고 오히려 회복을 더디게 할 수 있으니 주의해야 한다.

❸ 미용 숍 및 작업장 안전 장비 점검

1) 미용 숍 대기 장소의 안전 장비

익숙하지 않은 곳에서 대기하는 동물들은 극도의 스트레스와 불안감을 가지고 있으므로 안전사고 방지를 위해 주기적으로 안전 장비 점검표를 작성하며 점검한다.

(1) 안전문

- 동물의 도주를 예방하기 위해 출입구 및 동물이 들어가면 안 되는 곳에 안전문 설치는 필수적으로 이루어져야 한다.
- 안전문은 작은 동물들이 통과할 수 없도록 되도록 촘촘한 것으로 선택한다.
- 높이는 동물의 크기가 다 다르기 때문에 낮은 것보다 충분히 높아야 한다.
- 안전문의 잠금장치는 동물이 물리력을 가해도 쉽게 풀리지 않을 정도로 튼튼해야 하며, 동물이 쉽게 열고 가지 못하는 방향으로 제작되어야 한다.
- 안전문은 이중으로 설치하는 것이 좋으며, 안전문이 잘 닫혀있는지, 잠금장치가 잘 되어있는지 상시 확인한다.

그림 I - 6 작업장 입구에 설치된 안전문

(2) 울타리

- 울타리의 높이는 충분히 높아야 하며, 촘촘한 것으로 선택한다.
- 동물이 움직이면서 울타리 테두리를 건드렸을 때 넘어지는 사고를 막기 위해 울타리를 고정해두는 것이 좋다.
- 울타리 안에서 대기하는 동물마다 독립된 공간을 확보해주는 것이 좋다.
- 만약, 동물마다 독립된 공간을 제공하기 어려운 경우라면 견종, 연령, 크기, 나이, 상태 등을 고려하여, 동물들을 분리해서 대기하게 한다.

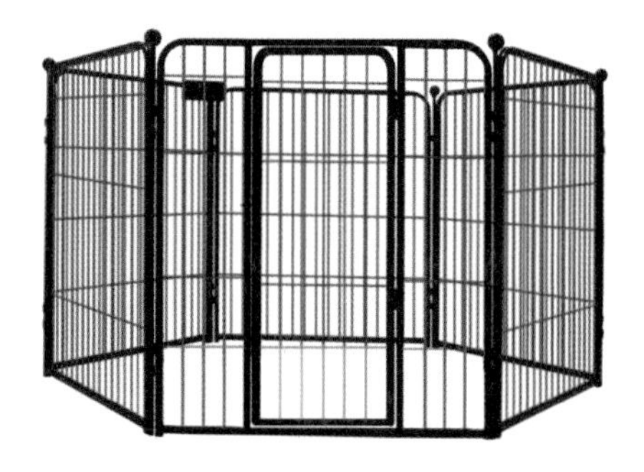

그림 I - 7 울타리

(3) 대기장

- 대기장은 고정되어 있고, 높이는 충분히 높아야 하며, 밖과 안이 보이는 것으로 제작한다.
- 대기장의 크기는 소형견 기준으로 1x1m 이상으로 제작한다.
- 동물이 물리력을 가해도 부서지지 않을 정도로 튼튼해야 한다.

- 대기장은 중소형견이 이용하는 것이 좋다.
- 대기장 안에는 편안함을 주기 위해 방석과 대변판을 같이 넣어 주도록 한다.
- 바닥재는 미끄럽지 않은 소재를 선택하여 미끄러짐 안전사고가 나지 않도록 한다.
- 동물이 대기하고 나간 후는 반드시 소독을 하여 위생에 신경을 써야 한다.

그림 I - 8 대기장

(4) 케이지

- 케이지는 여러 동물들이 동시에 대기하는 곳이다.
- 케이지 칸마다 난방과 냉방 시설이 되어있어야 하며, 혹 설치가 되어있지 않다면 공기 유입이 잘 될 수 있도록 문 아래·위쪽으로 동물이 나오지 못할 정도의 공간을 확보해 줘야 한다.
- 다른 동물들과의 접촉을 싫어하거나 공격성을 보이는 동물을 대기하게 한다.
- 특히 피부병이나 소화기 증상을 보이는 동물들은 다른 동물과 접촉을 최소화하기 위해 케이지에 대기하는 것이 좋다.
- 동물이 대기하고 나간 후는 반드시 소독을 하여 위생에 신경을 써야 한다.

그림 I - 9 케이지

(5) 이동장

- 예민하고 공격적인 성향을 보이는 동물과 특히 고양이는 이동장에서 대기하도록 하는 것이 좋다.
- 이동장은 동물이 평소 집에서 직접 사용하고 있는 것을 가지고 와서 대기하는 것을 추천한다.
- 예민하고 불안함을 느끼고 있는 동물이 여러 동물들이 사용한 이동장을 사용한다면 다른 동물의 냄새가 남아있어 불안함을 느낄 수 있기 때문에 추천하지는 않지만, 어쩔 수 없는 상황에 작업장에 있는 이동장을 사용해야 한다면 동물이 평소에 가지고 놀던 장난감 및 방석, 담요 등을 같이 넣어주어 불안함을 최소화시켜준다.
- 동물이 극도로 불안해하고 흥분한 경우에는 이동장을 천으로 가려 시선을 차단하고 어둡게 유지해, 최대한 안정감을 느끼도록 해준다.
- 이동장에서 동물을 꺼낼 때에는 강제로 꺼내지 말고, 이동장을 울타리나 케이지 안에 넣어 두고 이동장 문을 살짝 열어 동물이 스스로 나올 수 있는 환경을 조성한다.
- 이동장은 앞뿐만 아니라 위로도 열 수 있는 것으로 구비하는 것이 좋다.

그림 Ⅰ-10 이동장

2) 동물의 미끄러짐과 낙상 방지를 위한 미용테이블 안전장치

(1) 테이블 고정 암(arm)

- 테이블 고정 암은 미용작업을 하는 동안, 동물의 낙상 방지를 위해 움직임을 제한하도록 한 보정 장치이다.
- 단, 미용사와 동물이 함께 있을 때에만 사용하여야 하며, 동물을 혼자 대기시키는 목

적으로는 절대 사용해서는 안 된다.

– 미용작업 중 동물을 혼자 놔둬야 하는 상황이 발생한다면 대기장, 울타리, 케이지 등에서 대기시킨다.

– 미용테이블 위에 동물을 아주 짧은 시간이라도 혼자 놔둬야 하는 일이 생긴다면 미용사가 동물을 안고 이동을 해야 하며, 절대 동물을 미용테이블 위에 방치하여서는 안 된다.

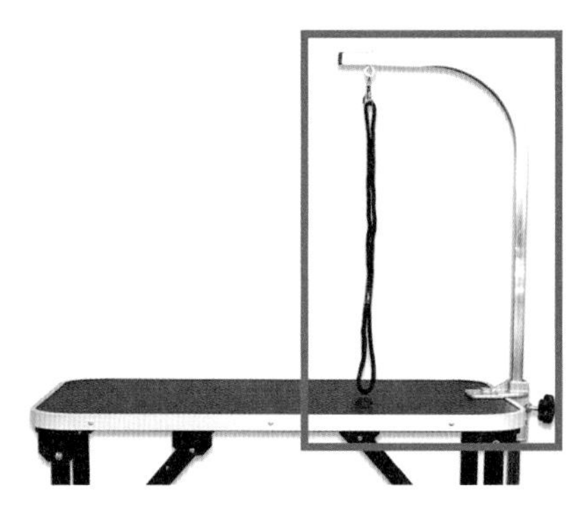

그림 I - 11 테이블 고정 암

(2) 테이블 바닥재

– 테이블 선택 시 미끄럽지 않은 바닥재를 선택하거나 테이블 위에 깔개를 깔아 미끄러짐과 낙상을 방지하도록 한다.

– 작업하는 동안 동물은 작업 테이블 위에서 대기하므로 작업 테이블 위에 동물이 섭취할 가능성이 있는 이물질이 없도록 청결하게 관리한다.

그림 I - 12 실리콘 테이블 바닥재

3) 물림방지를 위한 안전장치

- 입마개와 넥카라가 있다.
- 엘리자베스 칼라의 매끄러운 부분은 동물 쪽으로 하고 동물의 목 뒤에 잠금 부위가 오도록 착용시킨다. 이때 손가락 두 개가 들어갈 정도로 여유를 두고 고정한다.
- 입마개 착용 시 동물의 입 부분의 크기에 맞게 사이즈별로 선택해서 착용해줘야 하며, 착용 후 동물의 호흡 등 상태를 수시로 확인하여야 한다.
- 보호자에게 인계를 받을 때 입질이 있는 동물은 물림방지 안전장치를 사용할 수 있다고 사전에 공지를 해야 한다.
- 사용 후에 세척 및 소독하여 위생적으로 관리하고 점검한다.
- 동물의 안전사고를 방지하기 위해 날카로운 곳이나 손상된 곳이 없는지 수시로 점검한다.

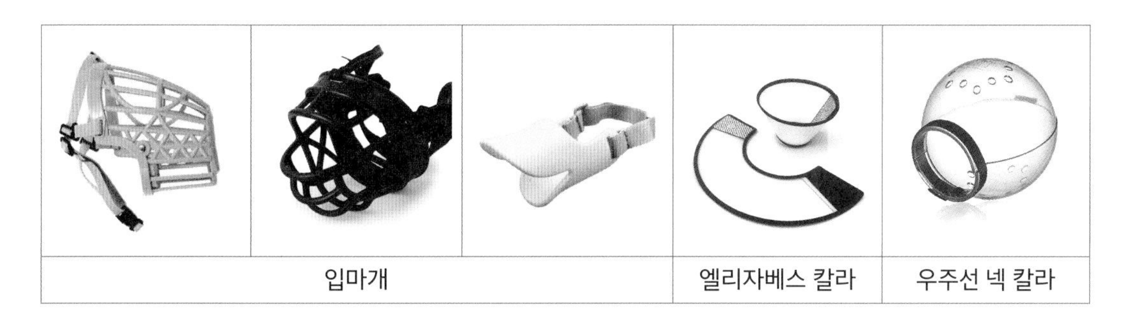

그림 Ⅰ - 13 입마개와 넥카라

4 작업장 위생관리

1) 소독과 멸균

소독은 세균의 아포를 제외한 병의 감염이나 전염을 예방하기 위하여 대부분의 병원성 미생물(바이러스, 세균, 곰팡이 등)을 파괴하여 죽이거나 제거하여 감염력을 없애는 것이다. 멸균은 아포를 포함한 모든 미생물을 사멸하는 것을 의미한다. 소독은 소독제를 이용하여 제거하고, 멸균은 화학멸균제, 살균제 등을 이용한다.

2) 소독 방법

(1) 화학적 소독

특정 화학약품을 이용하여 병원균을 죽이는 것을 말하며, 동물에 유해하지 않은 화학적 소독제 중 알맞은 소독제를 사용하여 소독해야 한다.

화학적 소독제 종류로는 클로르헥시딘, 페놀, 계면 활성제(세제와 비누), 과산화물, 알코올, 차아염소산나트륨, 크레졸, 할로겐 화합물 등이 있다.

• 클로르헥시딘

빠른 살균력과 약간의 진균을 살균하는 활성이 있다. 낮은 농도에서 미생물 원형질들을 손상시키고 높은 농도에서 세포 단백질과 핵산을 침전시킨다.

• 페놀

페놀은 피부를 자극하고 부식시키기 때문에 오늘날 소독제로써 사용되지 않고, 페놀유도체들을 비누 또는 세정제와 결합하여 화학적으로 그 독성을 줄이거나 항미생물활성을 높여서 사용한다. 가격이 저렴하여 넓은 공간을 소독할 때 적합하며, 고온일수록 소독 효과가 크고, 안정성이 강하여 오래 두어도 화학 변화가 없다. 유기물이 있는 표면에 사용해도 소독력이 감소하지 않는다. 하지만 점막, 눈, 피부에 자극성을 나타내고, 특히 고양이에서 독성을 나타내기 때문에 고양이가 있는 환경에서는 사용을 추천하지 않는다. 또 세정제와 혼합하여 결핵균바이러스 및 진균 살균제로 사용되지만 아포를 사멸시키지는 못한다.

• 계면 활성제(세제와 비누)

액체 부유물 또는 용액의 표면에 있는 분자들 사이에 존재하는 표면장력을 감소시키며, 물과 기름 모두에 잘 녹는 특징이 있다. 계면 활성제의 종류에는 비누나 샴푸, 세제 등과 같은 음이온 계면 활성제, 제4급 암모늄(역성 비누)과 같은 살균 소독용으로 사용되는 양이온 계면 활성제 등이 있다. 양이온 계면 활성제는 대부분의 세균 진균 바이러스를 불활성화시키지만, 녹농균, 결핵균, 아포에는 효과가 없다. 일반적으로 손, 피부, 점막, 식기, 금속 기구와 식품 등을 소독할 때 사용한다.

종류	특징
비누	피부와 의류에 매우 유용한 세정제이며, 몇몇 까다로운 병원성 세균에 대해 살균작용하지만 대부분 피부상재 미생물에는 화학적 소독효과가 없다.
세제(detergents)	높은 표면활성력을 나타내는 자연 또는 합성 비누들을 세제라고 한다. 그들의 화학구조에 의존해서 수용액에서 이온화가 되거나 안 될 수도 있다. 중성세제들은 살균제로서 유용하지 않다. 현재 가장 많이 사용하는 세제는 제피란(zephiran)이다. 이런 합성세제는 낮은 농도에서도 살균력이 있고, 비독성이고, 물에 용해되며 값이 싼 특징을 갖고 있지만, 거즈나 솜 등의 식물 섬유에 의해 불활성화된다.

• 과산화물

과산화물계 소독제는 과산화수소, 과산화초산 등을 포함하며, 산화력으로 살균 소독을 하고 산소와 물로 분해되어 잔류물이 남지 않는다. 자극성과 부식성을 나타내는 단점이 있다. 주로 2.5~3.5%의 농도로 사용한다.

• 알코올

알코올은 주성분이 에틸알코올로 이루어져 있으며, 무색투명한 휘발성 액체로, 특유한 냄새와 맛을 가지고 있다. 알코올은 적절한 조건에 살균효과가 나타나는데, 알코올 70%, 물 30% 희석하였을 때 넓은 범위의 소독력을 가진다. 또 지나치게 많이 사용하면 오히려 피부에 자극이 될 수 있다. 세균, 결핵균, 바이러스, 진균을 불활성화시키지만 아포에는 효과가 없다. 알코올 용액은 지질용매이기 때문에 피지선의 지방을 제거하고, 자연적인 피부 방어막을 손상시키기 때문에 피부를 건조시키고, 상처 난 조직에 사용 시 세포단백질을 응고시키기 때문에 손상을 악화시킬 수 있다.

• 포비돈

포비돈은 세균, 곰팡이, 원충, 일부 바이러스 등 넓은 범위의 살균력을 가지며, 주로 상처 소독용, 수술 전 소독용으로 사용한다. 알코올과 함께 사용하면 효과가 상승하며, 1~10%의 농도로 사용한다.

• 차아염소산나트륨

차아염소산나트륨은 락스의 구성 성분으로 식품의 부패균 또는 병원균 제거를 위한 살균제로써 사용되며, 살균 소독제, 표백제, 산화제로 사용한다. 개에서 전염성이 높은 파보, 디스템퍼, 인플루엔자, 코로나바이러스 등과 살모넬라균 등을 불활성화시킬 수 있고, 넓은 범위의 살균력을 가지며, 소독력 또한 좋다. 이 물질은 분해되면서 산소를 방출한다. 물에 용해가 잘 되며, 저장 중 수용액이 분해되어 염소가스가 생기기 때문에 환기에 특히 신경 써야 하며, 장기간 보관 시 살균제로써 효력이 떨어진다.

• 크레졸

콜타르에서 얻는 연한 갈색의 약산성 액체. 살균력이 강하여 소독제, 방부제 따위로 쓰인다. 녹농균 결핵균을 포함한 대부분의 세균을 불활성화시키지만, 아포나 바이러스에는 효과가 없다. 물에 가라앉으며 천천히 섞인다. 비누로 50% 유화해서 보통 비눗물과 혼합한 크레졸 비누액으로 많이 사용한다. 기구나 배설물 소독에는 보통 3~5%의 농도로 사용한다. 하지만 냄새가 강한 편이고, 금속을 부식시키며, 원액은 피부에 손상을 일으키므로 주의해서 사용해야 한다.

• 할로겐 화합물

요오드, 염소 등은 살균성이 있다. 생물의 활성을 억제하며, 단백질과 효소, 핵산을 손상시킨다.

종류	특징
요오드(iodine)	정상피부와 피부의 상처에 대해 효과적인 방부제이며 환경적 살균에 매우 유용하다. 살균범위가 높아 군류, 결핵균, 바이러스를 포함한 증식기 세균들에게 활성이 있기 때문이다. 그리고 자극성이 적어 피부의 창상 부위에도 적용한다. 사용농도에서는 독성 때문에 효과적으로 아포를 박멸할 수 없다.
염소(chlorine)	기체 또는 액체 형태로 물과 하수 오물의 소독에 사용하는 유용하고 값싼 소독제이다. 신속한 살균 능력을 가진 강력한 산화제와 표백제를 형성하고 수돗물 또는 수영장의 소독제로 사용된다. 사용하기 편리한 살균제이지만 표백제이고, 부식성이며 고약한 냄새 때문에 이용하기 힘들다.

(2) 자비 소독

자비 소독은 끓는 물속에 넣어 소독하는 것을 말하며, 100℃ 이상으로는 올라가지 않으므로 균 전부를 사멸시키는 것은 불가능하지만, 내열성인 균은 적기 때문에 10~30분 끓임으로써 대부분의 병원균을 죽일 수 있다. 다만 세균, 아포나 혈청간염바이러스는 장시간 자비해도 살아남는 경우가 있다. 자비 소독은 고압 증기 멸균기가 없는 곳에서 주로 사용한다.

(3) 일광소독

직사광선을 쬐는 것으로 자외선의 살균력을 이용한 소독을 말하며, 가장 간단한 소독법의 하나이긴 하나, 피소독물이 일정 이상의 두께를 가지고 있는 경우 소독이 깊은 부분까지 미치지 않는 것이 결점이다. 또 계절 기후 환경에 영향을 받기 때문에 효과가 일정하지 않다. 소독 방법은 소독 대상을 맑은 날 오전 10시~오후 2시 사이에 직사광선에 충분히 노출시킨다. 작업장에서 사용하는 수건 및 의류 소독에 적합하다.

(4) 자외선 멸균법

멸균하고자 하는 물건이나 부위에 2,500~2,650Å의 빛을 내는 자외선으로 멸균하는 방법이며, DNA의 이중가닥이 끊어질 수 있을 정도의 충분한 에너지와 시간이 필요하다. 소독 대상의 변화가 거의 없고 균에 내성이 생기지 않는다. 소독 방법은 소독 대상을 자외선 소독기에 넣고 1~2분 동안 50cm 내의 거리에서 10분 정도 노출시킨다.

(5) 고압증기멸균

고압증기멸균은 닫힌 용기 내의 물을 가열하여 100℃ 이상 포화수증기가 됨으로써 형성되는 고압상태의 높은 멸균력을 이용하는 방법을 말한다. 이 멸균법은 멸균기 안을 1.5기압에서 온도를 121℃까지 상승시켜 15~20분간 소독하며, 멸균기 안의 세균을 즉시 사멸시키고, 저항력이 강한 아포 형성 세균도 20분 내에 사멸시킨다. 고압증기멸균은 효과 면에서 우수하고, 보편적인 멸균 방법이며, 증기가 모든 면에 직접 접촉해야 멸균이 되고, 부식 또는 열에 민감한 것은 사용할 수 없으며, 건조과정이 필요하다.

3) 청소도구

청소 전에는 창문을 열어 환기를 시킨 후 청소를 시작한다.

(1) 업소용 진공청소기

털 등을 흡입해야 하기 때문에 가정용 진공청소기보다 용량이 큰 업소용 진공청소기로 청소하는 것이 용이하다. 진공청소기의 소음이 크기 때문에 동물에게 스트레스와 불안감을 줄 수 있으므로 가능한 동물이 있는 공간 안에서는 사용을 자제하는 것이 좋다. 특히 동물에게 청소기를 직접적으로 대는 행동은 삼가야 한다. 하루 일과를 마무리하면서 청소가 끝난 후 진공청소기 안의 흡입한 내용물들을 비우는 것이 좋다.

그림 I - 14 업소용 진공청소기

(2) 핸디형 청소기

핸디형 청소기는 작은 공간에 먼지나 미용테이블 위에 떨어져 있는 소량의 털을 청소하는 용도로 적합하다.

그림 I - 15 핸디형 청소기

(3) 빗자루, 먼지떨이

먼지떨이는 청소하기 전에 먼지를 털어 낼 때 사용하고, 빗자루는 청소기를 사용하기 전에 큰 쓰레기들이나 청소기가 흡입할 수 없는 것들을 빗자루를 이용해 청소한다.

(4) 걸레

걸레는 사용하는 구간에 맞게 종류별로 배치하여 사용하는 것이 좋다.

가구의 먼지를 닦는 용도, 창문을 닦는 용도, 목욕탕 물기 제거를 위한 용도, 바닥을 닦는 용도, 배설물 등 오염된 곳을 닦는 용도 등 사용 방법과 장소에 따라 구분해 놓는다.

4) 미용 도구 소독

(1) 빗 세척 및 소독

- 손을 깨끗이 씻은 후 위생장갑을 끼고 소독을 한다.
- 세척액과 소독제를 도구의 재질에 맞춰 선택하여 준비한다.
- 빗에 엉킨 털이나 이물질을 먼저 제거한다.
- 미지근한 물에 세제를 조금 풀어 부드러운 솔로 구석구석 닦는다.
- 이물질이 제거가 되었다면 빗을 흐르는 물에 충분히 헹구고, 깨끗한 수건이나 종이 타월로 물기를 없앤다.
- 알맞은 소독제로 소독하거나 자외선 멸균기에 노출시켜 소독한다.
- 완전히 건조한 후 정해진 장소에 보관한다.

(2) 브러시 세척 및 소독

- 손을 깨끗이 씻은 후 위생장갑을 끼고 소독을 한다.
- 세척액과 소독제를 도구의 재질에 맞춰 선택하여 준비한다.
- 브러시에 엉킨 털이 있으면 일자빗(톰)으로 엉킨 털이나 이물질을 제거해준다.
- 미지근한 물에 세제를 조금 풀어 부드러운 솔로 구석구석 닦는다.
- 이물질이 제거가 되었다면 브러시를 흐르는 물에 충분히 헹구고, 깨끗한 수건이나 종이 타월로 물기를 없앤다.
- 햇빛에 말리거나 드라이어 등을 이용하여 충분히 건조한다.
- 알맞은 소독제로 소독하거나 자외선 멸균기에 노출시켜 소독한다.
- 완전히 건조한 후 정해진 장소에 보관한다.

(3) 가위 세척 및 소독

- 손을 깨끗이 씻은 후 위생장갑을 끼고 소독을 한다.

- 세척액과 소독제를 도구의 재질에 맞춰 선택하여 준비한다.
- 겹치는 부분 등 이물질이 있다면 부드러운 솔이나 휴지, 천 등을 이용해서 미리 제거한다.
- 클리너 스프레이 제품을 이용하여 남아있는 잔여물을 세척하고 알맞은 소독제를 뿌려 준 후에는 부드러운 천으로 닦아 준다.
- 햇빛에 말리거나 드라이어 등을 이용하여 충분히 건조한다.
- 알맞은 소독제로 소독하거나 자외선 멸균기에 노출시켜 소독한다.
- 가위 잠금장치 부분에 가위 전용 오일을 한 방울 도포하여 오일이 가위에 잘 퍼질 수 있도록 허공 가위질을 몇 번 한 후 플라스틱 보관함이나 가위집 등 안전하게 보관할 수 있는 곳에 둔다.

(4) 클리퍼 몸체 세척 및 소독

- 손을 깨끗이 씻은 후 위생장갑을 끼고 소독을 한다.
- 세척액과 소독제를 도구의 재질에 맞춰 선택하여 준비한다.
- 클리퍼 날을 분리한 후 클리퍼 몸체에 낀 이물질을 부드러운 솔로 제거하다.
- 클리퍼 몸체의 클리퍼 날을 끼우는 부분과 바깥 표면을 알맞은 소독제로 소독한다.
- 완전히 건조한 후 정해진 장소에 보관한다.

(5) 클리퍼 날 세척 및 소독

- 손을 깨끗이 씻은 후 위생장갑을 끼고 소독을 한다.
- 세척액과 소독제를 도구의 재질에 맞춰 선택하여 준비한다.
- 클리퍼 날에 낀 털이나 이물질을 부드러운 솔로 제거한다.
- 클리퍼 날 전용 세척제를 이용하여 남아있는 잔여물을 세척하고 알맞은 소독제를 뿌려 준 후에는 부드러운 천으로 닦아 준다.
- 자외선 멸균기에 노출시켜 소독한다.
- 햇빛에 말리거나 드라이어 등을 이용하여 충분히 건조한 후 클리퍼 전용 오일을 클리퍼 날에 한두 방울 떨어뜨린 다음, 클리퍼 몸체에 날을 끼워 공회전을 5~10초간 돌려 오일이 클리퍼 날에 전체적으로 퍼지도록 한 후, 클리퍼 날을 분리해 정해진 장소에 보관한다.

(6) 겸자와 발톱깎이 세척 및 소독

- 손을 깨끗이 씻은 후 위생장갑을 끼고 소독을 한다.
- 세척액과 소독제를 도구의 재질에 맞춰 선택하여 준비한다.
- 이물질이 있다면 부드러운 솔이나 휴지, 천 등을 이용해서 미리 제거한다.
- 미지근한 물에 세제를 조금 풀어 부드러운 솔로 구석구석 닦는다.
- 이물질이 제거가 되었다면 겸자와 발톱깎이를 흐르는 물에 충분히 헹구고, 깨끗한 수건이나 종이 타월로 물기를 완전히 닦아준다.
- 햇빛에 말리거나 드라이어 등을 이용하여 충분히 건조한다.
- 알맞은 소독제로 소독하거나 자외선 멸균기에 노출시켜 소독한다.
- 완전히 건조한 후 정해진 장소에 보관한다.

5) 미용사 위생 점검 및 관리

(1) 손과 손톱

반려동물 미용은 미용사가 장시간 손으로 하는 작업이므로, 손과 손톱의 위생은 매우 중요하다. 손톱은 최대한 짧게 잘라 관리하도록 한다. 긴 손톱으로 강아지 귓속 털을 제거할 때나 베이싱, 트리밍을 할 때 작업에 방해가 되며, 동물 몸, 피부와 눈에 상처를 낼 수 있으며, 긴 손톱 밑에는 이물질이 쉽게 끼어 세균의 번식을 용이하게 하므로 적당히 짧게 관리해주는 것이 좋다. 손에는 되도록이면 액세서리(반지 등)를 하지 않는 것이 좋으며, 특히 튀어나온 액세서리는 동물에게 상처를 줄 수 있으므로 착용을 삼가야 한다. 또한 전염병이 손으로 전파되는 경우가 많기 때문에 손과 손톱의 위생에 신경을 써야 한다.

- 올바른 손씻기 6단계

1단계 손바닥 : 손바닥과 손바닥을 마주대고 문질러 주세요.

2단계 손등 : 손등과 손바닥을 마주대고 문질러 주세요.

3단계 손가락 사이 : 손바닥을 마주대고 손깍지를 끼고 문질러 주세요.

4단계 두 손 모아 : 손가락을 마주잡고 문질러 주세요.

5단계 엄지 손가락 : 엄지손가락을 다른 편 손바닥으로 돌려주면서 문질러 주세요.

6단계 손톱 밑 : 손가락을 반대편 손바닥에 놓고 문지르며 손톱 밑을 깨끗하게 하세요.

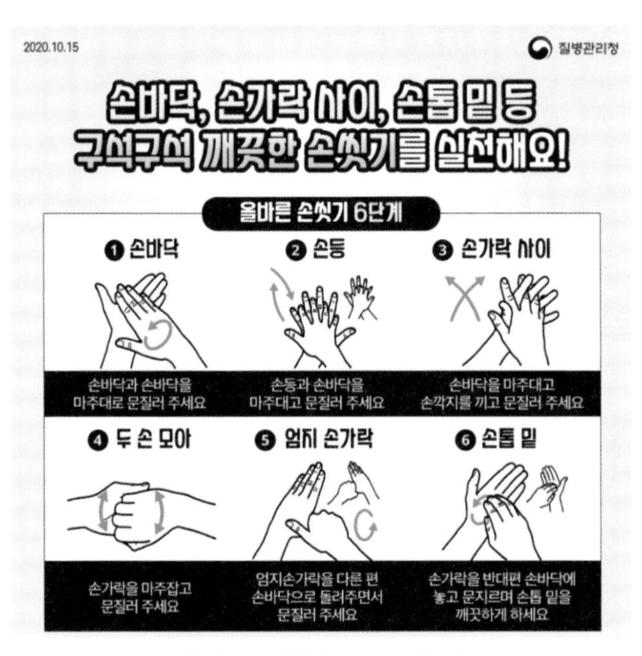

그림 I - 16 올바른 손씻기 6단계

출처: 질병관리청
https://nih.go.kr/gallery.es?mid=a40303020300&bid=0002&act=view&list_no=144821

(2) 입 냄새 및 체취

동물은 후각이 매우 예민하기 때문에 진한 향수나 화장품, 담배냄새는 스트레스를 주는 요소가 될 수 있다. 또한 미용사는 동물뿐 아니라 동물의 보호자와 대면하고 상담해야 할 때 입 냄새로 인해 불쾌감을 줄 수 있으므로 입 냄새 관리에도 신경을 써야 한다.

(3) 헤어스타일

머리가 긴 경우에는 하나로 단정하게 묶거나 올림머리 등으로 깔끔하게 묶어 작업에 방해가 되지 않도록 한다. 앞머리 또한 시야를 가리지 않도록 알맞은 길이로 관리해야 한다.

(4) 액세서리, 시계

작업 중 착용한 액세서리로 인해 생기는 안전사고를 예방하기 위해 과도하게 늘어지는 목걸이, 귀걸이, 팔찌 등의 장신구는 착용하지 않는 것이 좋다. 손목시계는 풀어놓는 것이 좋으며, 작업 중 동물의 털에 엉켜 사고의 원인이 될 수 있다.

(5) 작업복

작업복은 활동하기 편한 디자인으로 통기성이 좋고, 피모가 붙지 않은 소재로 선택하는 것이 좋다. 동물의 피가 묻어도 알아보기 어려운 붉은 색 계열의 옷은 피하는 것이 좋다. 치마형태보단 가급적 활동하기 편한 바지를 입는 것이 좋다.

(6) 신발

신발은 각종 안전사고에 대비하고, 오염 물질에 직접 노출되지 않도록 발을 완전히 감싸는 형태를 추천하며, 장시간 서서 작업을 해야 하므로 굽이 거의 없으며, 다리에 부담이 가지 않는 편안한 신발을 착용한다. 바닥의 물기 등으로 인한 안전사고를 예방하기 위해 신발바닥이 잘 미끄러지지 않는 재질로 선택하는 것이 좋다.

(7) 향수

동물은 후각에 매우 예민하니 향수를 뿌리지 않는 것은 물론이며, 향이 강한 섬유세제 사용도 자제하는 것이 좋다.

(8) 안경

미용작업을 하다 보면 눈에 털이 들어가는 경우가 많아 콘택트렌즈보다는 안경 착용이 적합하다.

6) 반려동물 예방접종

예방접종의 목적은 질병에 걸리기 쉬운 동물에게 독성을 파괴하고 무해한 병원체를 주입하여 임상적인 질병을 일으키지 않으면서 면역반응을 생산하는 방어시스템을 자극하는 데 있다. 예방접종이 완벽하게 동물을 방어할 수는 없지만, 자연적으로 질병에 노출되었을 때 모든 임상증상이 나타나게 하지는 않을 것이다. 반려동물의 흔한 전염병에 대해 대부분은 백신이 가능하다.

백신이란 정상적으로 질병을 일으킬 수 있는 병원체를 불화합시켜 소량 첨가한 제제를 말한다. 백신을 접종하면 드물게 부작용이 발생할 수 있으며, 증상은 경미한 무기력에서 심각한 쇼크에 이르기까지 다양하며, 부작용은 다음과 같다.

- 주사 부위 종창
- 두드러기
- 구토
- 설사
- 침울
- 운동실조
- 떨림
- 허탈

이런 부작용을 최소화하기 위해 백신을 접종한 후 동물의 상태를 하루 정도 지켜봐야 하며, 일주일 동안은 산책과 목욕을 삼가고, 가급적 오전 중에 백신을 접종하는 것이 좋다.

반려견 예방접종 시기와 종류

<table>
<tr><th>접종시기</th><th>종합백신
(DHPPL)</th><th>코로나</th><th>켄넬코프</th><th>광견병</th><th>신종
플루</th><th>구충제</th><th>심장
사상충</th></tr>
<tr><td>4주</td><td></td><td></td><td></td><td></td><td></td><td>투여</td><td rowspan="11">매월 1회
투여</td></tr>
<tr><td>6주</td><td>1차</td><td>1차</td><td></td><td></td><td></td><td rowspan="10">1~2개월
마다 추가
투여</td></tr>
<tr><td>8주</td><td>2차</td><td>2차</td><td></td><td></td><td></td></tr>
<tr><td>10주</td><td>3차</td><td></td><td>1차</td><td></td><td></td></tr>
<tr><td>12주</td><td>4차</td><td></td><td>2차</td><td></td><td></td></tr>
<tr><td>14주</td><td>5차</td><td></td><td></td><td>접종</td><td></td></tr>
<tr><td>16주</td><td></td><td></td><td></td><td></td><td>1차</td></tr>
<tr><td>18주</td><td></td><td></td><td></td><td></td><td>2차</td></tr>
<tr><td>항체검사
(18주)</td><td colspan="5">항체형성검사</td></tr>
<tr><td>추가접종</td><td>매년1회</td><td>매년1회</td><td>매년1회</td><td>6~1개월마다
추가접종</td><td>매년
1회</td></tr>
</table>

반려묘 예방접종 시기와 종류

접종시기	백신종류
8주	종합백신(FVRCP)
11주	종합백신(FVRCP)+고양이백혈병
14주	종합백신(FVRCP)+고양이백혈병
17주	전염성복막염
3개월	광견병
연중 1월 1회	심장사상충

고양이 예방접종으로 예방할 수 있는 질병은 바이러스성 비기관염, 칼리시 바이러스, 범백혈구 감소증, 클라미디아, 고양이백혈병 등을 예방할 수 있다.

반려동물 미용을 원할 시 고객에게 동물의 예방접종을 확인하고, 접종이 완료되지 않은 어린 동물이나 미접종 동물이라면 미용을 삼가는 것이 바람직하다.

Ⅱ

미용도구 관리하기

Ⅱ 미용도구 관리하기

❶ 미용도구 종류 및 관리하기

1) 가위

반려동물의 털을 자를 때 사용하는 도구로 지렛대의 원리를 이용하여 만들어졌다. 사용 용도에 따라 블런트 가위, 시닝가위, 보브가위, 커브가위 등이 있다.

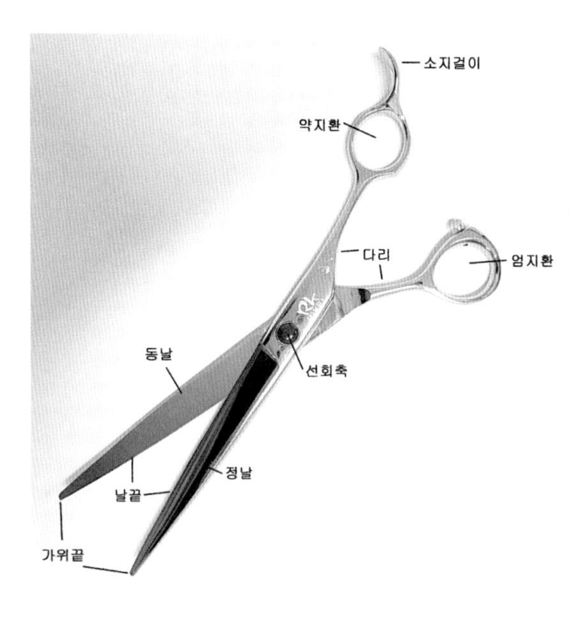

그림 Ⅱ - 1 가위 부위별 명칭

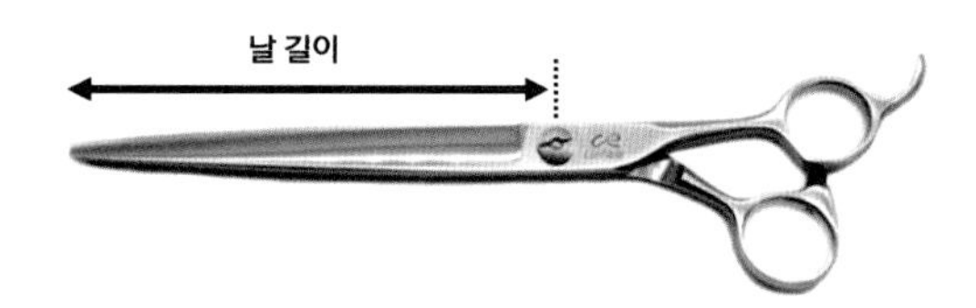

그림 Ⅱ - 2 가위의 사이즈

명칭	내용
가위 끝(edge point)	정인(靜刃)과 동인(動刃) 양쪽의 뾰족한 앞쪽 끝
날 끝(cutting edge)	정인과 동인의 안쪽 면을 자르는 날 끝
동날(moving blade)	엄지의 움직임으로 조작되는 움직이는 날
정날(still blade)	약지의 움직임으로 조작되는 움직이지 않는 날
선회축(pivot point)	가위를 느슨하게 하거나 조이는 역할을 하며 양쪽 날을 하나로 고정시켜 주는 중심축
다리(shank)	선회축 나사와 환(環) 사이의 부분
약지환(finger grip)	정날에 연결된 원형의 고리로 약지를 끼워 조작
엄지환(thumb grip)	동날에 연결된 원형의 고리로 엄지를 끼워 조작
소지걸이(finger brace)	정날과 약지환에 이어져 있으며, 없는 가위도 있음

출처: 교육부(2015). 헤어커트 디자인(LM1201010105_14v2, LM1201010106_14v2). 한국직업능력개발원. p.20

(1) 가위의 선택

- 가위는 다른 사람들의 추천보다 미용사의 손의 크기와 체격을 고려하고, 가위질을 했을 때 움직임이 부드럽고 본인 손에 맞는 가위를 선택해야 한다.
- 가위 선택 시 실물을 보고 구입하는 것이 좋다.
- 가위의 정날과 동날이 정확하게 연결되어 있는지, 가위날의 끝이 잘 맞물려져 있는지, 가위질을 했을 때 개폐각도가 충분이 벌어지는지, 사이즈와 무게가 적당한지, 털이 부드럽게 잘리는지, 가위날이 걸리는 부분이 없는지 등을 확인해야 한다.

(2) 가위의 종류

가위는 어떤 부분을 커팅하냐에 따라, 견종에 따라, 커팅 순서에 따라 등 각 상황에 맞게 가위를 선택해서 동물의 털을 커팅한다. 가위의 종류는 다음과 같다.

종류	명칭	내용
블런트 가위		민가위라고 부르며, 애벌커트에서 섬세한 마무리까지 폭넓게 반려동몰의 털을 자르는 데 사용한다. 5~10인치까지 사이즈 또한 다양하며, 사용 용도에 따라 가위의 크기와 길이를 선택해서 사용한다. 기본적으로 사이즈 7~7.5인치 가위를 많이 사용하며, 한 번의 개폐로 많은 양의 털을 자를 때에는 8~10인치 사이즈의 가위를 사용한다.
숱가위 (시닝가위)		반려동물의 털의 면에서 모량을 조절하거나 라인을 부드럽게 철하는 데 사용한다. 발수와 홈에 따라 절삭률이 달라지므로 용도에 맞는 가위를 선택하여 사용한다. 예전에는 6~6.5인치 사이즈를 가장 많이 사용했으나 요즘에는 7인치 이상도 용도에 따라 사용하고 있다.
커브가위		가위날의 모양이 휘어져 곡선, 곡면의 표현에 편리하다. 예전에는 날의 각도가 5~15도 사이였으나 요즘에는 40도 이상의 각도를 가진 커브가위도 시중에 판매가 되고 있다.

보브가위		블런트 가위와 같은 모양의 가위로 평균 5.5인치의 크기이다. 눈앞의 털이나 풋라인의 털, 귀 끝의 털을 자를 때 많이 사용한다.
블렌딩 가위 (텐텐가위)		요술가위라고 부르며, 숱가위와 비슷하지만 절삭률이 더 높다. 빗 날 모양, 간격 등에 따라 잘리는 양이 다르므로 제품별 절삭률을 숙지하고 사용하도록 한다.

(3) 가위 잡는 법

가위 잡는 것을 처음에 바로 잡지 못하면 손가락뿐만 아니라 손목을 다칠 수 있으니 처음부터 바른 자세로 가위 잡는 법을 익히는 것이 바람직하다.

① 손바닥이 위로 향하도록 편다.

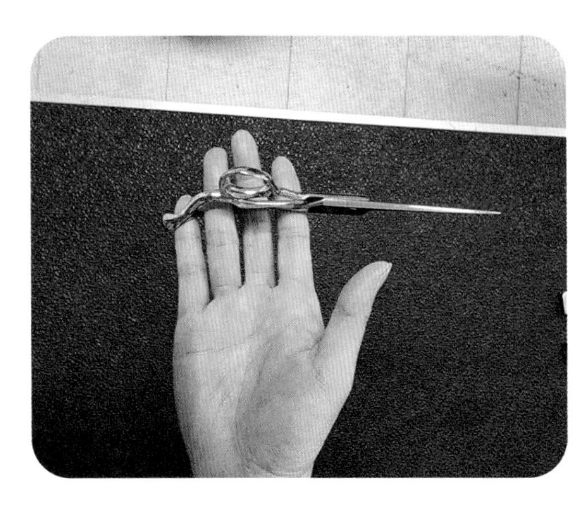

② 손바닥이 위를 향하게 하고 약지는 약지공에 제1관절까지 통과한 후 수평을 유지한다.

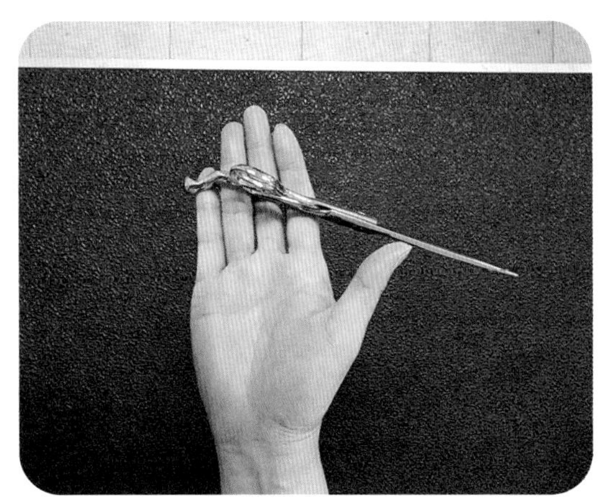

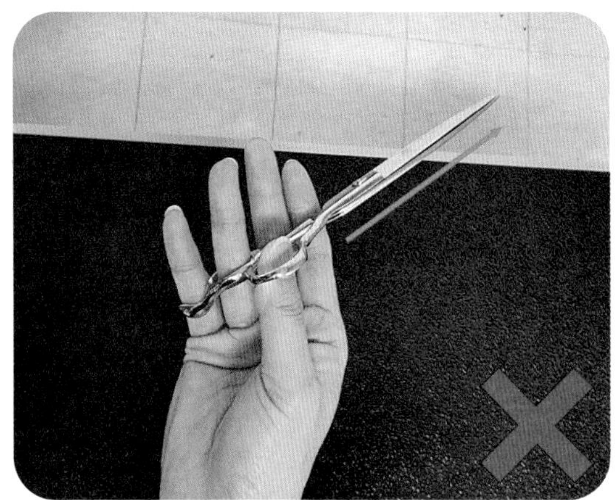

③ 핸들이 검지의 제2관절에 올라올 정도까지 손가락을 더해 가위를 지탱한다.

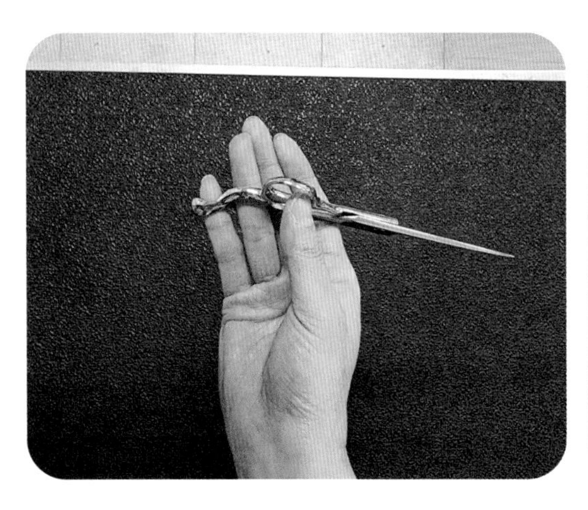

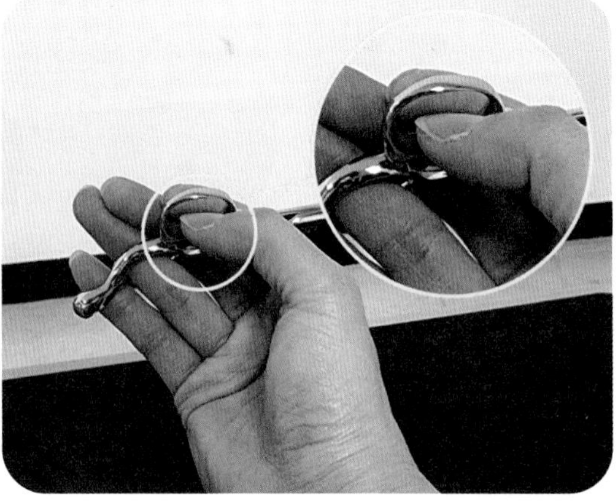

④ 엄지손가락을 엄지환에 살포시 얹는다.

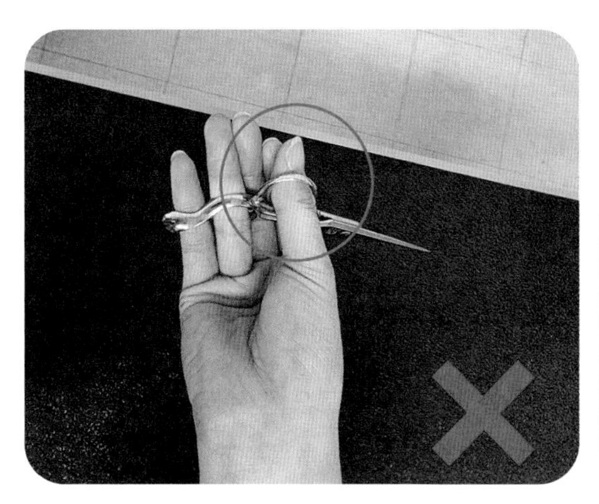

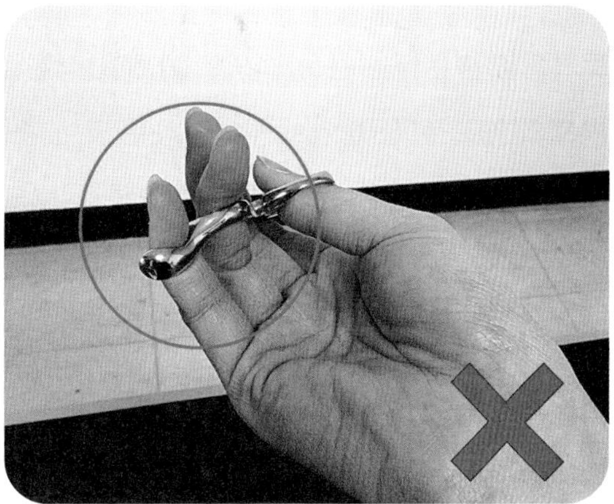

✔ 엄지손가락을 엄지환 안으로 넣지 않으며, 새끼손가락과 약지는 굽히지 않는다.

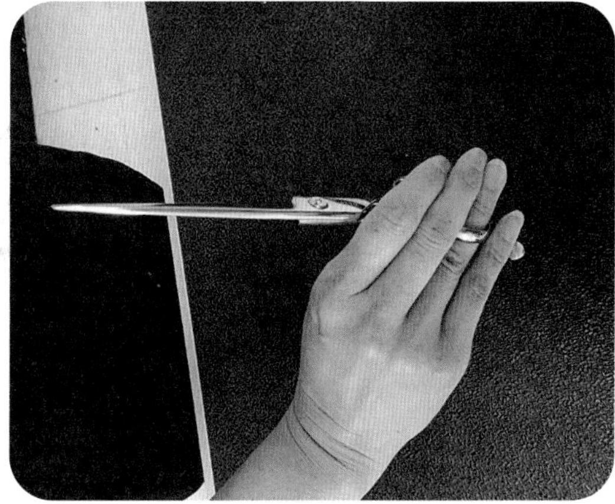

⑤ 위의 사진처럼 검지·중지의 관절을 구부려 가위를 받쳐주고, 엄지손가락이 엄지환을 검지·중지 쪽으로 가볍게 누르면 날이 흔들리지 않고 가위를 안정시킬 수 있다.

(4) 가위 연습하기

가위 연습은 올바른 방법으로 가위를 잡은 다음 꾸준히 연습해야 하며, 연습 시 가위의 개폐 각도가 90도 이상 벌어지게 연습하는 것이 중요하다.

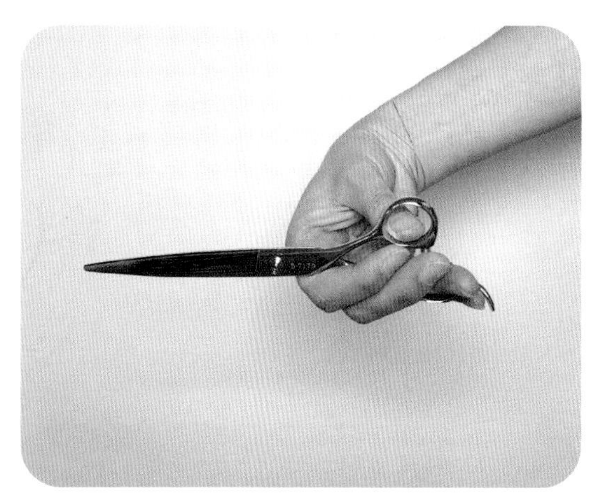

① 사진에 보이는 것처럼 가위의 옆면이 앞으로 향하게 하고 엄지손가락을 이용해 동날만을 움직인다. 1초에 한 번씩 가위를 90도 이상 개폐하기를 10번 반복한다.

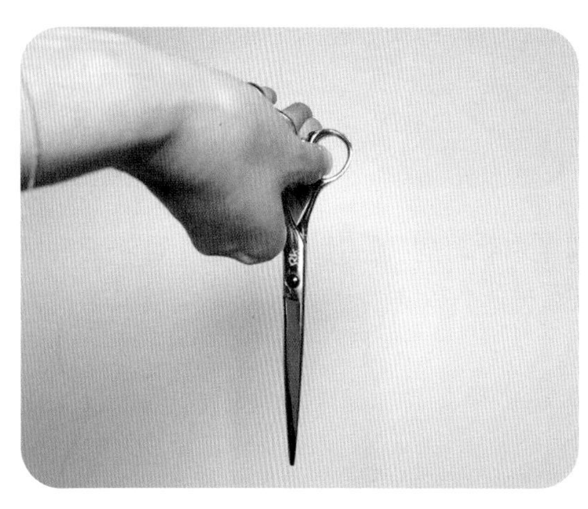

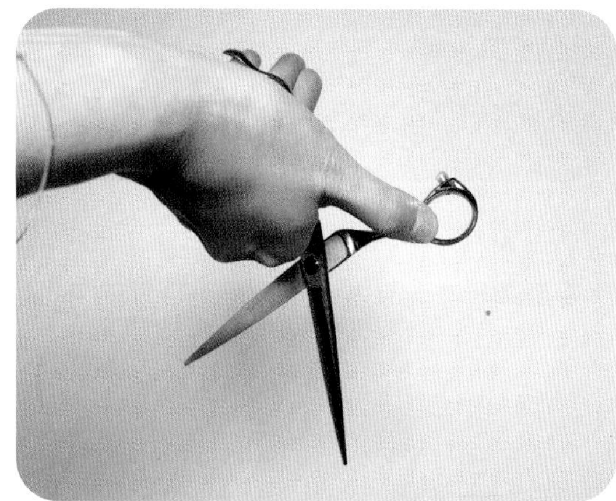

② 손목을 오른쪽으로 90도 돌려 가위 끝이 아래로 향하게 한 후 1초에 한 번씩 가위를 90도 이상 개폐하기를 10번 반복한다.

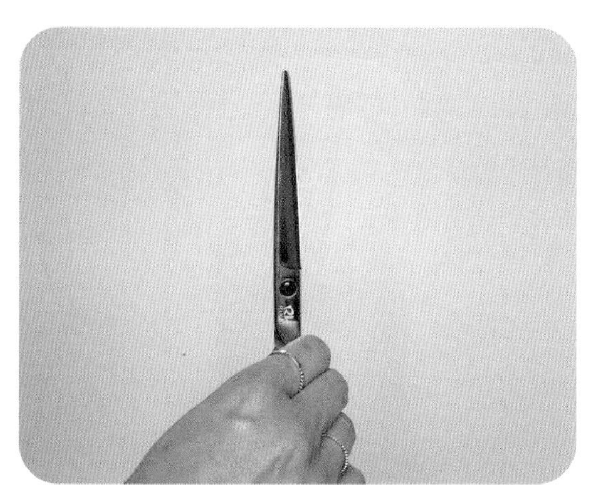

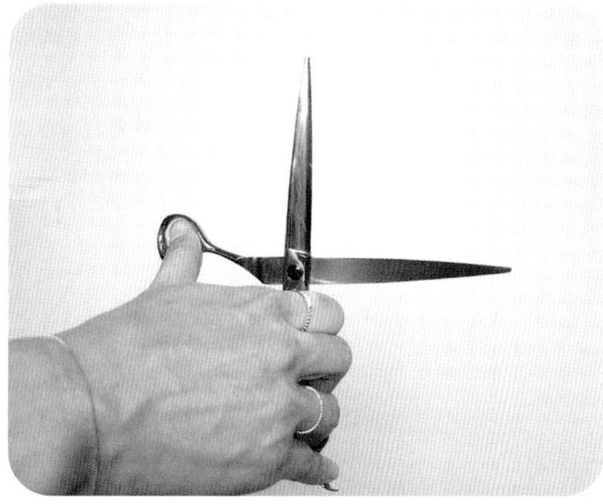

③ 손목을 왼쪽으로 180도 돌려 가위 끝이 위로 향하게 한 후 1초에 한 번씩 가위를 90도 이상 개폐하기를 10번 반복한다.

④ 손목을 왼쪽으로 90도 돌려 가위 끝이 왼쪽으로 향하게 한 후 1초에 한 번씩 가위를 90도 이상 개폐하기를 10번 반복한다.

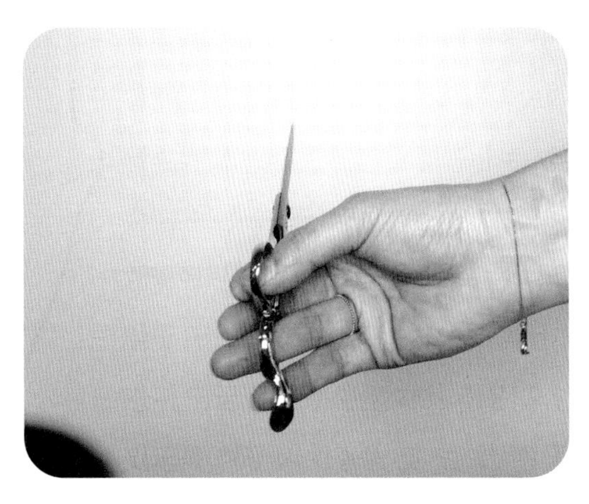

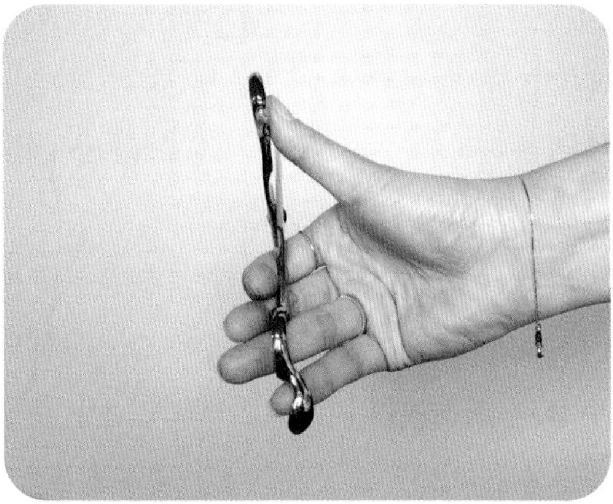

⑤ 손목을 앞으로 돌려 가위 끝이 앞으로 향하게 한 후 1초에 한 번씩 가위를 90도 이상 개폐하기를 10번 반복한다.

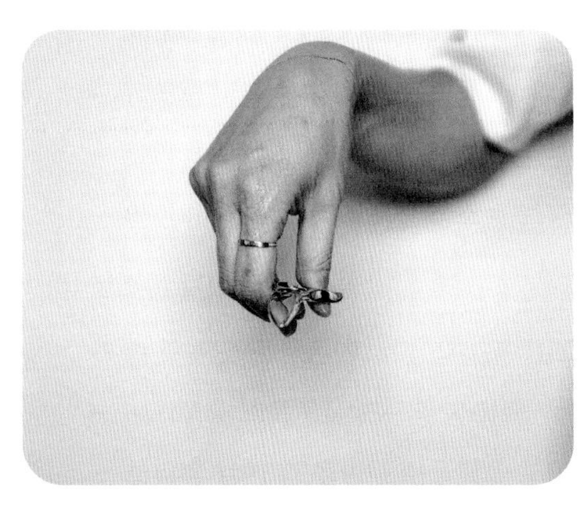

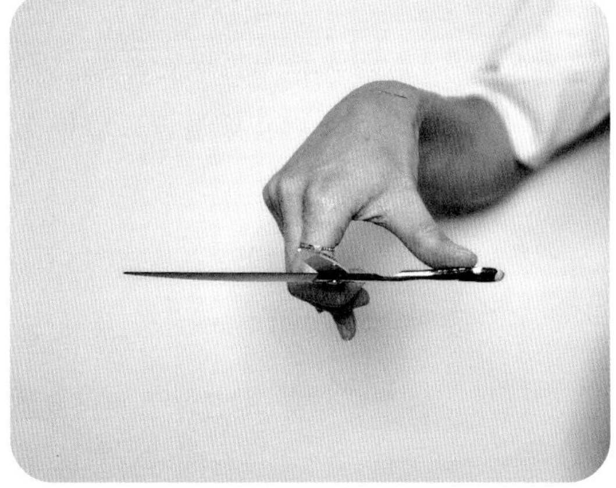

⑥ 가위 끝이 앞으로 향해있고, 정날이 위로 향할 수 있도록 손목을 돌린 후 1초에 한 번씩 가위를 90도 이상 개폐하기를 10번 반복한다.
⑦ 5분 동안 1~6번까지 순서대로 가위를 90도 이상 개폐하여 연습하고, 1분간 휴식한다.
⑧ 총 5회 정도 매일 연습하여 가위의 감을 익히도록 한다.

가위 연습을 할 때에는 가위가 흔들리지 않고, 동날만 움직일 수 있도록 하며, 천천히 90도 이상 개폐하는 것이 중요하다. 처음부터 빠른 속도로 개폐 연습을 하면 개폐각도가 충분히 벌어지지 않고, 좁게 벌어지는 경우가 생긴다. 시간이 지나면 자연스럽게 가위 개폐 속도가 빨라지기 마련이니 연습할 때에는 보다 천천히 가위를 90도 이상 개폐하는 것이 중요하다.

(5) 가위 관리하기

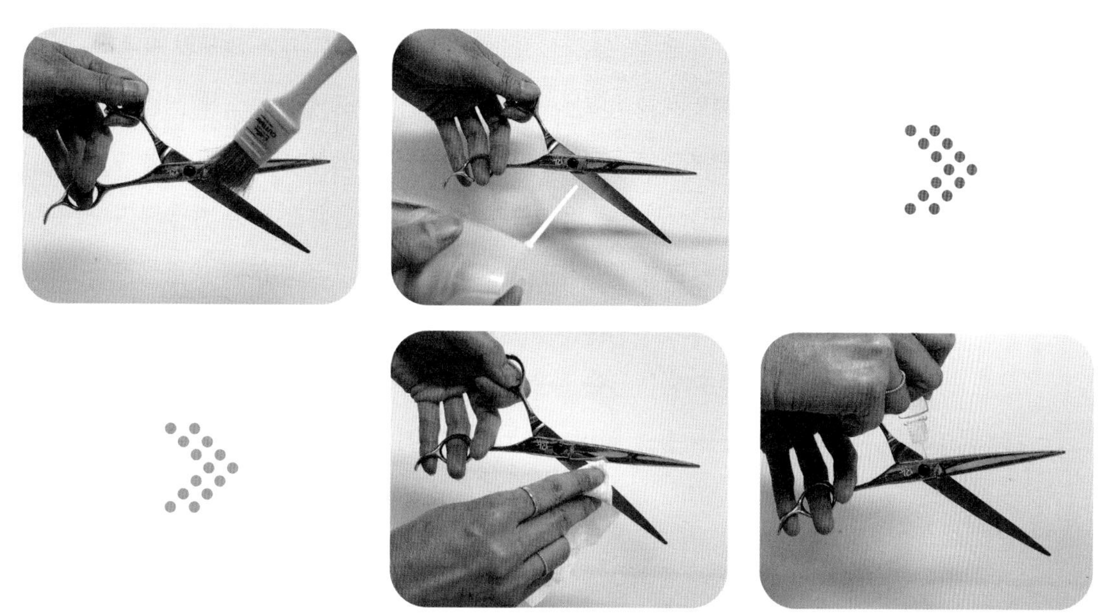

① 부드러운 브러시로 털과 오염물을 제거한다.
② 클리너 스프레이 제품을 이용하여 남아있는 잔여물을 세척하고 알맞은 소독제를 뿌려 준 후에는 부드러운 천으로 닦아 준다.
③ 햇빛에 말리거나 드라이어 등을 이용하여 충분히 건조한다.
④ 가위 전용 오일을 가위 잠금장치 부분(고요 부분)에 한 방울 도포하여 오일이 가위에 잘 퍼질 수 있도록 허공 가위질을 몇 번 한 후 플라스틱 보관함이나 가위집 등에 안전하게 보관한다.

2) 클리퍼

클리퍼는 반려동물의 피모를 일정한 길이로 깎기 위한 도구이다. 트리밍에 사용하는 것은 대부분 전동식으로 유선형, 충전식의 무선형, 그리고 코드를 탈착해서 유·무선 양쪽으로 사용할 수 있는 클리퍼가 있다. 이 중에 전체 미용이 가능한 전문가용과 기본 미용이나 섬세한 부분 클리핑에 사용하는 소형 클리퍼 등이 있다.

(1) 클리퍼의 선택

반려동물 미용사의 손 크기와 사용 용도, 무게, 소리, 충전방식, 가격 등을 고려해서 선택하는 것이 좋다.

(2) 클리퍼 종류

• 전문가용 클리퍼

전문가용 클리퍼는 반려동물 미용 시 몸체나 얼굴, 발 등 전반적인 클리핑을 하는 데 다양하게 사용한다. 클리퍼의 본체에 털 길이를 조절하는 길이가 다른 여러 가지 클리퍼 날을 장착하여 사용할 수 있다.

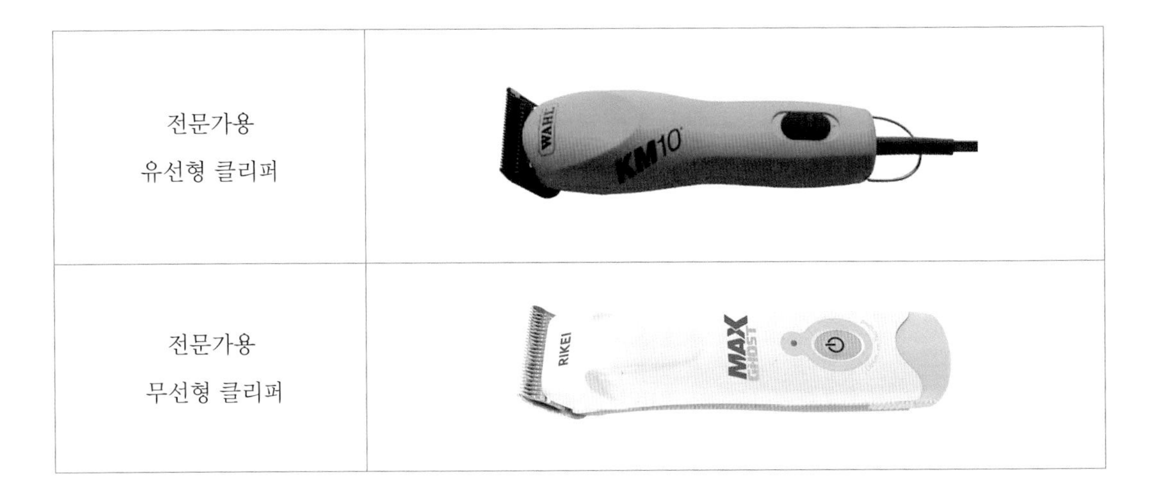

구분	사진
전문가용 유선형 클리퍼	
전문가용 무선형 클리퍼	

– 유선형 클리퍼는 가격이 무선형 클리퍼보다 저렴하고, 파워가 일정해서 전문가들이 주로 사용하였지만 전기가 없는 곳은 사용할 수 없고, 전선이 달려 있어 작업에 불편하다는 단점이 있다.

– 무선형 클리퍼는 사용장소에 구애받지 않으며, 전선이 없어 작업이 편리하나, 가격이 유선형 클리퍼보다 비싸며, 배터리가 떨어지면 사용을 할 수 없고, 배터리의 충전량이 적어질수록 파워가 일정하지 않다는 것이 단점이다.

– 그러나 현재 유선형 클리퍼의 불편함을 느낀 미용사들이 무선형 클리퍼의 단점을 알면서도 무선형 클리퍼의 편리함을 더 크게 느껴 유선형 클리퍼보다 충전식 무선형 클리퍼를 선호하고 있다.

• 소형클리퍼

전문가용 클리퍼에 비해 크기가 작고 가벼운 장점이 있으며, 예전에는 날의 길이가 제한적이었으나 지금은 전문가용 클리퍼와 같이 길이가 다른 여러 가지 클러퍼 날을 장착할 수 있어,

가정에서 관리용으로 사용할 뿐만 아니라 반려동물 미용사들이 많이 쓰고 있다. 소형클리퍼 중에서도 소형견의 발바닥 등 세세한 부분의 클리핑에는 미니클리퍼가 편리하나 날의 길이를 조절할 수가 없다.

소형클리퍼(날 길이 조절 가능)	미니클리퍼(날 길이 조절 불가)
귀, 겨드랑이, 발바닥, 발등, 생식기, 몸 등을 클리핑 할 수 있다.	발바닥, 발등, 귀 등의 세부작을 할 때 사용한다.

(3) 클리퍼 잡는 법

클리퍼 잡는 방법은 미용사가 익숙해지면 편안하게 잡는 나만의 방법이 생긴다.

1. 소형클리퍼는 흔들리지 않게 엄지, 검지, 중지 끝으로 적당한 강도로 가볍게 잡는다.

그림 Ⅱ - 3 소형클리퍼 잡는 방법

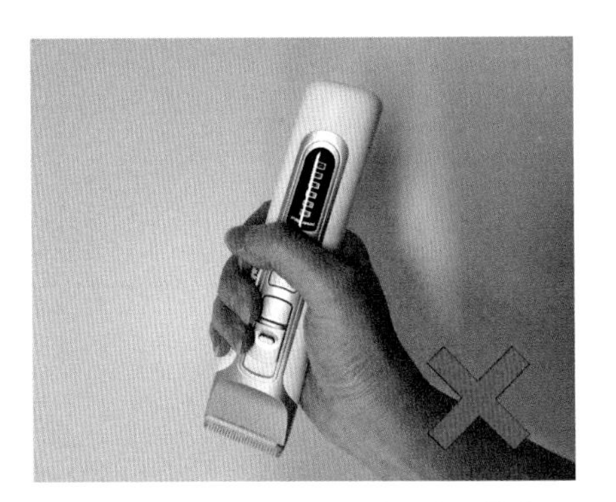

그림 II - 4 소형클리퍼 잘못 잡은 예

2. 크고 무거운 클리퍼(전문가용 클리퍼)는 장시간 작업을 해야 하기 때문에 엄지, 검지, 중지, 약지, 새끼손가락 모두를 이용하여 클리퍼를 사진과 같이 감싸듯이 잡는다. 이때 너무 움켜쥐어잡으면 클리핑을 할 때 힘이 들어가게 되어 클리퍼 날이 피부를 상하게 할 수 있으므로, 적당한 강도로 잡는다.

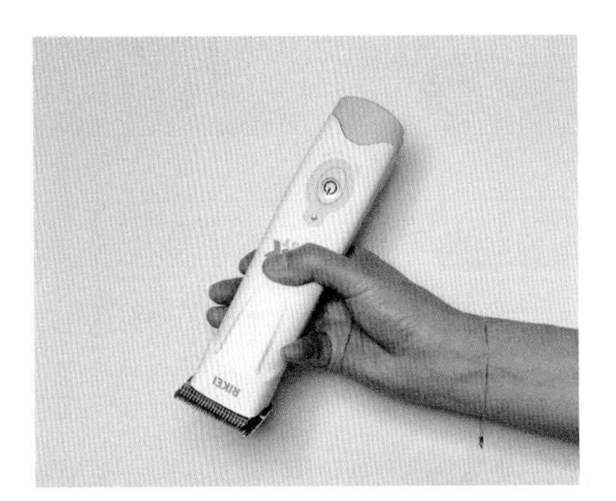
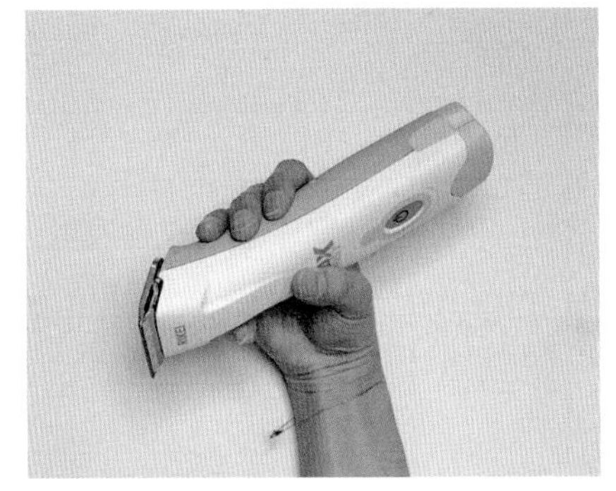

그림 II - 5 전문가용 클리퍼 잡는 방법

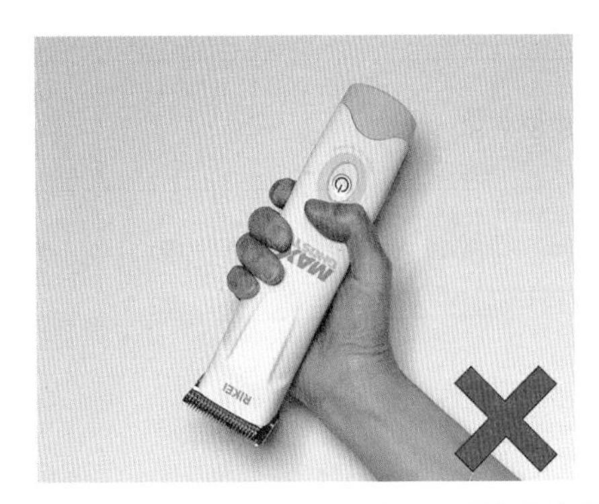
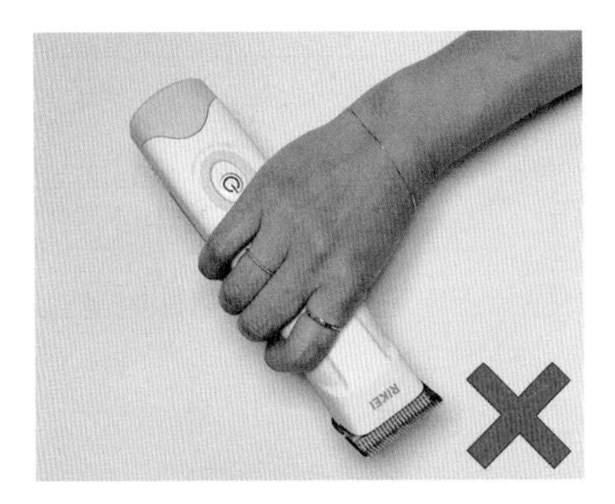

그림 II - 6 전문가용 클리퍼 잘못 잡은 예

(4) 클리퍼 날 교체하는 방법

가. 전문가용 클리퍼

분리방법: 본체와 날을 잡고, a부분(분리버튼)을 누르면서 날을 끝까지 뒤로 당겨 본체에서 분리한다.

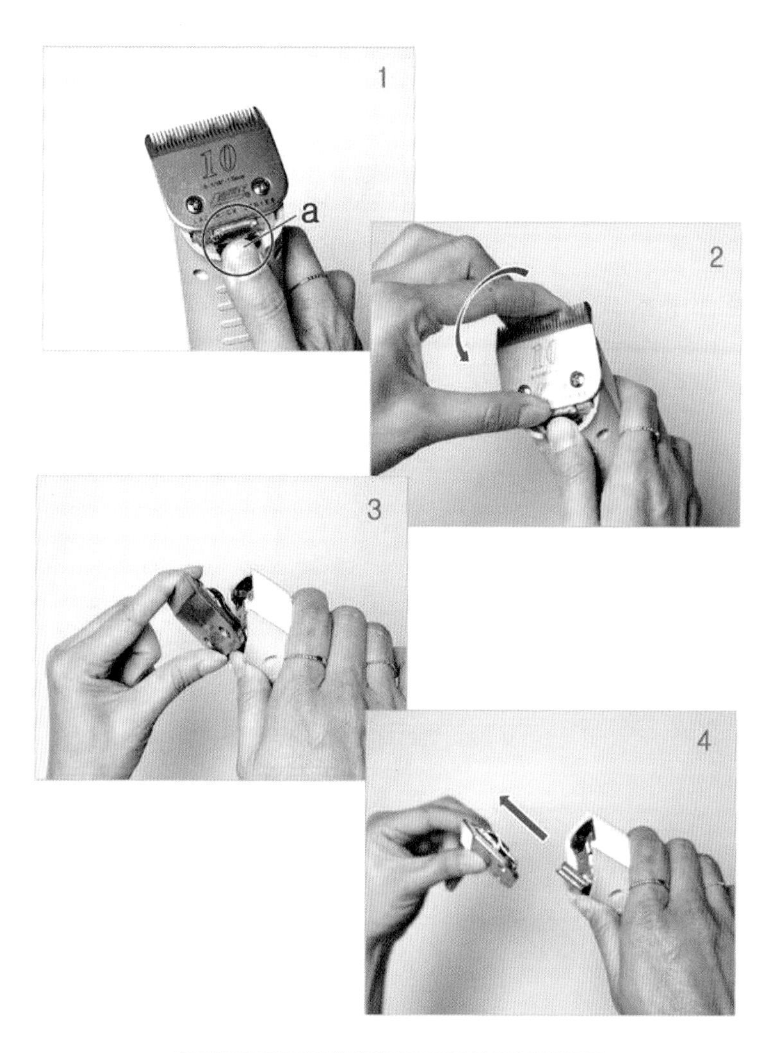

그림 II - 7 클리퍼에서 클리퍼 날 분리방법

장착방법: 본체의 b부분에 클리퍼날의 c부분을 끼운 후 날을 클리퍼 안쪽을 밀어 장착한다. 장착 후 이음새가 딱 맞지 않을 경우 본체의 전원을 켠 다음 좀 더 밀어 넣는다.

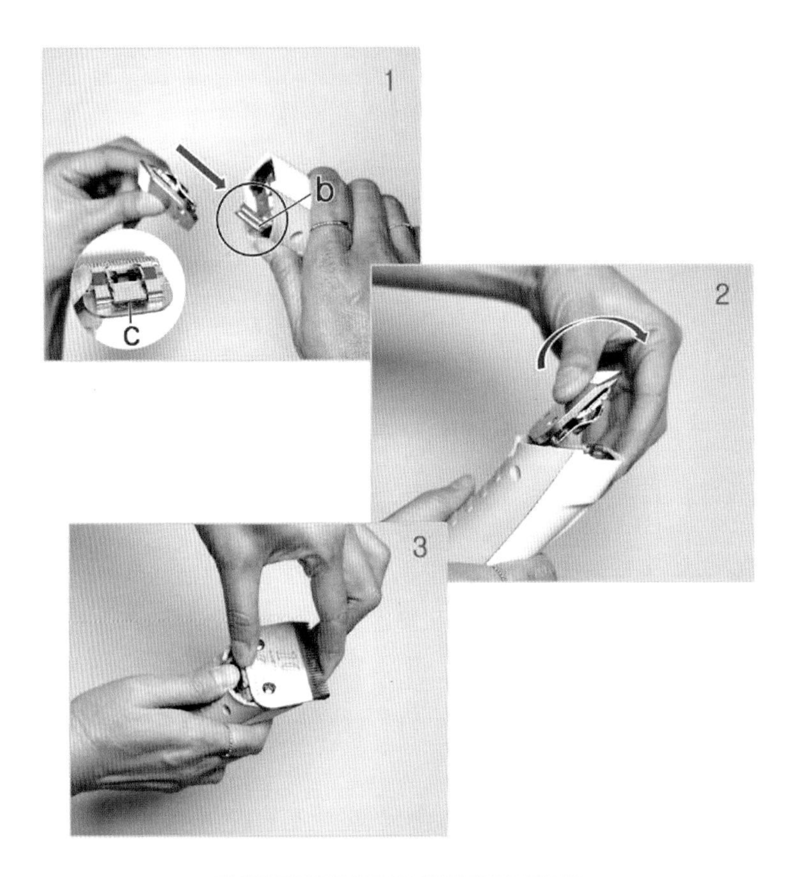

그림 II - 8 클리퍼 날 장착하는 방법

✔ 분리버튼이 닫혀있는 상태일 때

겸자를 이용해서 분리버튼을 분리한다.

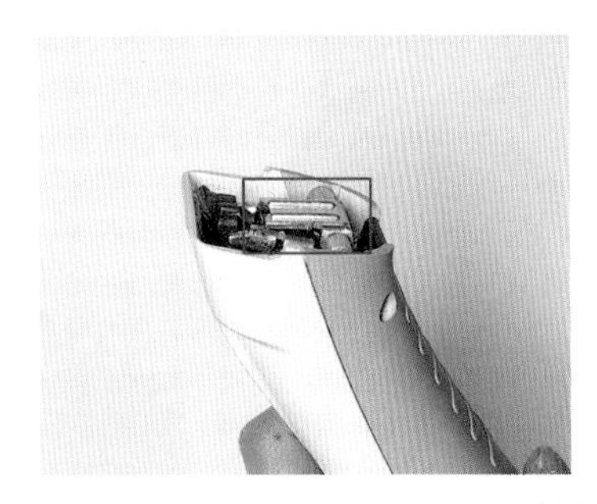

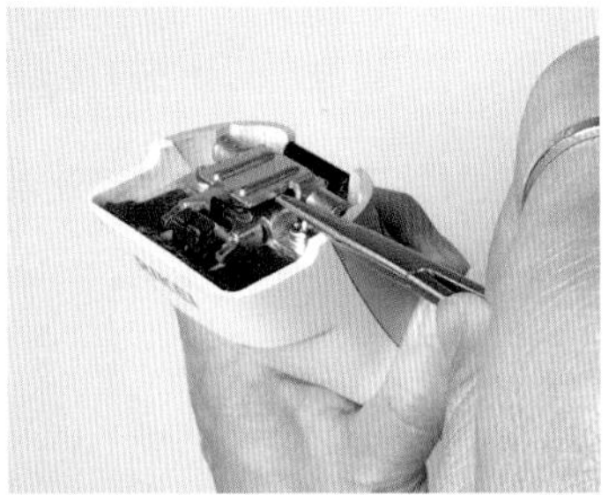

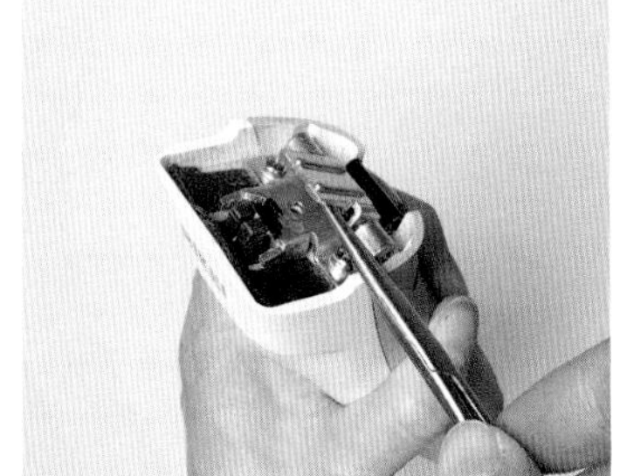

그림 II - 9 클리퍼 분리버튼 분리하는 방법

나. 소형클리퍼

① 날 길이 조절이 가능한 클리퍼

분리방법: 날 길이 조절하는 버튼을 제일 아래로 위치한 후 클리퍼 본체를 잡은 다음 날 끝을 뒤로 당겨 분리한다(제일 긴 날 쪽으로 버튼위치를 변경한다).

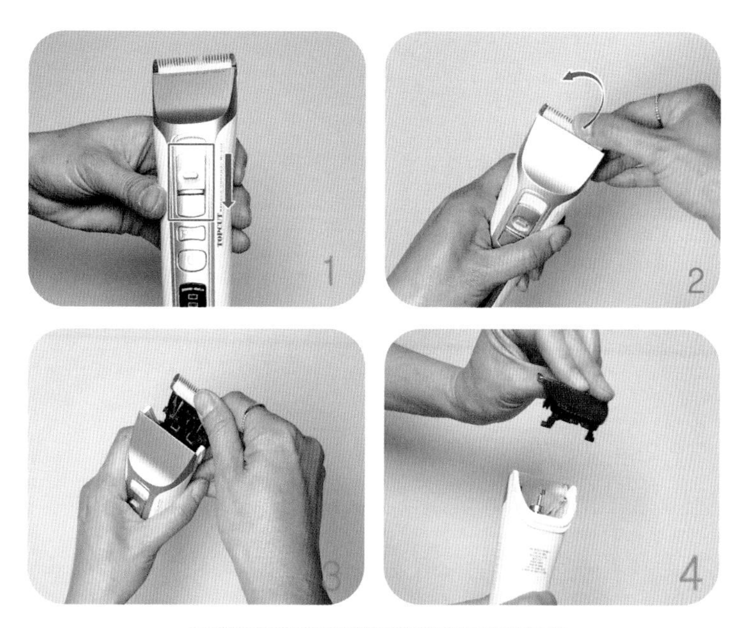

그림 II - 10 소형클리퍼 날 분리방법

장착방법: 날 길이 조절하는 버튼을 제일 아래로 위치한 후 사진과 같이 클리퍼 본체와 클리퍼 날을 맞물리게 하고 클리퍼 날을 안쪽으로 밀어서 닫는다.

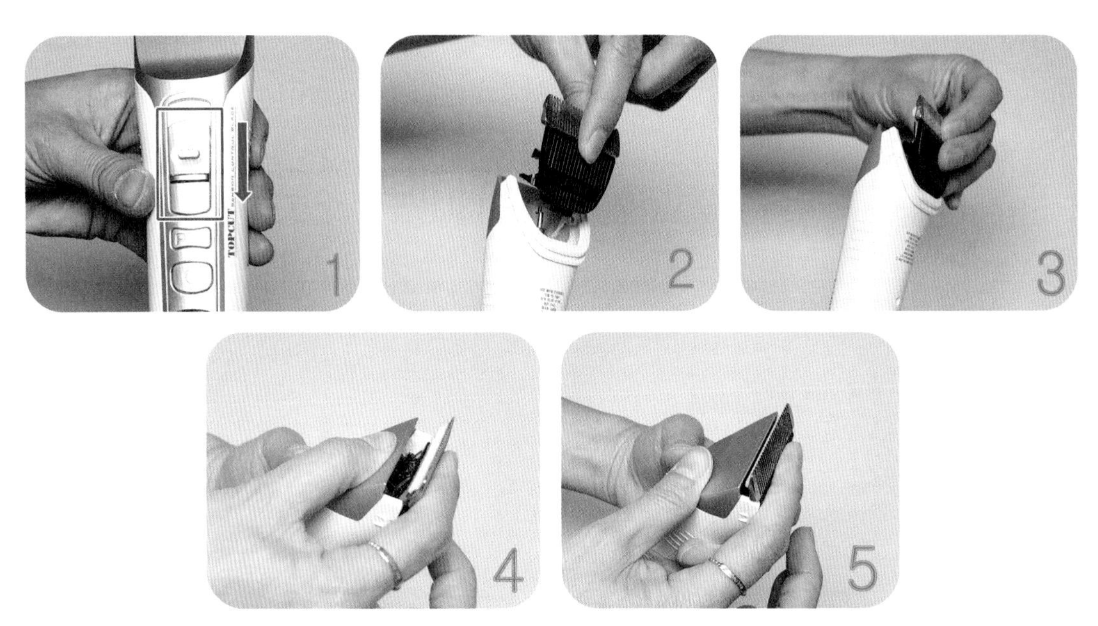

그림 II - 11 소형클리퍼 날 장착방법

② 날 길이 조절이 안되는 클리퍼(미니클리퍼)

분리방법: 클리퍼 본체를 잡고 날 끝을 뒤로 젖혀 분리한다.

장착방법: 클리퍼 본체의 b부분과 클리퍼 날 c부분을 서로 맞물리게 하고 클리퍼 안쪽으로 밀어서 닫는다.

(5) 클리퍼 사용법

가. 전문가용 클리퍼 사용법

전문가용 클리퍼는 힘이 좋기 때문에 몸통을 밀 때 사용한다.

그림 II - 12 클리퍼 날의 방향

① 클리퍼는 피부와 클리퍼 날이 평행이 되게 한 후 피부 시작 부분부터 털이 난 역방향으로 클리핑한다.

② 클리핑 시 클리퍼 날이 걸리는 느낌이 들면 즉시 클리핑을 멈추고, 밀던 곳을 상세히 살펴본 후 문제가 없는 걸 확인한 후에 클리핑을 재시작한다.

③ 장시간 클리핑 시 날이 뜨거워져 동물의 피부에 화상을 입힐 수 있으니 수시로 날의 온도를 체크하고, 날의 온도가 뜨거울 시 새 날로 교체를 하거나 클리너로 날의 온도를 낮춘 후 작업한다. 클리핑 작업 시 사용할 날은 2개 이상 준비해두는 것을 추천한다.

나. 소형클리퍼 사용법

소형클리퍼는 배, 항문, 생식기, 발등, 발바닥, 얼굴 등 세밀한 부분을 클리핑할 때 사용한다. 그러나 날 조절이 가능한 소형클리퍼는 클리퍼 날 3mm 이상 작업할 수 있는 것을 장착하면 동물의 몸 또한 클리핑할 수 있다.

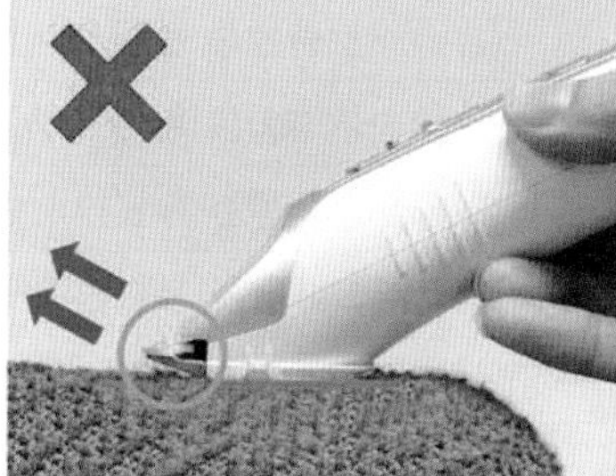

그림 Ⅱ - 13 소형클리퍼 날 방향

① 소형클리퍼는 전문가용 클리퍼와 다르게 날 전체 부분이 피부에 닿는 것이 아니라 a부분이 피부에 닿은 상태에서 조심히 클리핑한다.

그림 Ⅱ - 14 소형클리퍼 피부에 닿는 부분

② 한 번에 쭉 털을 클리핑하지 말고, 클리핑하는 부위에 따라 조금씩 전진하면서 클리핑을 한다. 작업 중 걸리는 부분이 있다면 그 즉시 멈추고, 밀던 곳을 상세히 살펴본 후 문제가 없는 걸 확인한 후에 클리핑을 재시작한다.

(6) 클리퍼 날

클리퍼에 부착하여 잘리는 털의 길이를 조절한다. 클리퍼의 아랫날은 두께를 조절하기 때문에 아랫날 두께에 따라 클리핑되는 길이가 결정되며 윗날은 털을 자르는 역할을 한다.

클리퍼 날에는 번호가 적혀있는데, 일반적으로 번호가 낮을수록 날이 크고 털이 길게 깎이고, 반대로 번호가 높을수록 날이 작고 털이 짧게 깎인다. 번호가 다른 날의 길이는 제조사마다 약간씩 편차가 있으며, 날에 표기된 mm 수치는 동물의 털을 역방향으로 클리핑할 때 남아있는 털의 길이이다. 동물의 종류나 미용방법 및 사용 부위에 따라 적당한 길이를 선택하여 사용한다.

✔ 클리핑을 털의 정방향으로 하면 표시된 수치의 1.5~2배 정도의 털이 남는다. 3mm 날로 정방향으로 클리핑할 시 5~6mm 정도의 털이 남는다. 피부가 예민한 동물은 털의 역방향보다 정방향으로 클리핑하는 것을 추천한다. 예를 들어 3mm 날로 역방향으로 미는 것보다 1.5~2mm 날로 정방향으로 클리핑하는 것이 피부에 자극이 덜하게 된다. 단, 깔끔한 정도는 역방향보다 정방향이 덜 할 수 있다.

가. 클리퍼 날의 종류

제조사마다 번호와 mm 수치가 다를 수 있기 때문에 클리핑 전 제품 일련번호보다 mm 수를 꼭 확인한다.

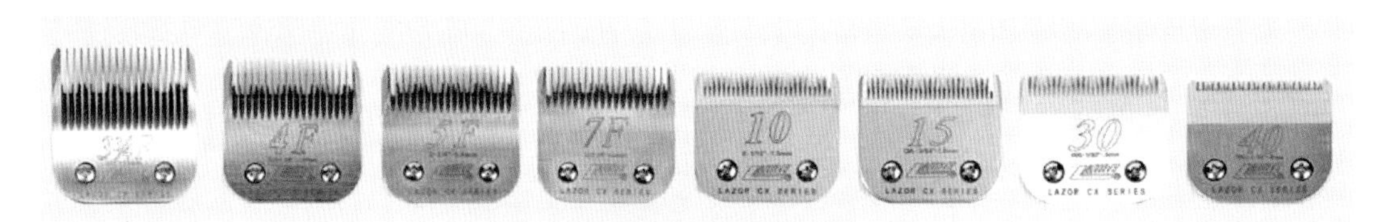

그림 II - 15 클리퍼 날

그림 II - 16 클리퍼 날 길이

제조사별 일련번호와 mm 수

일련번호 \ 제조사	킹라벨	오스터	모우져	하인이거	앤디스	아테로
50				0.4mm		
40F			0.1mm			
40	0.25mm	0.25mm		0.25mm	0.25mm	0.1mm
30F			1mm			
30	0.5mm	0.5mm			0.5mm	0.5mm
15	1mm	1.2mm			1.2mm	1mm
10F			2mm			
10	1.5mm	1.5mm		1.5mm or 1.8mm	1.5mm	1.6mm
9S	2mm					
8 1/2						2mm
8.5F	3mm		3mm			
7F	3.2mm	3.2mm	5mm	3.2mm		3mm
7		3.2mm				3mm
7FC					3.2mm	
5F	6.4mm	6.3mm				6mm
5FC					6.3mm	
5		6.3mm	7mm			6mm
4F	9.6mm	9.5mm	9mm			9mm
4FC					9.5mm	
4						9mm
3F						13mm
3 3/4	13mm				13mm	
5/8“HT	16mm					

5/8						16mm
3/4“HT	19mm				19mm	16mm
3/4						
1 1/2					4mm	
1 3/4					4.8mm	
3 1/2					9.5mm	
고양이30					0.5mm	
고양이10		1.6mm			1.5mm	
고양이7FC					3.2mm	

나. 클리퍼 날의 관리방법

(1) 전문가용 클리퍼 관리방법

털과 오염을 완전히 제거하는 것이 매우 중요하며, 오일을 발라 따로 만든 보관장소에 날을 보관하는 것이 좋다.

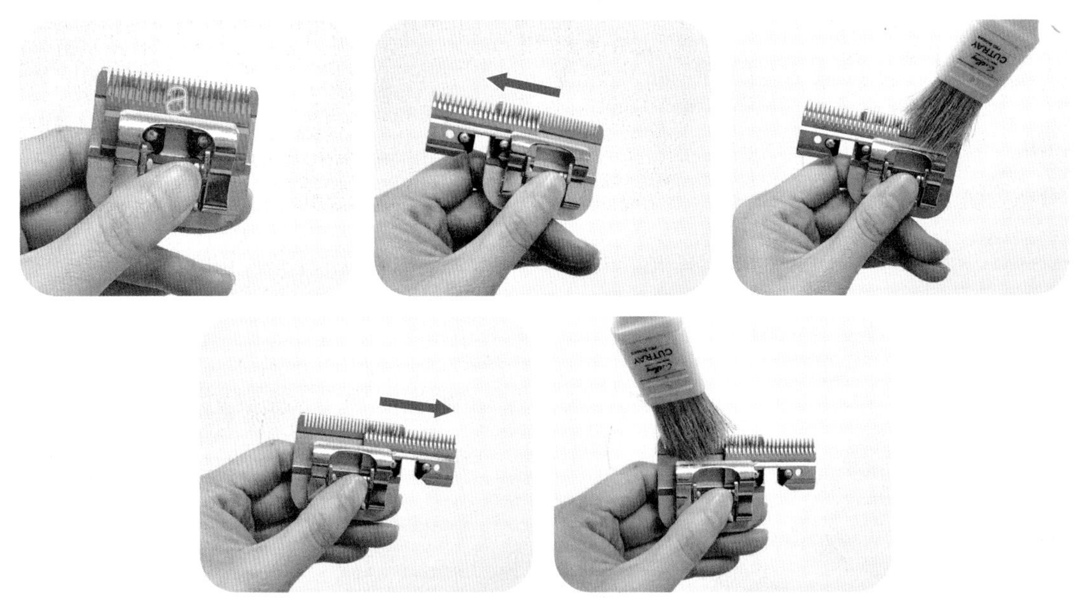

① 날의 a를 왼쪽 오른쪽으로 밀어 브러시로 털과 오염물질을 제거한다.
✔ a날이 완전히 빠지지 않도록 주의한다.

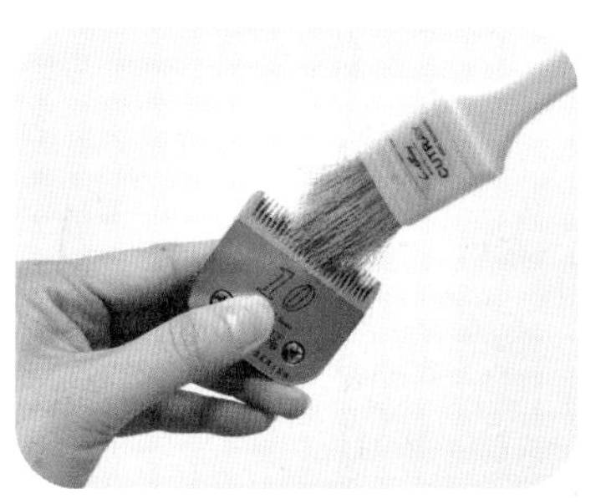

② 날의 끝부분, 홈이 있는 곳 또한 브러시를 이용하여 털과 오염물질을 제거한다.

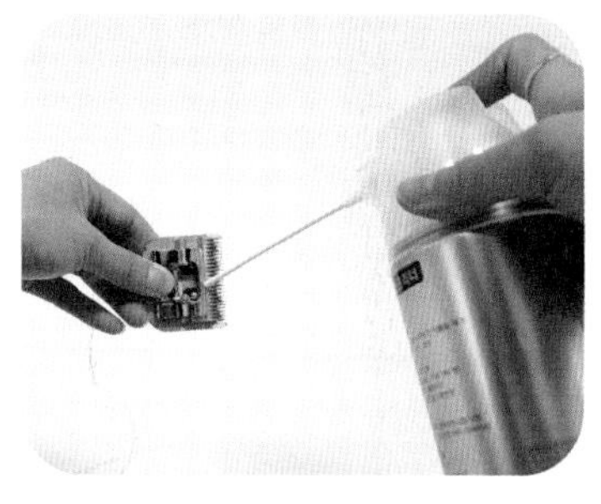

③ 알맞은 소독제로 소독하거나 자외선 멸균기에 노출시켜 소독한다.

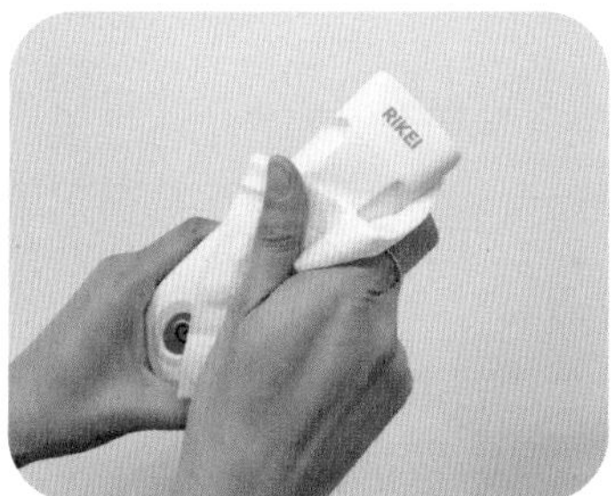

④ 클리퍼 본체의 클리퍼 끼우는 부분은 브러시로 잔털 및 잔여물을 털어낸 후 본체는 부드러운 천으로 겉을 닦아준다.

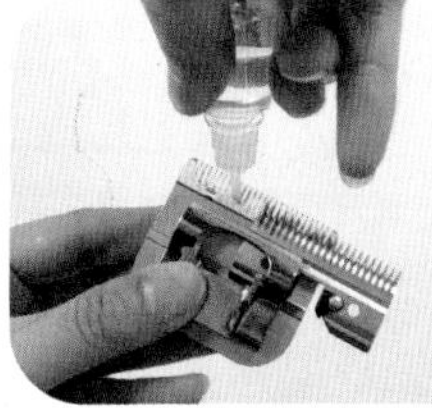
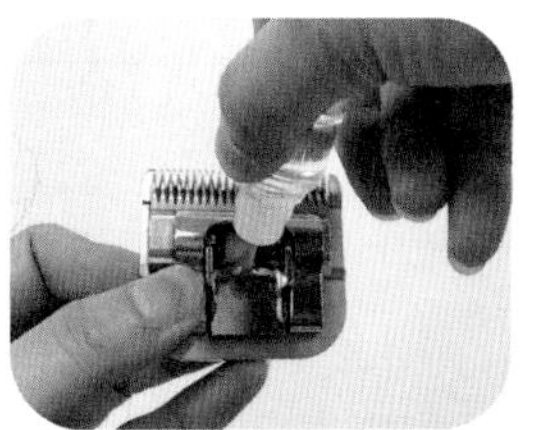

⑤ 날 뒤쪽에 오일을 몇 방울 떨어트려 클리퍼 본체에 장착시킨 후 오일이 클리퍼 날에 잘 퍼지도록 공회전을 15초 한 후 클리퍼 본체에서 클리퍼 날을 분리해 별도의 보관함에 보관한다.

(2) 소형클리퍼 날 관리방법

① 날의 a부분을 눌러 공간을 확보한 후 브러시로 털과 오염물질을 제거한다. 또한 브러시를 이용하여 클리퍼 날 전체에 남아있는 털과 오염물질을 제거한다.

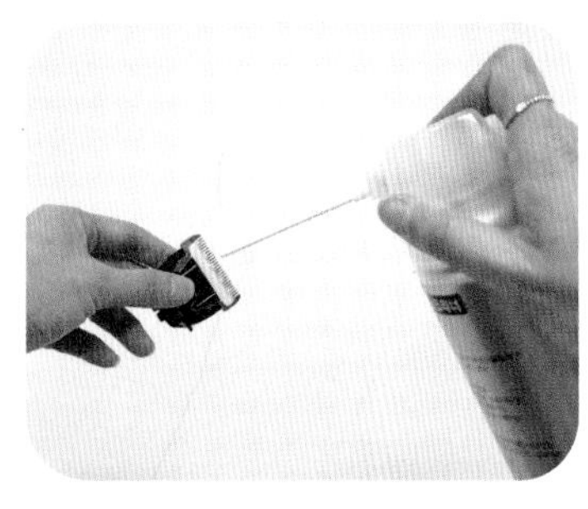

② 알맞은 소독제로 소독하거나 자외선 멸균기에 노출시켜 소독한다.

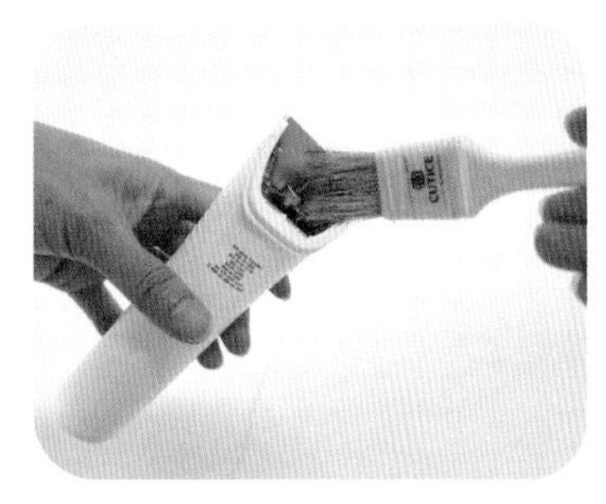

③ 클리퍼 본체의 클리퍼 끼우는 부분은 브러시로 잔털 및 잔여물을 털어낸 후 본체는 부드러운 천으로 겉을 닦아준다.

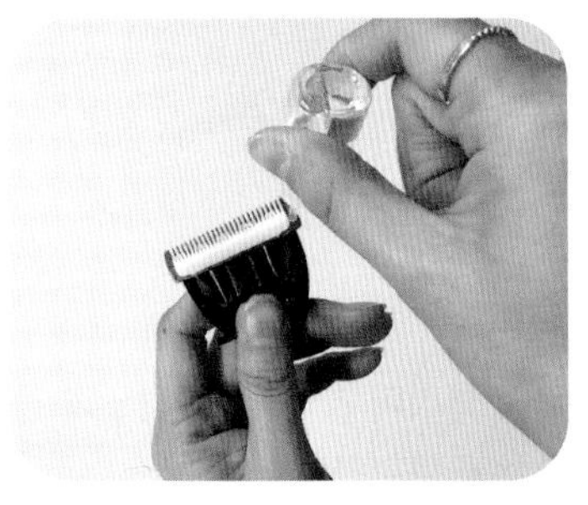
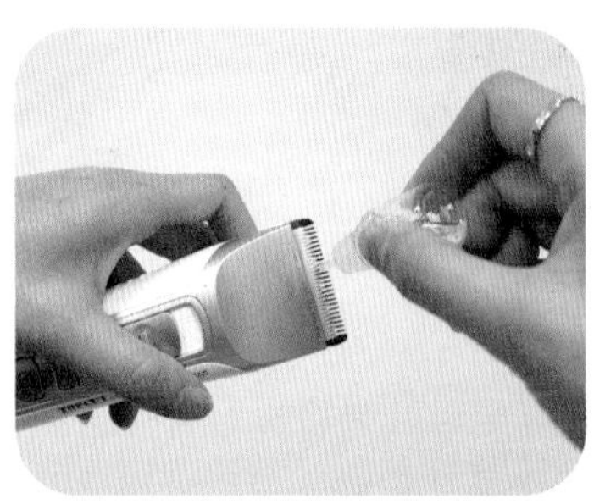

④ 날 안쪽 부분에 오일을 몇 방울 떨어트려 클리퍼 본체에 장착시킨 후 오일이 클리퍼 날에 잘 퍼지도록 공회전을 15초 한 후 클리퍼 본체에서 날을 분리해 별도의 보관함에 보관한다.

다. 클리퍼 콤(clipper comb)

클리퍼 날에 끼우는 덧빗으로 보통 1mm 길이의 전문가용 클리퍼 날에 덧끼워 사용한다. 덧끼우는 날에 따라 길이를 1~5cm까지 조절하여 클리핑할 수 있으며, 털을 길게 남기거나 가위컷을 하기 위해 초벌용 작업으로 사용하기도 한다.

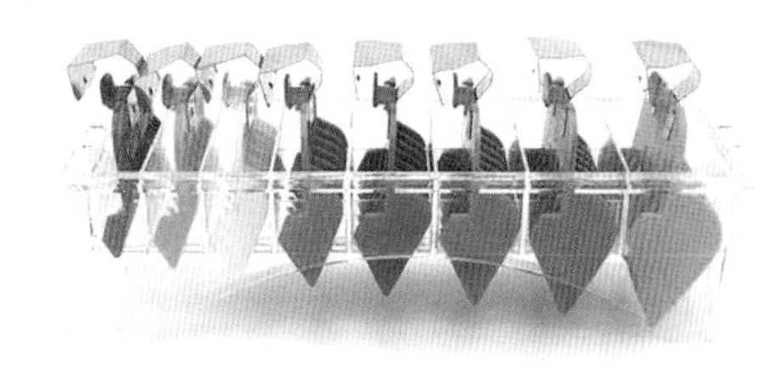

그림 II - 17 클리퍼 콤

라. 클리퍼 날 보관함 만들기

클리퍼 날은 작은 흔들림에도 날이 망가져 커팅감이 무너질 수 있으므로 별도의 보관함을 만들어 클리퍼 날을 보관한다.

○ 준비물 : 밀폐용기, 스펀지 또는 스펀지 수세미, 네임펜, 칼

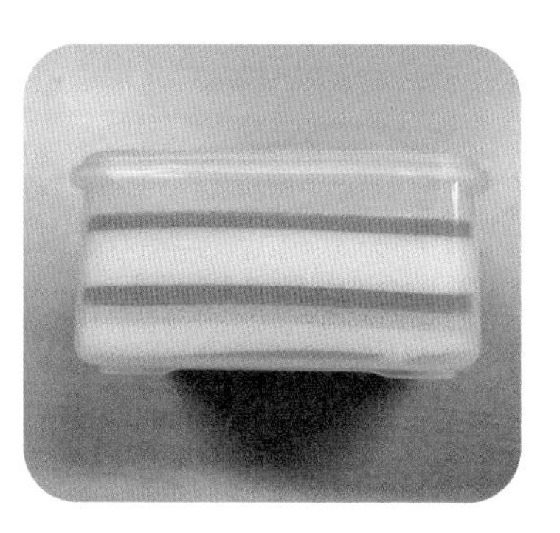

① 밀폐용기에 3/4 정도 높이까지 스펀지를 채워 넣는다.
✔ 원하는 높이까지 채워지지 않으면 스펀지를 겹으로 쌓아 높이를 맞추도록 한다.

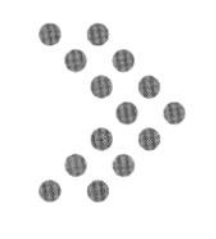

② 클리퍼 날 길이에 맞게 펜으로 그린다.

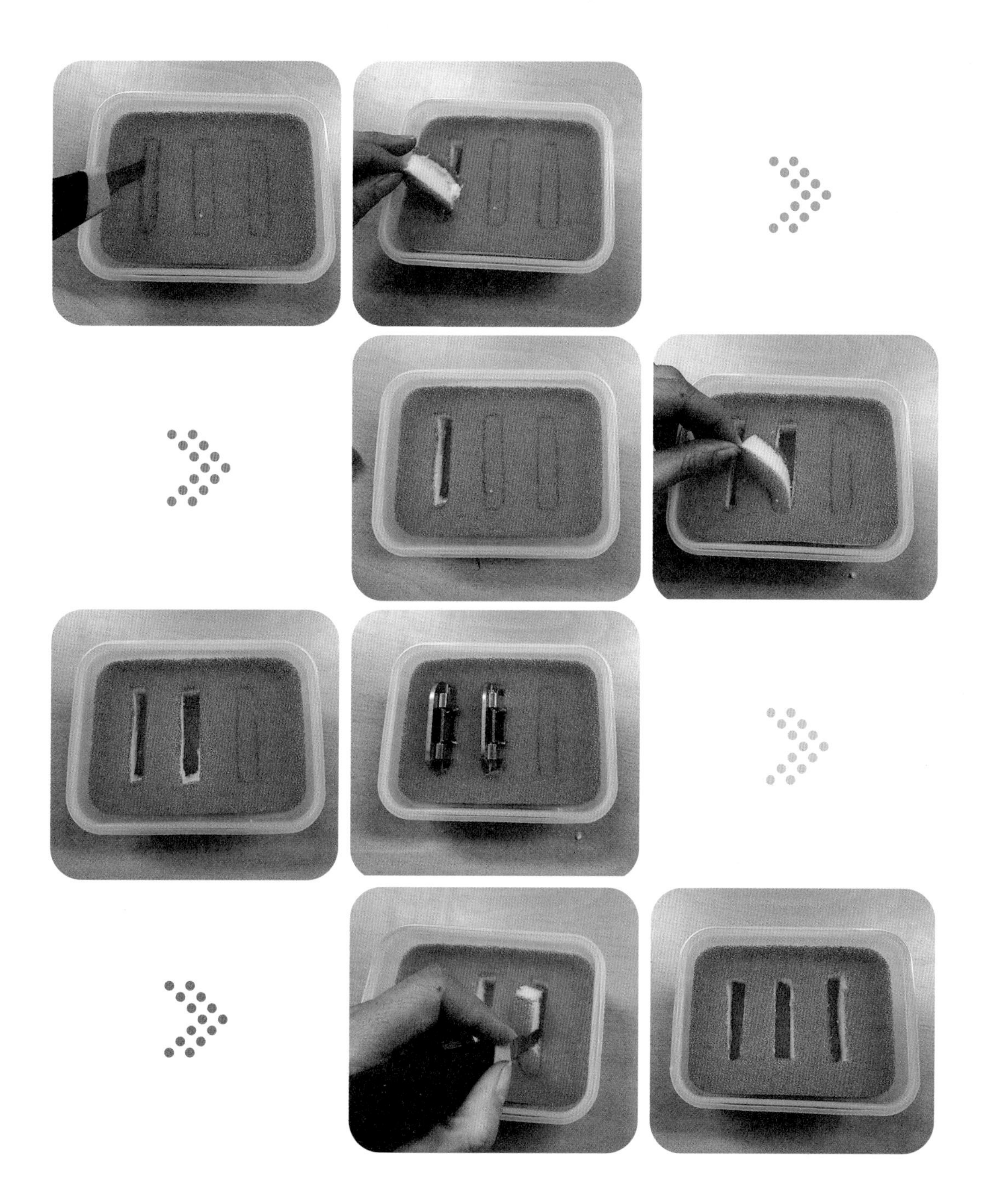

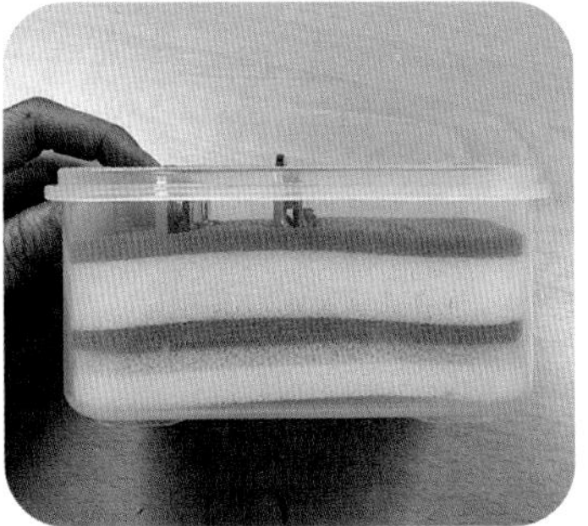
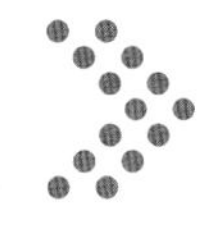

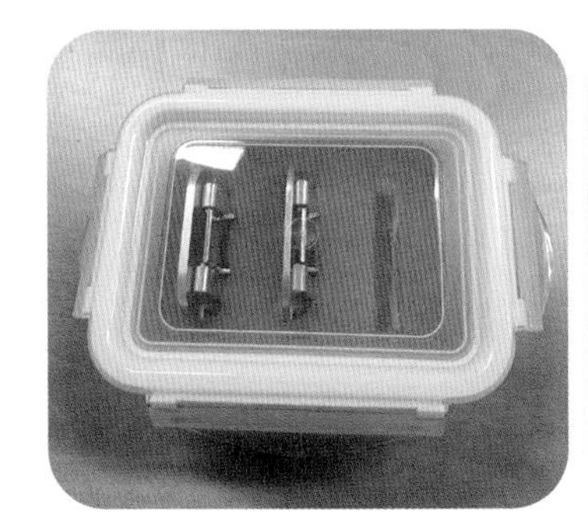

③ 클리퍼 날이 삽입될 곳을 칼로 판 후 날을 삽입해보고 잘 맞으면 나머지 홈도 판다. 클리퍼 날을 삽입한 후 뚜껑을 닫아 클리퍼 날이 흔들리지 않는지 밀폐용기를 흔들어본다.

✓ 클리퍼 날 보관 시 날에 오일을 뿌린 후 밀폐용기에 보관하면 스펀지가 오일을 머금고 있어 날이 녹스는 것 또한 방지할 수 있다.

3) 브러시

반려동물 전용 브러시로 규칙적으로 털을 관리하는 것은 반려동물 건강에 매우 중요한 요소이다. 브러시는 대부분 고무 패드에 핀이 고정된 구조로 되어있다. 견종, 털, 성향 등을 고려해서 브러시의 특징과 역할에 맞게 사용해야 한다.

(1) 슬리커브러시

고무쿠션에 '^' 형태의 구부러진 핀이 촘촘한 빗살로 고정되어 있다. 엉킨 피모를 풀어주거나 빳빳한 털을 가진 견종의 죽은 털 제거와 발모를 촉진시켜주고, 동물에게 드라이를 할 때 사용하는 빗이다. 현재는 모든 견종에 가장 많이 사용되는 브러시이다. 슬리커브러시는 모량이 많은 동물이나 엉킴이 심한 피모에 적합한 '하드타입', 소형견이나 모량이 적은 동물에게 사용하는 '소프트타입'이 있으며, 핀의 길이, 크기, 모양, 재질 등이 다양하다. 동물의 크기, 견종,

사용할 부위 등을 고려하여 알맞은 브러시를 선택하여 사용한다.

가. 슬리커브러시 종류

핀의 길이, 크기, 모양, 재질 등이 다양하다.

그림 Ⅱ - 18 슬리커브러시 종류

나. 슬리커브러시 잡는 방법

① 브러시를 엄지, 검지, 중지 세 손가락을 이용해 연필 잡듯이 손잡이를 잡아주고 나머지 손가락은 브러시 뒷부분을 받쳐준다.

② 핀이 나온 면을 개의 몸에 항상 평행하게 대도록 한다.

③ 모든 손가락을 사용하여 움켜쥐듯이 브러시를 사용하면 손목 탄력을 이용하기가 힘들고, 미용사의 손목이나 어깨에 무리가 갈 뿐만 아니라 손목에 힘이 들어가서 과하게 빗질을 하게 되니 주의해야 한다.

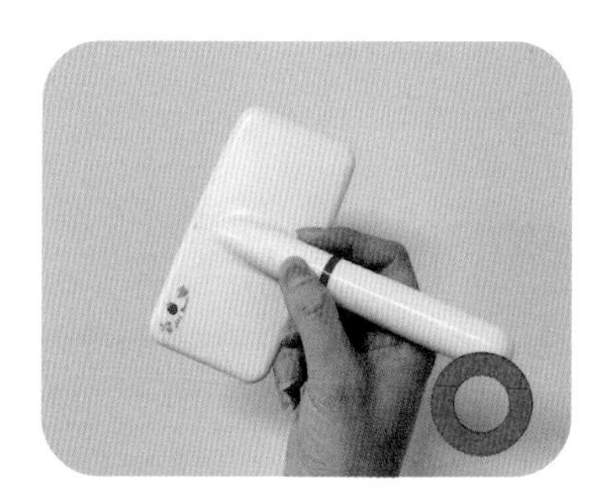

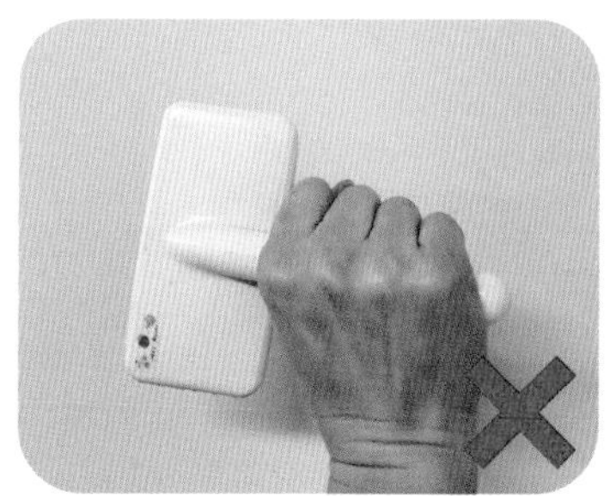

다. 슬리커브러시 사용방법

① 연필 잡듯이 가볍게 잡아준다.

② 털 사이를 갈라 피부가 보이는 상태에서 피부에서 바깥으로 반원을 그리는 것처럼 털 깊숙하게 브러싱한다.

③ 핀이 뾰족하기 때문에 핀 끝이 살에 닿지 않게 피부면과 평행을 유지하면서 손목 스냅을 이용해 손잡이의 방향으로 재빠르게 움직이면서 사용한다.

④ 핀에 의해 동물의 피부에 상처를 내기 쉬우므로 주의하여 사용한다.

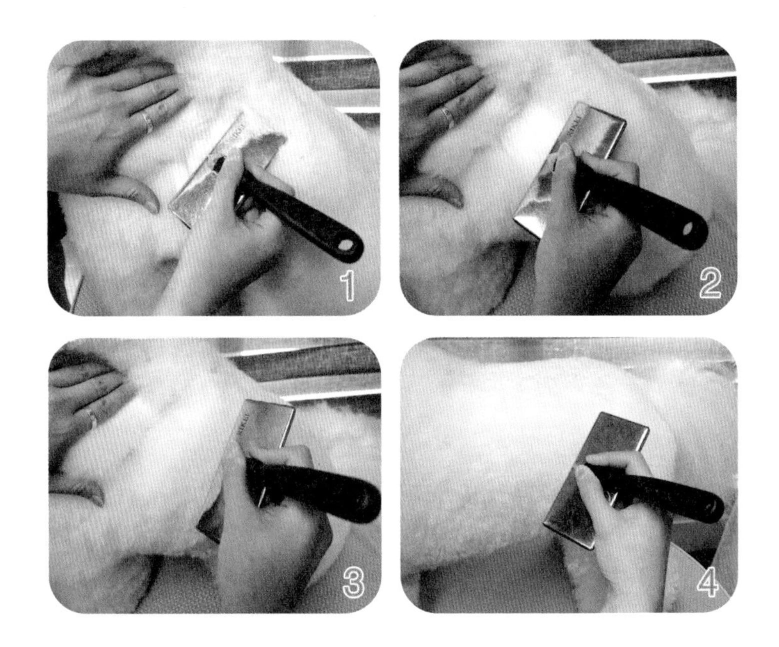

라. 슬리커브러시 관리방법

① 핀에 엉킨 털이 있으면 일자빗(콤)으로 엉킨 털이나 이물질을 제거해 준다.

② 미지근한 물에 세제를 조금 풀어 부드러운 솔로 구석구석 닦는다.

③ 이물질이 제거가 되었다면 브러시를 흐르는 물에 충분히 헹구고, 깨끗한 수건이나 종이 타월로 물기를 없앤다.

④ 햇빛에 말리거나 드라이어 등을 이용하여 충분히 건조한다.

⑤ 알맞은 소독제로 소독하거나 자외선 멸균기에 노출시켜 소독한다.

⑥ 완전히 건조한 후 정해진 장소에 보관한다.

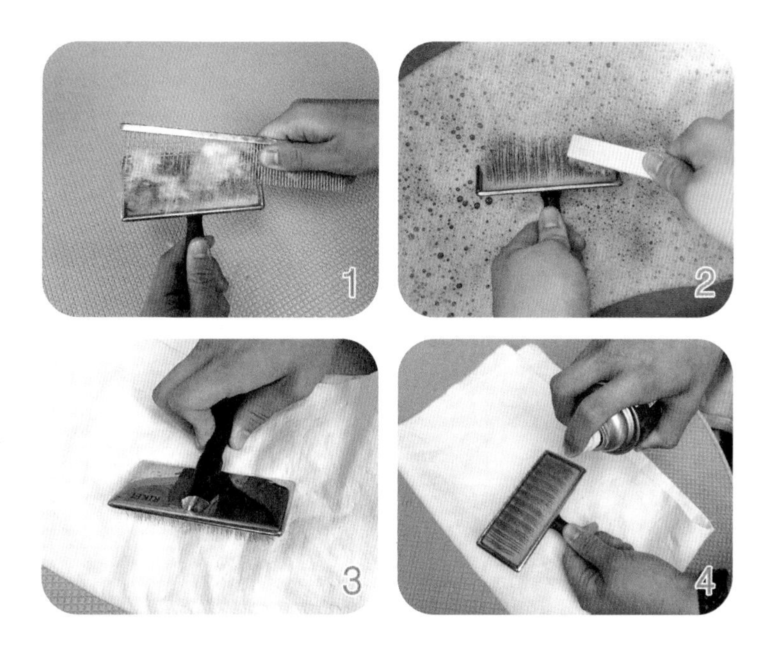

(2) 핀브러시

고무쿠션에 스테인리스 재질의 핀이 고정되어 있다. 장모종이나 긴 장식 털의 엉킨 털, 죽은 털을 제거하고 오염물을 제거하는 용도로 사용된다. 슬리커브러시와 달리 핀의 고정되어 있는 모양이 반듯하고 끝이 둥글기 때문에 피부나 털에 닿는 감촉이 소프트한 것이 특징이며, 마사지 효과도 있다. 아프거나 상처가 잘 나지 않는다.

가. 핀브러시 종류

핀의 길이, 크기, 모양, 재질 등이 다양하며, 동물의 피모 길이와 모량, 작업 목적 등에 맞게 선택해서 사용한다.

그림 II - 19 핀브러시 종류

나. 핀브러시 잡는 방법

① 엄지는 브러시 손잡이에 얹어 놓고 나머지 손가락은 손잡이를 가볍게 움켜쥐어 브러시를 고정한다.

② 브러시 등판을 통째로 잡으면 팔에 지나치게 힘이 들어가서 손목 탄력을 이용하기가 힘들고, 미용사의 손목이나 어깨에 무리가 갈 뿐만 아니라 손목에 힘이 들어가서 과하게 빗질을 하게 되니 주의해야 한다.

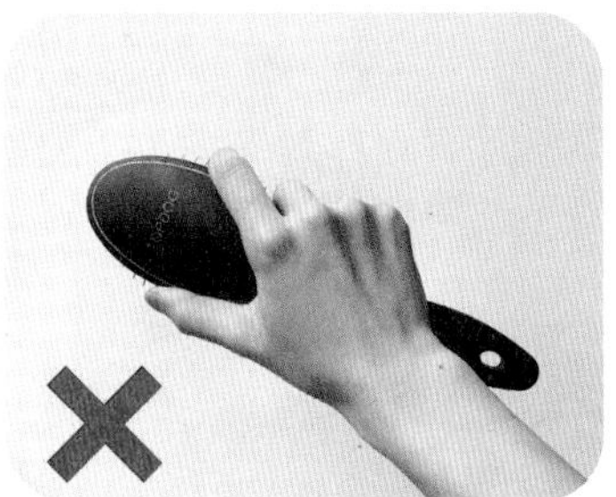

다. 핀브러시 사용방법

① 모든 핀을 사용해 브러시한다.

② 브러시 중심부에 가까울수록 조금씩 높아지는 구조를 가지고 있기 때문에 동물을 브러싱할 때 손목의 스냅과 탄력을 이용해, 먼저 가장자리를 대고 이어 중심부, 다음 반대쪽 가장자리를 대면서 반원을 그리듯이 브러싱한다.

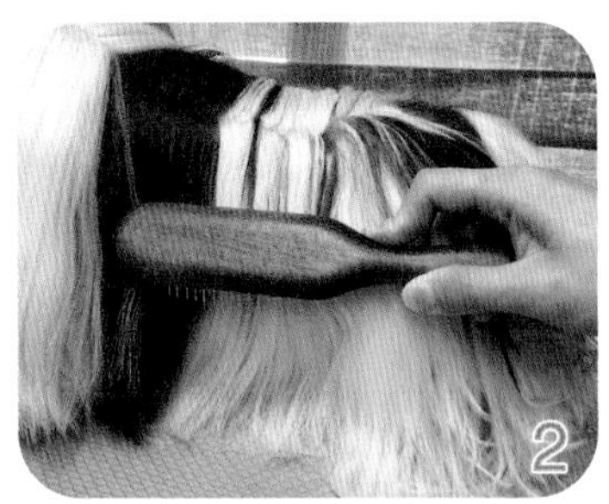

라. 핀브러시 관리방법

① 핀에 엉킨 털이 있으면 일자빗(콤)으로 엉킨 털이나 이물질을 제거해 준다.

② 미지근한 물에 세제를 조금 풀어 부드러운 솔로 구석구석 닦는다.

③ 이물질이 제거가 되었다면 브러시를 흐르는 물에 충분히 헹구고, 깨끗한 수건이나 종이 타월로 물기를 없앤다.

④ 햇빛에 말리거나 드라이어 등을 이용하여 충분히 건조한다.

⑤ 알맞은 소독제로 소독하거나 자외선 멸균기에 노출시켜 소독한다.

⑥ 완전히 건조한 후 정해진 장소에 보관한다.

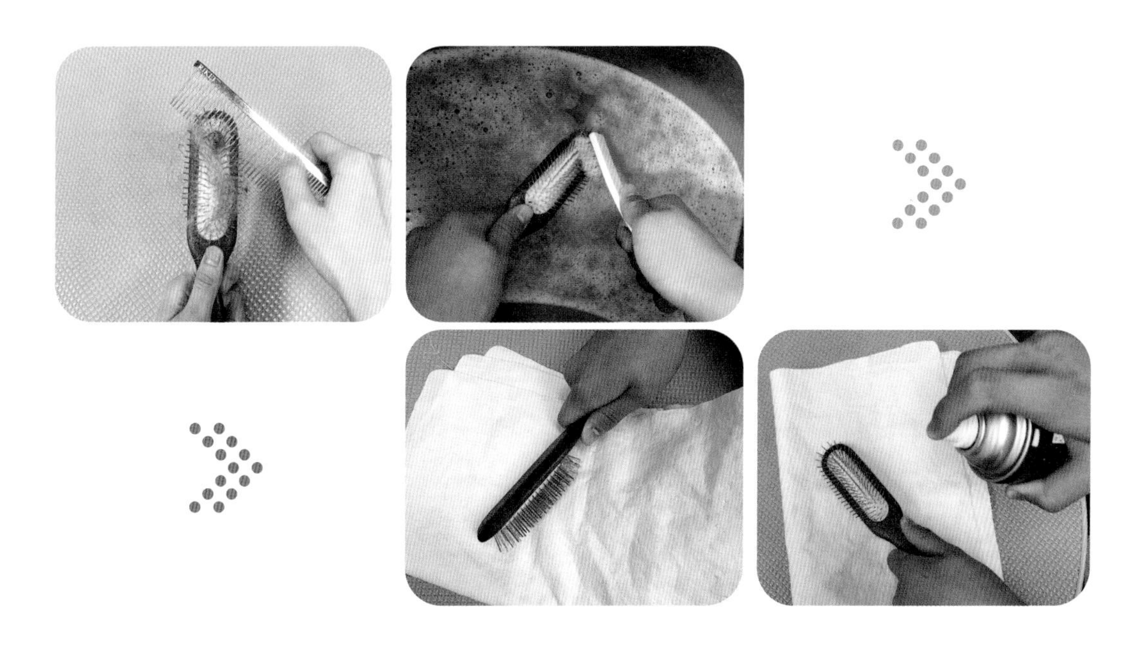

(3) 콤(comb)

보통 금속재질의 빗이며, 길쭉한 금속 막대 위에 굵고 끝이 둥근 핀이 꽂혀있다. 핀의 간격이 넓은 부분과 촘촘한 부분이 함께 있는 타입이 일반적이다. 모류를 정리하거나 엉키거나 죽은 털의 제거, 가르마 나누기, 트리밍 시 털을 세우거나 방향을 만들 때 사용하면 적합하다. 콤 전체 길이와 크기, 굵기, 재질, 무게, 핀의 간격 정도 등이 다양하다. 실제로 사용해보고 사용하기 편한 것을 고르는 것이 좋으며, 반려동물의 품종과 미용의 용도에 따라 몇 가지 종류의 콤을 함께 사용하면 작업 효율이 올라간다.

가. 콤(코움) 종류

	얼굴이나 눈 주변에 붙은 눈곱이나 더러운 것을 제거하는 데 사용	이가 매우 촘촘한 타입 (페이스콤)
	양쪽 낮은 핀은 얼굴 및 좁은 부위 사용 중간 넓은 핀은 몸 및 넓은 부위 사용	양옆이 반달인 타입 (반달콤)
	두 가지 빗살의 콤보 빗 전 견종에 사용할 수 있는 콤	노멀타입(일반콤)
	중·대형견 및 장모견 콤 털이 두텁고 뻣뻣한 이중모를 가진 견종에 사용	전체가 긴 타입(푸들콤)
	장모견이나 모량이 많은 개에 사용	핀이 긴 타입

나. 콤 잡는 법

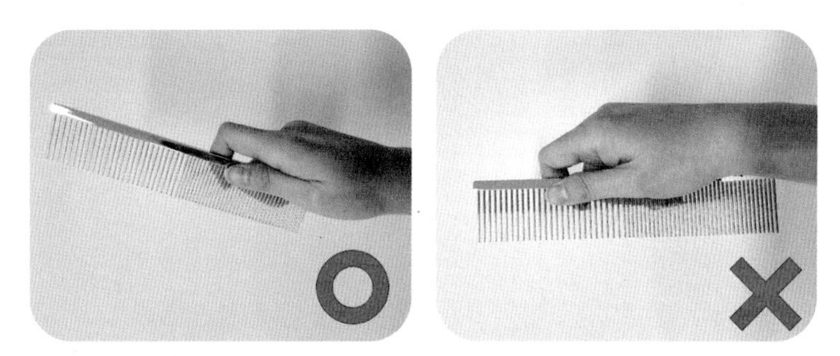

그림 Ⅱ - 20 콤 잡는 법

① 콤의 1/3 지점에서 엄지, 검지손가락 끝으로 가볍게 잡고, 중지손가락은 받쳐준다.

② 콤을 잡을 때 힘을 주지 않고 가볍게 잡는다.

③ 사진처럼 손 전체를 이용하여 콤을 잡으면 과도한 힘이 들어가 털이 끊어지거나 피부에 상처를 낼 수 있으며, 미용사의 손목과 어깨에 무리를 줄 수가 있다. 힘을 너무 주지 말고 가볍게 잡고 움직이는 것이 중요하다.

다. 콤 사용방법

① 긴 털(장모종)을 가진 동물일 경우 털과 수직이 되게 콤을 댄 후 팔에 힘을 빼고 위에서 아래로 부드럽게 빗어 내린다.

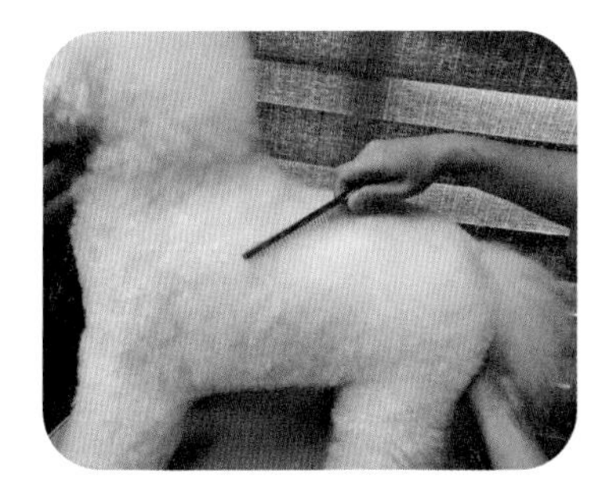

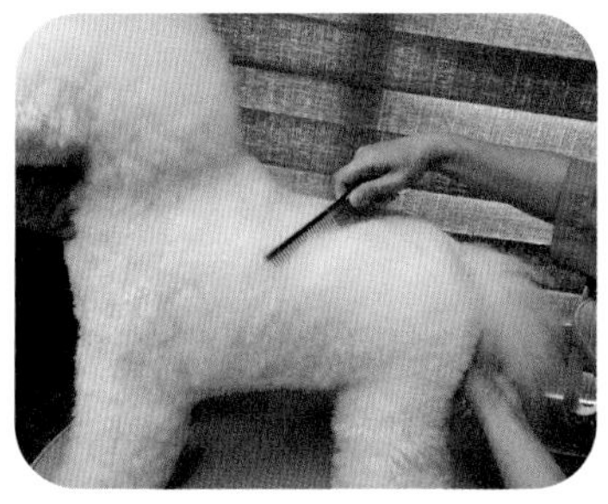

② 털을 세워서 트리밍하는 동물은 피부에서 1cm 정도 떨어진 피모부터 빗을 넣어서 콤이 있는 방향으로 털을 빼면서 세운다는 느낌으로 가볍게 '툭툭' 빗질한다.

③ 처음에는 핀 간격이 넓은 면을 사용하여 엉킴이 있는지 확인해본다.

④ 엉킴이 없음을 확인한 후 핀 간격이 좁은 면으로 빗질을 한다.

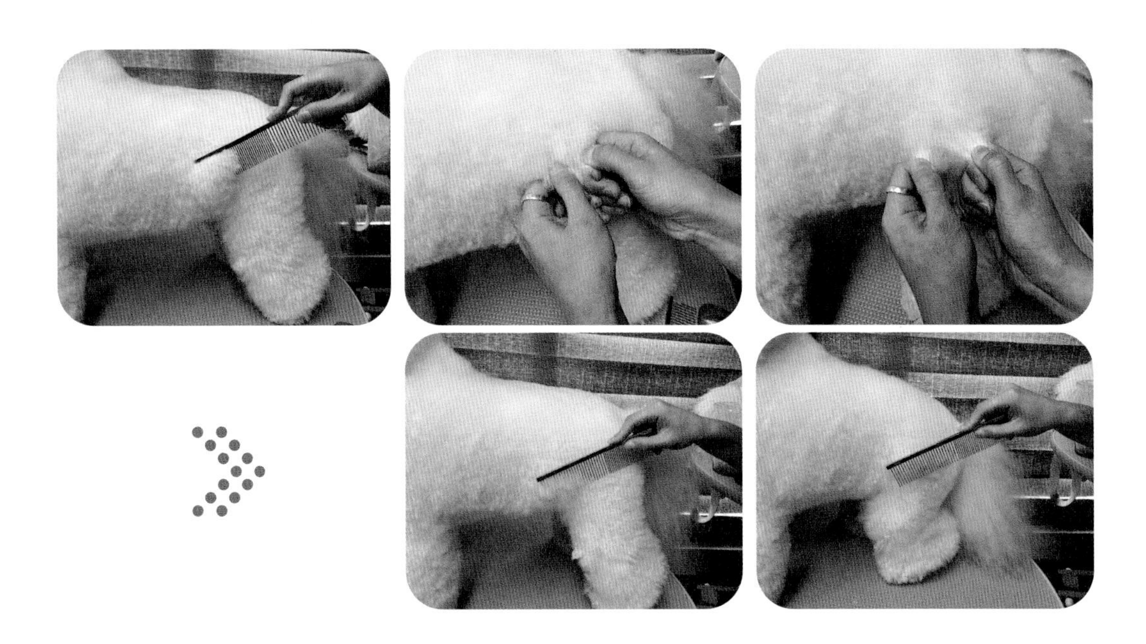

⑤ 콤에 엉킨 털이 걸리면 힘으로 빗질을 하려고 하지 말고, 엉킨 부분을 손과 슬리커브러시를 같이 사용하여 풀어준 후 콤으로 엉킨 부분이 또 있는지 재확인해본다.

⑥ 엉킨 부분을 풀 때 피부에 영향이 가지 않도록 조심해서 손으로 풀어야 하며, 손으로나 빗으로 털이 풀리지 않는 상황이 된다면 가위로 엉킨 털을 자르기보단 클리퍼를 이용하여 제거하는 것이 위험성이 줄어든다.

라. 콤 관리방법

① 콤에 붙어있는 털이나 이물질을 솔로 털어낸다.

② 미지근한 물에 세제를 조금 풀어 부드러운 솔로 구석구석 닦는다.

③ 이물질이 제거가 되었다면 빗을 흐르는 물에 충분히 헹구고, 깨끗한 수건이나 종이 타월로 물기를 없앤다.

④ 알맞은 소독제로 소독하거나 자외선 멸균기에 노출시켜 소독한다.

⑤ 완전히 건조한 후 정해진 장소에 보관한다.

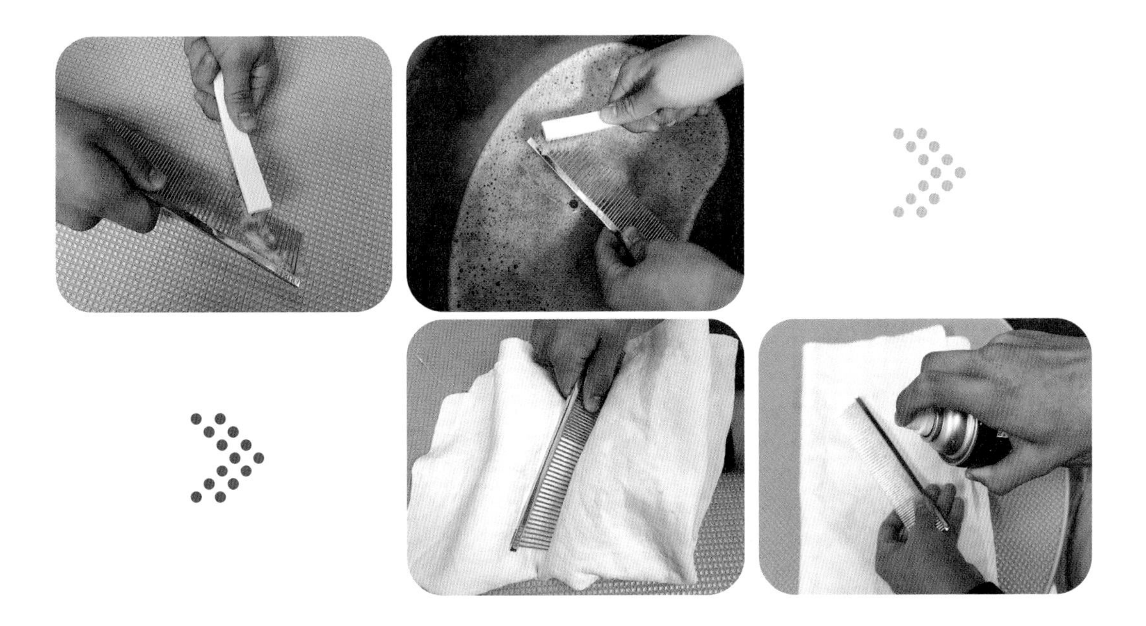

(4) 꼬리빗(Pointed comb)

촘촘한 빗살로 되어있으며, 털을 깔끔하게 나누는 것이 가능하고, 쇼 미용 세팅 시 래핑을 할 때에도 사용한다. 대부분 빗의 꼬리는 스테인리스 스틸로 만들어졌으며 그 외 다양한 용도로 사용되고 있다.

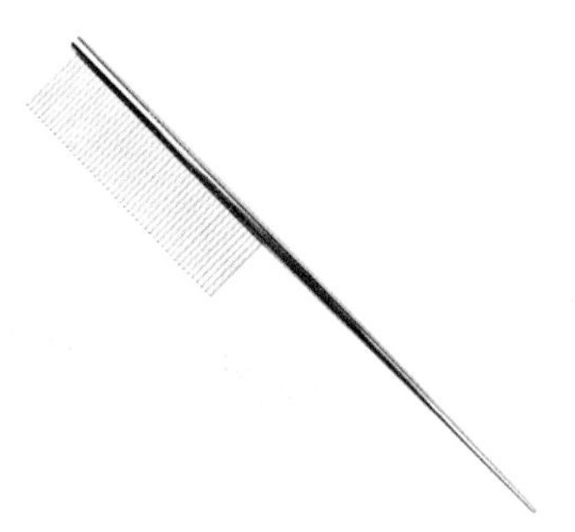

그림 II - 21 꼬리빗

(5) 오발빗(5-Toothed comb)

5개의 금속 핀이 박혀있고, 포크 콤(fork comb)이라고도 부르며, 털의 볼륨을 살리는 작업에 사용된다. 특히 푸들 크라운을 부풀리거나 비숑 헤어컷을 정교하게 정리할 때에도 유용하다.

그림 II - 22 오발빗

(6) 브리슬 브러시(Bristle Brush)

주로 멧돼지나 돼지, 말 등 동물의 털을 심어 만든 브러시이다. 브리슬 브러시로 자주 빗질해주면 털에 힘과 윤기를 더해주고, 건강한 피부와 모질 형성에 도움이 된다. 피부와 피모에 자극이 적은 것이 특징이다. 싱글코트 사용에 적합한 소프트타입과 억센 털에 사용하기 적합한 하드타입이 있다.

그림 II - 23 브리슬 브러시 종류

사용 용도

① 브러싱의 마무리로 털에 윤기를 내기 위해 사용

② 오일이나 파우더 등을 바를 때 사용

③ 먼지와 비듬, 죽은 털을 제거하는 데 사용

④ 털의 결을 정돈할 때 사용

⑤ 피부를 자극하는 마사지 용도로 사용

4) 스트리핑나이프(트리밍나이프)

주로 테리어 견종의 털을 자르거나 제거하는 미용법에 사용하는 도구이다. 스트리핑 미용을 해야 하는 견종이 가위나 클리핑으로 일반 미용을 했을 시 털이 얇아지고, 곱슬거리고, 피모의 질감 및 털색이 달라질 수가 있다. 단단한 강모의 피모를 만들기 위해서는 주기적으로 스트리핑을 해줘야 한다.

스트리핑 미용을 하는 견종은 폭스테리어, 슈나우져, 화이트테리어, 스코티시테리어, 와이어 폭스테리어, 에어데일테리어, 리트리버, 코커스파니엘, 와이어헤어 닥스훈트, 아펜핀셔, 레이크랜드 테리어, 웰시테리어, 노리치테리어, 노포크테리어, 세터 등이 있다.

(1) 스트리핑나이프(트리밍나이프) 종류

트리밍나이프의 종류는 코스나이프, 미디엄나이프, 파인나이프, 디테일나이프로 나뉠 수 있다.

가. 코스나이프(Coarse knife)

코스나이프는 날 간격이 제일 넓고 굵으며 긴 털을 뽑을 때나 털을 길게 남겨두어야 할 때 주로 사용한다. 주로 털이 길어야 할 부분, 머리 뒤부터 몸통, 꼬리(초벌)의 긴 털을 제거하는 데 사용된다.

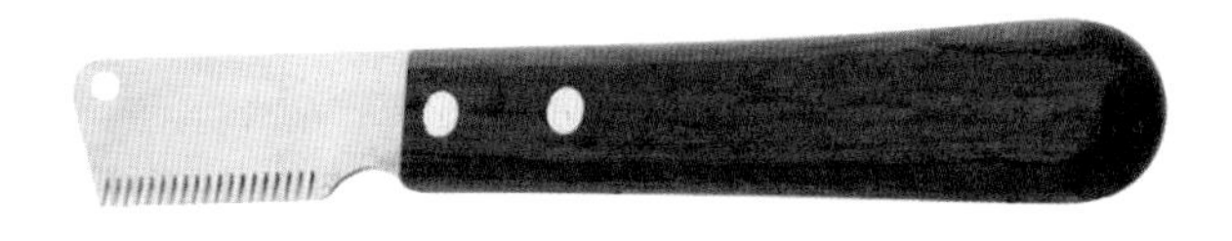

그림 II - 24 코스나이프

나. 미디엄나이프(Mediun knife)

미디엄나이프는 짧거나 긴 털에 사용하고, 일상적으로 털을 관리할 때 적합하다. 특히 스트리핑 후 가지런하게 자랄 수 있도록 사용하는 나이프이며, 파인과 코스나이프의 중간 정도의 날이다.

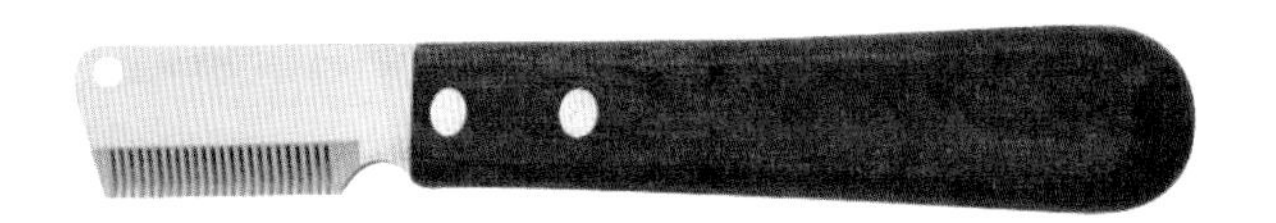

그림 II - 25 미디엄나이프

다. 파인나이프(Fine knife)

파인나이프는 털을 짧게 하거나 짧은 털을 뽑을 때, 짧아야 할 털을 만들어야 될 때 사용하며, 날이 얇고 촘촘하다. 주로 가슴, 목둘레, 어깨, 꼬리(마무리), 귀, 눈, 볼, 목 아래의 털을 제거하는 데 사용된다.

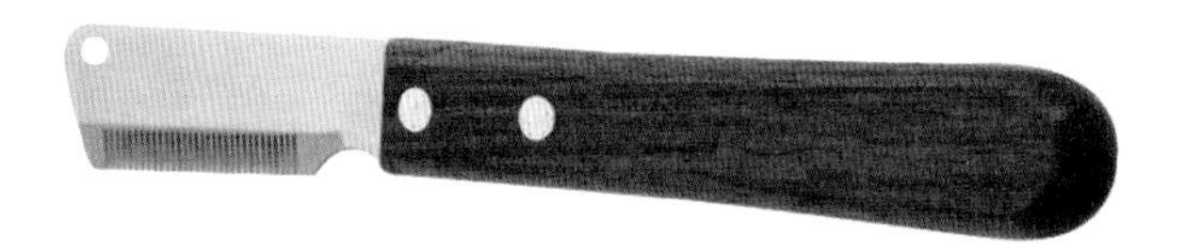

그림 II - 26 파인나이프

라. 디테일나이프

디테일나이프의 날은 가장 촘촘하며, 털이 가장 짧아야 하는 부위에 사용한다. 주로 얼굴, 귀, 볼, 항문, 발뒤꿈치 털을 제거하는 데 사용된다.

그림 II - 27 디테일나이프

마. 스트리핑 골무

스트리핑 작업 시 나이프를 사용하지 않고, 손가락에 끼워 사용하는 골무이며, 정교하게 털을 뽑을 때 사용한다. 주로 얼굴, 다리, 가슴 등의 장식 털 작업 시 유용하다. 또한 스트리핑 작업을 할 때 털이 미끄러져서 잘 안 뽑히는 경우가 있는데, 골무를 엄지손가락이나 엄지, 검지 손가락에 끼워 사용하면 미끄러짐 없이 손쉽게 털을 뽑을 수가 있다.

그림 II - 28 스트리핑 골무

라. 스트리핑 스톤

스트리핑 스톤은 화산석으로 만들어졌으며, 스트리핑 마무리 작업에 적합하고, 털길이가 길어 삐져나온 털을 정리하는 작업에 사용한다. 주로 얼굴, 귀 등의 얇은 잔털을 제거할 때 사용한다. 긴 털과 짧은 털을 층이 지지 않도록 자연스럽게 길이를 맞추는 작업이나 둥근 부분을 표현할 때에 사용하면 효과적이다.

그림 II - 29 스트리핑 스톤

*블렌딩(Blending): 짧은 털과 긴 털이 층이 지지 않도록 자연스럽게 길이를 맞추어주는 작업
*플랫워크(FlatWork): 털 길이가 길어 튀어나온 털을 정리하는 작업

(2) 스트리핑 미용하는 방법

스트리핑 미용하는 방법은 크게 플러킹과 레이킹으로 나눌 수 있으며, 플러킹과 레이킹을 병행하는 것이 기본 미용방법이다.

가. 플러킹(plucking)

트리밍나이프로 털을 뽑아 원하는 미용스타일을 만들어 준다.

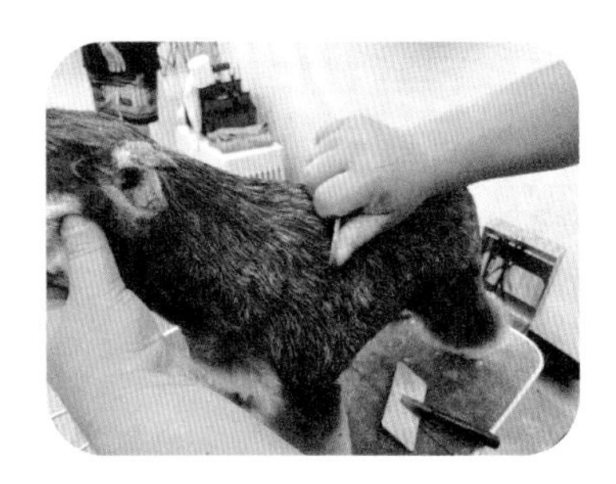

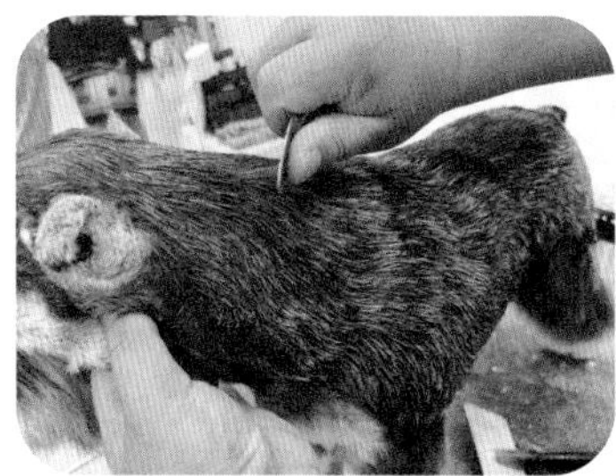

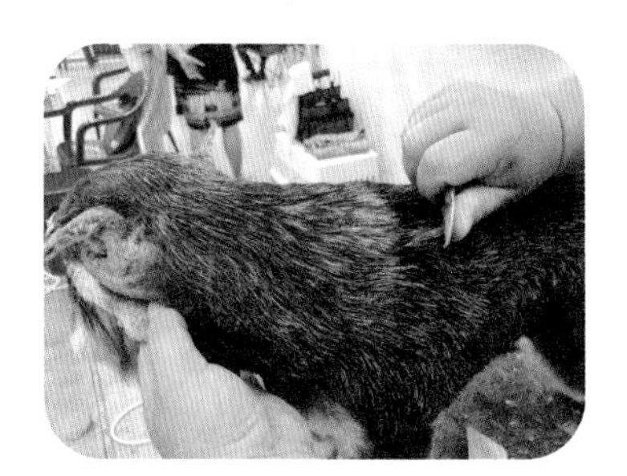

① 나이프의 손잡이를 엄지손가락을 제외한 손가락으로 잡고 날이 몸통으로 향하도록 나이프를 직각으로 세운다.

② 다른 손은 보정과 동시에 가볍게 피부를 당겨주고, 뽑아야 할 털 지점에 엄지손가락 바닥과 나이프 사이에 털을 집어 넣어, 손목에 힘을 주지 않으면서 털의 결 방향으로 그대로 당겨서 뽑아준다.

③ 긴 털을 뽑을 시 중간 정도에서 잡아서 뽑고, 짧은 털을 뽑을 시 털끝이 아니라, 피부 안쪽 가까이에서 잡아서 날의 끝과 엄지손가락 끝으로 털을 확실히 잡아서 뽑는다. 짧은 털은 일정한 길이로 뽑는 것이 중요하다.

나. 레이킹(raking)

불필요한 언더코트를 제거하는 것이 주목적이며, 오버코트나 언더코트를 일정 간격으로 제거해 주어 피모의 두께 등을 조절한다.

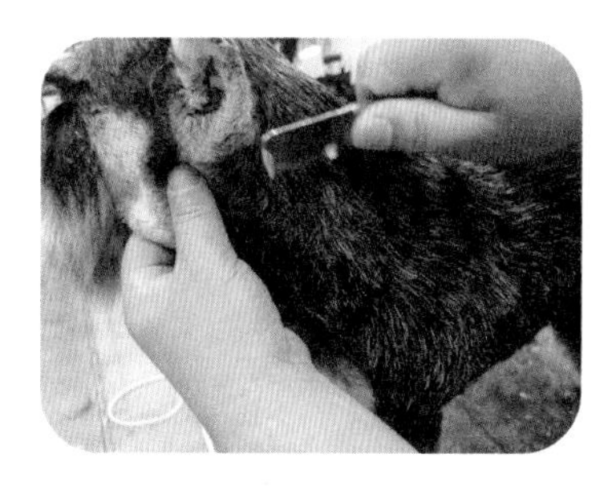
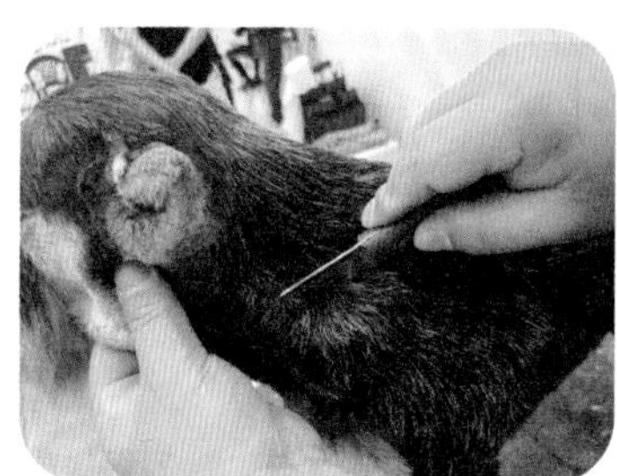
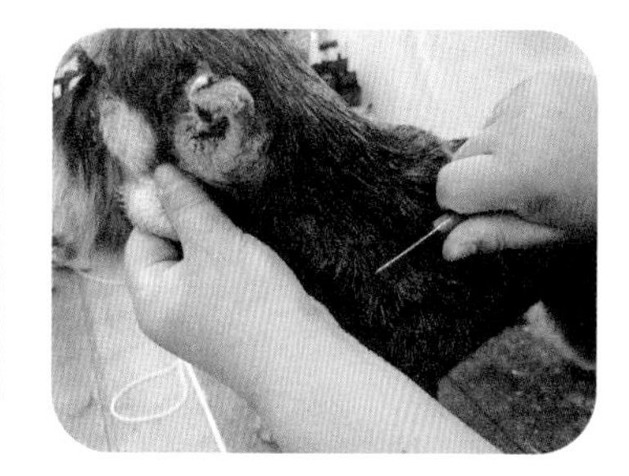

① 나이프의 손잡이를 엄지손가락을 제외한 손가락으로 잡고 피모에 나이프를 눕힌다.

② 다른 손은 보정과 동시에 가볍게 피부를 당겨주고, 털의 결 방향에 따라 나이프를 당긴다.

(3) 스트리핑나이프 관리방법

① 붙어있는 털이나 이물질을 솔을 이용하여 제거한다.

② 미지근한 물에 세제를 조금 풀어 부드러운 솔로 구석구석 닦는다.

③ 이물질이 제거가 되었다면 빗을 흐르는 물에 충분히 헹구고, 깨끗한 수건이나 종이 타월로 물기를 없앤다.

④ 알맞은 소독제로 소독하거나 자외선 멸균기에 노출시켜 소독한다.

⑤ 완전히 건조한 후 정해진 장소에 보관한다.

5) 발톱관리용 도구

(1) 발톱깎이

반려동물의 발톱을 깎는 데 사용되는 반드시 반려동물 전용 발톱깎이를 이용하여 깎아야 한다. 발톱은 정기적으로 깎아 주어야 하며, 긴 발톱은 반려동물 보행에 문제가 될 뿐만 아니라 긴 발톱이 부러지면 신경까지 다칠 수 있으므로 정기적으로 관리가 필요하다. 발톱깎이 종류로는 집게형, 니퍼(펜치)형, 기요틴형이 있다.

가. 발톱깎이 종류

a. 집게형

날 사이에 발톱을 집어넣고 눌러서 자르는 방식이며, 어린 반려동물이나 소형견에게 사용하는 것이 적합하다.

그림 II - 30 집게형 발톱깎이

b. 니퍼(펜치)형

날 사이에 발톱을 집어넣고 눌러서 자르는 방식이며, 중대형견에게 사용하는 것이 적합하다.

그림 II - 31 니퍼(펜치)형 발톱깎이

c. 기요틴형

발톱을 구멍에 위치하고 손잡이를 누르면 날이 수직으로 움직여서 발톱을 빠르게 자르는 방식이며, 중/대형, 소/중형, 미니/초소형의 사이즈가 있으므로 견종에 맞게 선택해서 사용한다.

그림 II - 32 기요틴형 발톱깎이

나. 발톱깎이 사용방법

발톱의 혈관이 다치지 않도록 혈관 앞 2~3mm에서 발톱을 깎아준다. 혹 혈관을 잘라 발톱에서 출혈이 생긴다면 지혈제를 발라주거나 지혈제가 없다면 깨끗한 면봉이나 휴지 등으로 출혈 부위를 한동안 꽉 눌러준다. 대부분 지혈제를 바르면 출혈이 멈추지만 출혈이 멈추지 않으면 가까운 동물병원으로 가도록 한다.

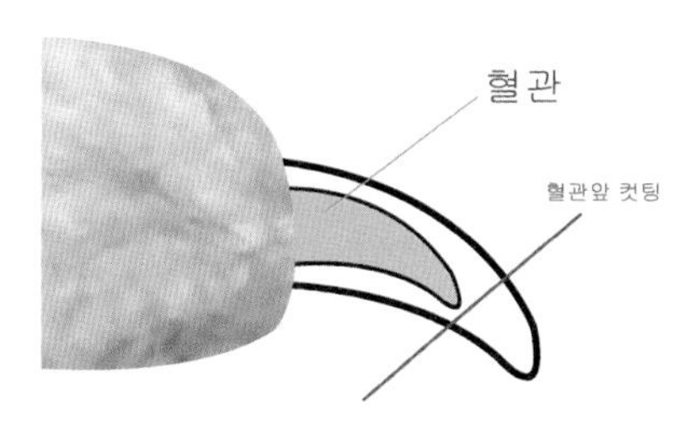

그림 II - 33 발톱 자르는 범위

a. 집게형, 니퍼(펜치)형

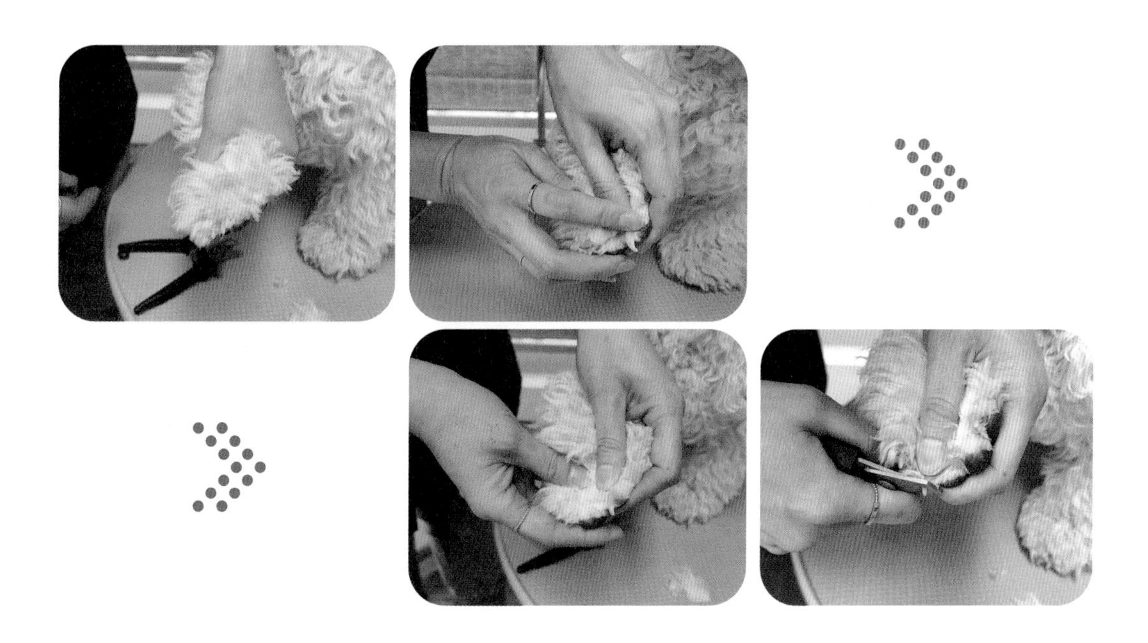

① 발목을 움켜쥔다.

② 발톱의 혈관이 보이는지 살펴본다.

③ 발톱이 시작되는 부분의 패드와 발가락을 꾹 누르면 발톱이 튀어나온다.

④ 날 사이에 발톱을 집어넣고 혈관 앞에서 손가락에 힘을 주어 발톱을 깎아준다. 이때 검은색 발톱이라 혈관이 보이지 않을 경우는 조금씩 여러 차례 깎아준다. 혈관을 다치지 않도록 주의하며 발톱을 깎아준다.

b. 기요틴형

① 발톱의 혈관이 보이는지 살펴본다.

② 발톱이 시작되는 부분의 패드와 발가락을 꾹 누르면 발톱이 튀어나온다.

③ 엄지는 손잡이 위에 올리고, 나머지 손가락은 아래쪽 손잡이를 받쳐준다.

④ 발톱을 구멍에 위치하고 손잡이 위쪽을 눌러 깎아준다.

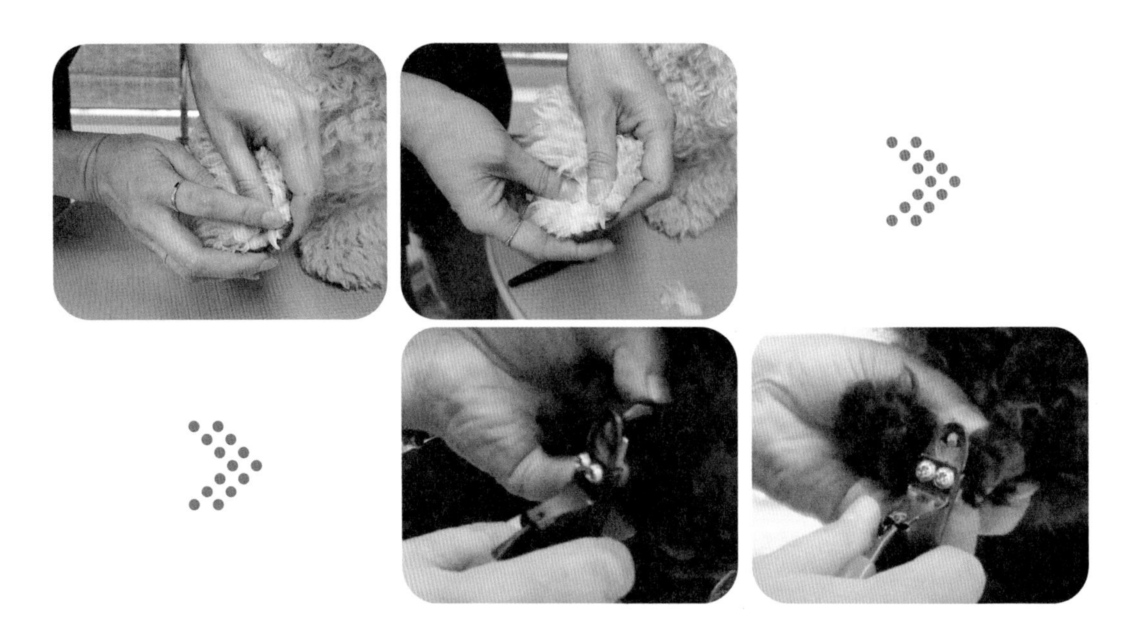

다. 발톱깎이 관리방법

녹이 슬지 않게 관리하는 것이 가장 중요하며, 날이 마모되어 발톱이 잘 깎이지 않으면 새로운 발톱깎이로 교체한다.

① 발톱깎이 날 부분에 이물질을 잘 제거하고, 전체를 깨끗한 수건 등으로 닦는다.

② 알맞은 소독제로 소독하거나 자외선 멸균기에 노출시켜 소독한다.

③ 완전히 건조한 후 정해진 장소에 보관한다.

(2) 발톱갈이

발톱을 깎은 후 절단면이 날카로워 반려동물이 몸이나 얼굴 등을 긁다가 피부에 상처가 나기도 하고, 또한 사람에게 상처를 낼 수 있기 때문에 발톱갈이로 날카로워진 발톱을 부드럽게 다듬어준다. 충전하거나 건전지를 넣어 사용하는 전동 줄과 사람이 손을 움직여 발톱을 갈아주는 줄이 있다.

가. 발톱깎이 종류

a. 전동 발톱갈이

줄 부분이 고속으로 회전하며 발톱을 간다. 충전식과 무충전식이 있으며, 요즘은 대부분 충전식을 많이 사용한다. 발톱을 깎기 싫어하는 반려동물에겐 전동 줄로 발톱을 갈아주어 길이를 줄이는 방법도 있다.

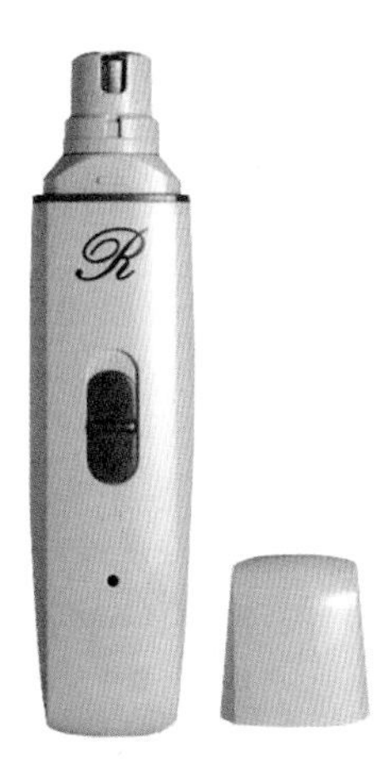

그림 Ⅱ - 34 전동 발톱갈이

b. 줄

사람의 손을 양방향으로 움직여 사용하는 수동식 발톱갈이다. 시간과 힘의 소요가 많다는 것이 단점이다.

그림 II - 35 줄

나. 발톱갈이 사용방법

a. 전동 발톱갈이

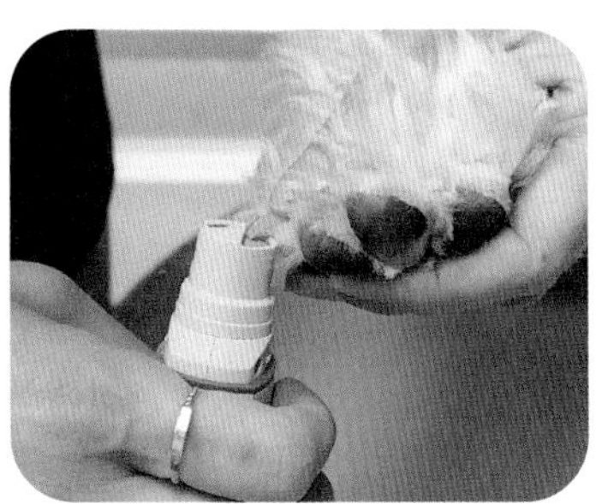

그림 II - 36 전동 발톱갈이 방법

① 발톱이 시작되는 부분의 패드와 발가락을 꾹 누르면 발톱이 튀어나온다.

② 튀어나온 발톱을 하나씩 잡고 반려동물 발톱 사이즈에 맞게 발톱 절단면의 모서리를 갈아 둥글게 다듬어준다.

③ 발톱 손질 후 발톱이 잘 다듬어졌는지 손으로 만져보고 거친 부분이 있는지 확인한다.

b. 줄

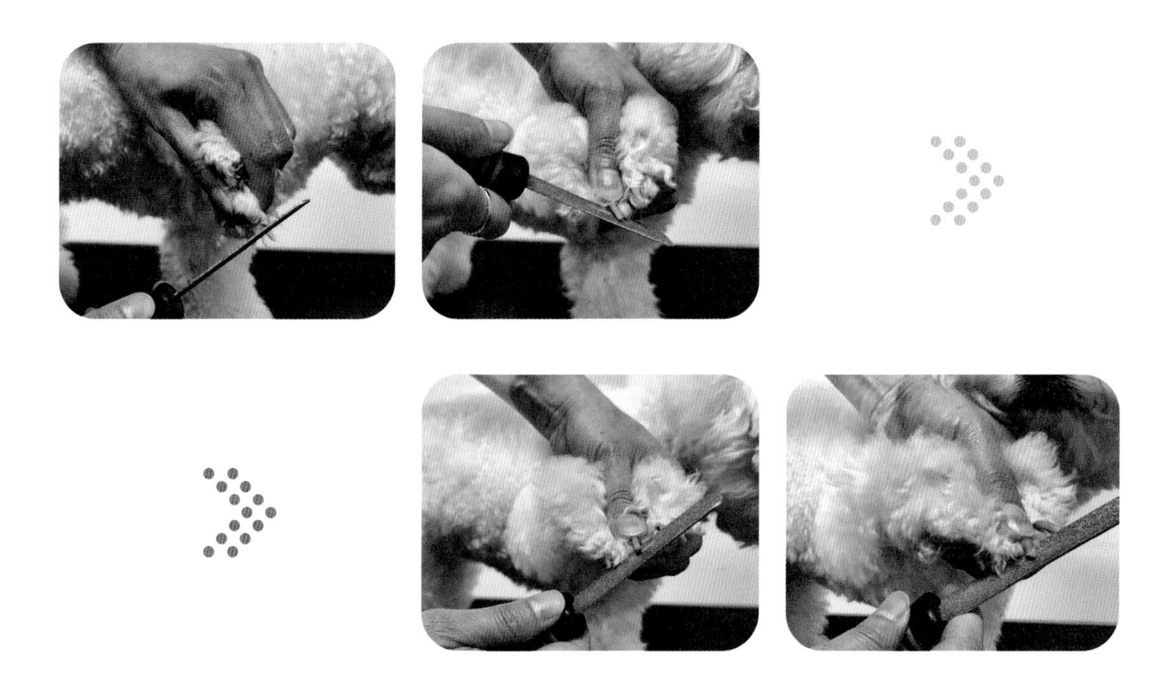

① 발톱이 시작되는 부분의 패드와 발가락을 꾹 누르면 발톱이 튀어나온다.

② 튀어나온 발톱을 하나씩 잡고 줄을 이용하여 위아래로 움직여 발톱 절단면의 모서리를 갈아 둥글게 손질해준다.

③ 발톱 손질 후 발톱이 잘 다듬어졌는지 손으로 만져보고 거친 부분이 있는지 확인한다.

6) 겸자(포셉)

귓속의 털을 뽑거나 솜을 말아 귓속의 노폐물을 닦을 때 사용한다. 겸자의 종류는 끝의 안쪽에 홈이 파인 유구 겸자 타입과 홈이 파이지 않은 무구 겸자 타입이 있으며, 형태는 곡선형, 직선형이 있다.

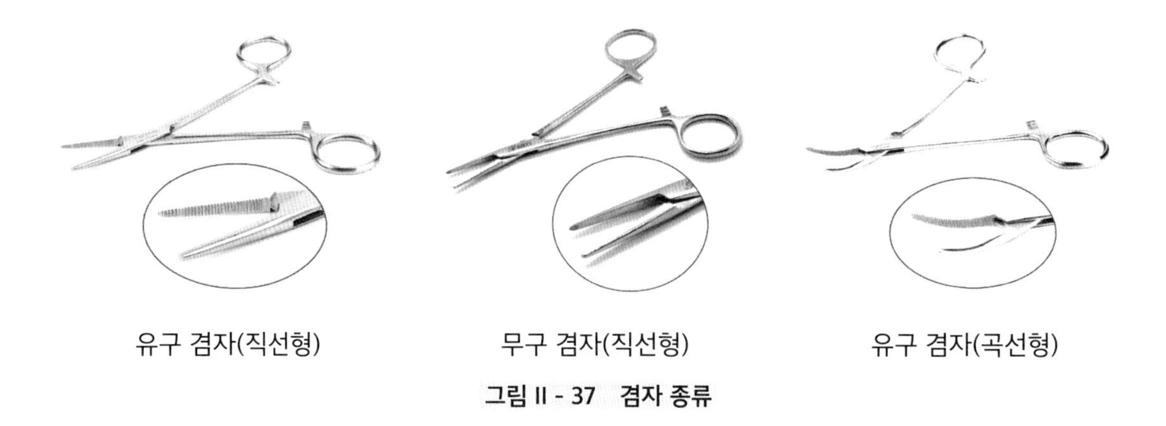

유구 겸자(직선형) 무구 겸자(직선형) 유구 겸자(곡선형)

그림 II - 37 겸자 종류

가. 겸자 사용방법

겸자에 솜 말기

① 솜을 적당한 크기로 잘라 겸자 맨 앞쪽 벌어진 사이에 솜의 끝을 가져다 댄 후 솜이 빠지지 않게 겸자로 집는다.

② 겸자 손잡이 구멍에 오른손 약지손가락을 끼우고 왼손은 솜이 집혀있는 곳을 검지와 엄지손가락으로 가볍게 감싼 후, 오른손 약지손가락을 여러 번 돌려 겸자에 솜이 잘 감기도록 한다. 이때 왼손의 검지와 엄지는 잘 말릴 수 있도록 받쳐주는 역할을 한다.

③ 솜에 이어클리너를 뿌려 반려동물의 귓속을 닦아낸다.

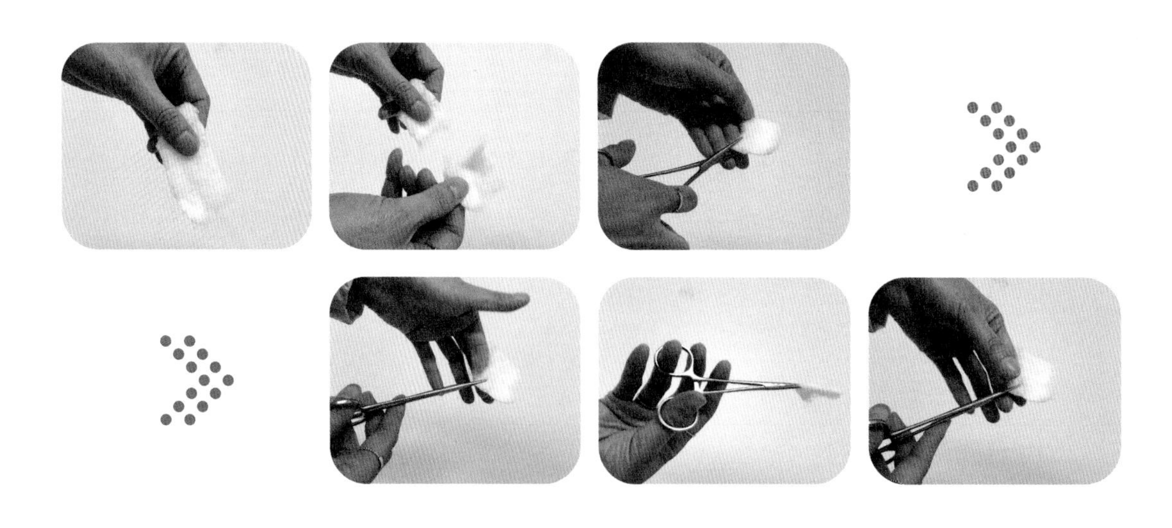

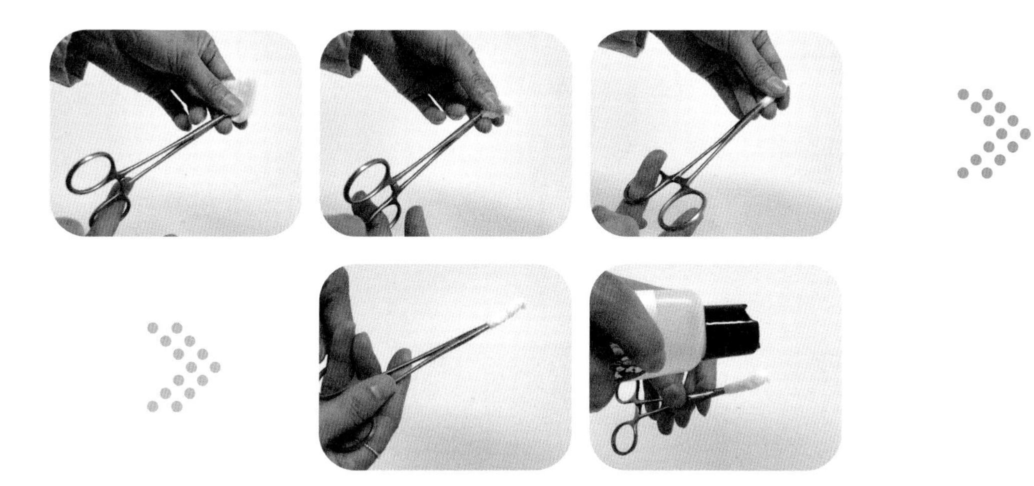

나. 겸자 관리방법

① 겸자 홈에 있는 이물질을 솔을 이용하여 털어낸다.

② 미지근한 물에 세제를 조금 풀어 부드러운 솔로 구석구석 닦는다.

③ 이물질이 제거가 되었다면 겸자를 흐르는 물에 충분히 헹구고, 깨끗한 수건이나 종이 타월로 물기를 없앤다.

④ 알맞은 소독제로 소독하거나 자외선 멸균기에 노출시켜 소독한다.

⑤ 완전히 건조한 후 정해진 장소에 보관한다.

7) 밴딩가위

래핑이나 밴딩 작업 시 밴드를 제거할 때 사용하는 가위이다. 밴드 제거 시 털 손상을 최소화하고, 밴드만 제거해서 반려동물의 스트레스를 줄일 수 있다.

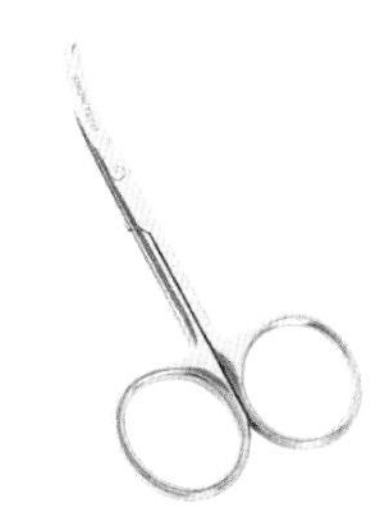

그림 Ⅱ - 38 밴딩가위

가. 밴딩가위 사용방법

① 꼬리빗을 이용하여 털을 묶은 고무줄 한 가닥을 위로 잡아당겨 분리된 고무줄을 밴딩가위를 이용하여 잘라준다.

② 고무줄을 당기지 않고 밴딩가위로 자를 수 있지만 자칫하면 털을 자를 수 있기 때문에 고무줄만 분리해 잘라주는 것이 좋다.

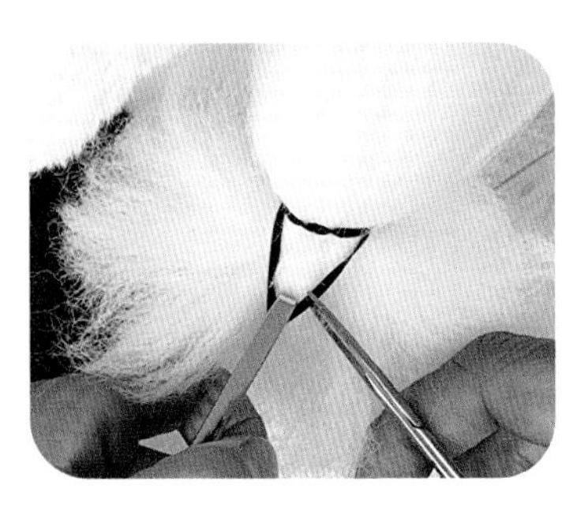 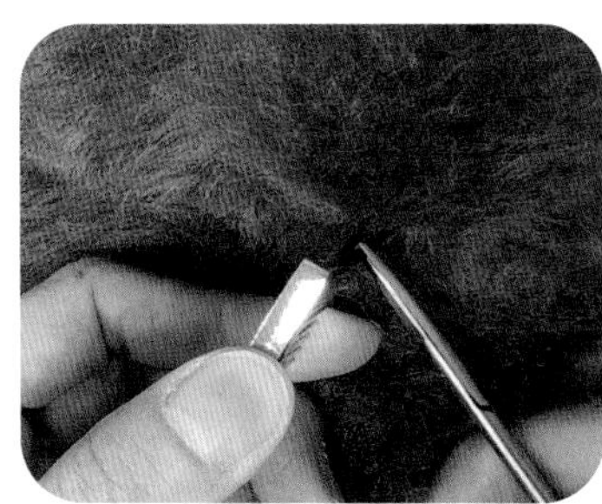 

나. 밴딩가위 관리방법

① 정리대 사이사이에 털이나 이물질을 제거해서 청결하게 관리한다.

8) 가위정리대

가위를 보호하고 한곳에 정리할 수 있으며, 가위뿐만 아니라 클리퍼, 빗 등 미용도구들을 작은 공간에 효율적으로 정리하고 보관할 수 있다. 원목, 플라스틱, 아크릴, 스테인리스 등 다양한 재질로 만들어졌다.

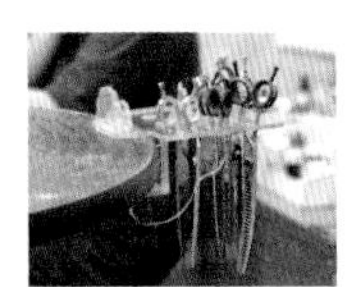    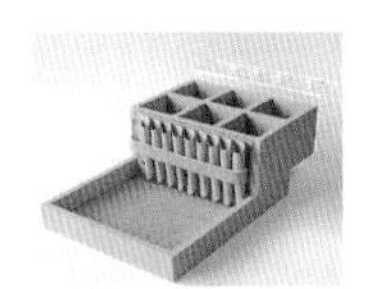 

그림 II - 39 가위정리대

9) 드라이어

(1) 스탠드 드라이어

스탠드 타입이며, 바퀴가 달려있어 이동이 편리하다. 드라이어가 고정되어 있어 미용사의 양손이 자유로워 작업 효율을 높여준다. 출력이 세고, 바람세기, 온도조절이 가능하나 온도가 높으면 화상의 위험이 있으므로 수시로 온도체크를 하면서 작업해야 한다. 스탠드 드라이어의 부피가 있어서 공간의 여유가 있어서 불편함 없이 사용 가능하다.

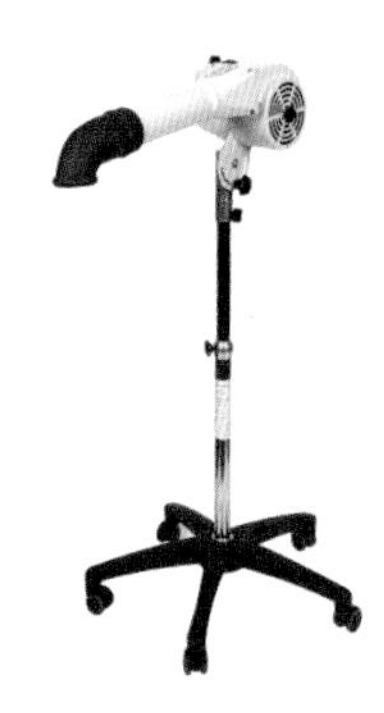

그림 II - 40　스탠드 드라이어

관리방법

① 드라이어 필터 커버를 벗겨 이물질을 제거한다.

② 바람의 세기와 온도에 이상이 없는지 점검한다.

③ 스탠드에 흔들림이 없는지 점검한다.

④ 스탠드 바퀴에 털이나 이물질을 제거한다.

(2) 핸드 이동형 드라이어

테이블 위 또는 바닥에 두고 사용하는 드라이어다. 드라이어가 고정되어 있어 미용사의 양손이 자유로워 드라이 작업 효율을 높여준다.

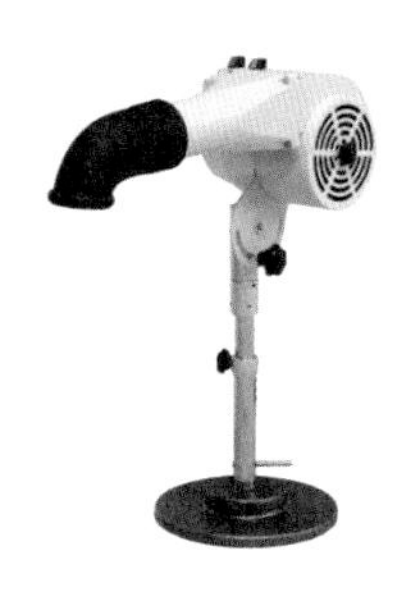

그림 II - 41 핸드 이동형 드라이어

관리방법

① 드라이어 필터 커버를 벗겨 이물질을 제거한다.

② 바람의 세기와 온도에 이상이 없는지 점검한다.

③ 받침대와 기둥이 본체와 흔들리지는 않는지 점검한다.

(3) 벽걸이 드라이어

정해진 부분에 고정하여 사용하는 드라이어다. 자유로운 상하각과 좌우각으로 원하는 각도에서 작업이 가능하다. 다만, 벽이나 천장에 고정되어 있어 한정된 장소에서만 사용이 가능하다.

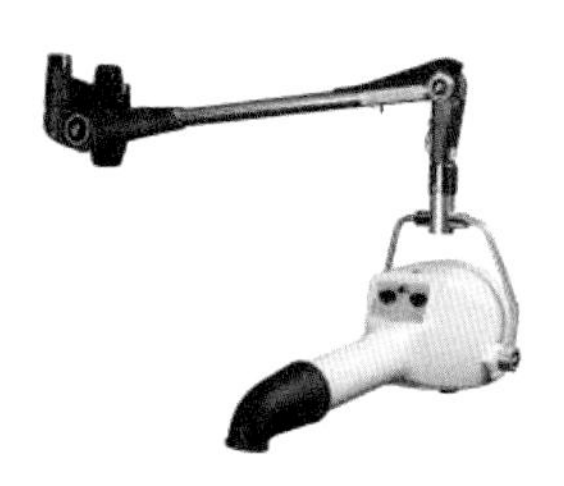

그림 II - 42 벽걸이 드라이어

관리방법

① 드라이어 필터 커버를 벗겨 이물질을 제거한다.

② 바람의 세기와 온도에 이상이 없는지 점검한다.

③ 드라이어가 벽이나 천장에 잘 고정되어 있는지 확인한다.

(4) 핸드 드라이어

손에 직접 들고 사용하는 드라이어다. 작업 시 한 손은 핸드 드라이어를 잡고 다른 한 손은 브러시를 잡아야 하기 때문에 작업 효율이 낮을 수밖에 없다. 혼자서 작업 시 양손의 자유로운 편의성을 위해 핸드 드라이어를 고정하는 거치대 등을 이용하여 사용하는 것도 방법 중 하나이다.

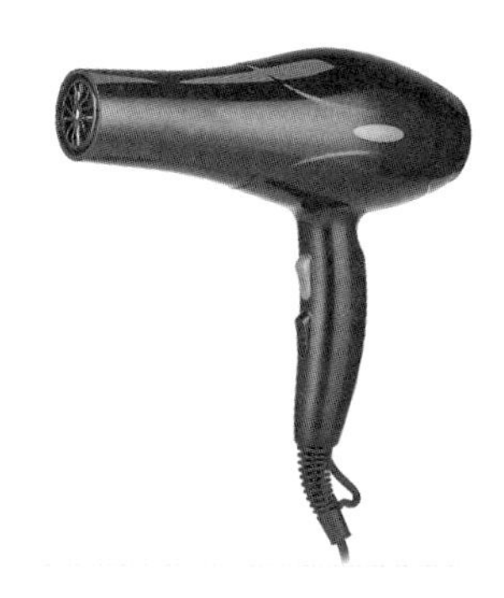

그림 II - 43 핸드 드라이어

관리방법

① 흡입구에 이물질을 제거한다.

② 바람의 세기와 온도에 이상이 없는지 점검한다.

(5) 블로 드라이어

강한 바람으로 털의 물기를 털어내는 드라이기다. 특히 이중모를 가진 반려동물이나 대형견, 모량이 많은 반려동물에게 사용하면 효과적으로 털의 물기를 제거하여 드라이 시간을 단축시킬 수 있다. 또한 털에 묻은 이물질 등을 털어낼 때에도 사용한다. 바람이 강하기 때문에 반려동물의 눈, 코, 귀 등 머리 쪽에 사용 시 주의가 필요하다. 처음부터 강한 바람을 사용하기보다 약한 바람부터 적응시킨다. 바닥이나 테이블 위에 올려놓거나 벽에 고정해 사용한다.

그림 II - 44 블로 드라이어

관리방법

① 드라이어 필터 커버를 벗겨 이물질을 제거한다.

② 바람의 세기에 이상이 없는지 점검한다.

③ 블로 호스가 손상되지 않았는지 확인한다.

(5) 드라이 룸

박스 형태의 룸 안에 바람이 전체적으로 나와 룸 안에서 반려동물의 털을 말려주는 자동 드라이 시스템이다. 안전사고를 대비해 미용사는 룸 안의 반려동물을 잘 지켜봐야 한다.

그림 II - 45 드라이 룸

관리방법

① 내부의 벽면을 소독한 후 깨끗한 수건으로 닦는다(소독약은 반려동물에게 해롭지 않은 것으로 선택한다).

② 유리문은 내부, 외부에서 잘 보일 수 있도록 깨끗하게 닦는다.

③ 발판은 꺼내어 세제와 솔을 이용하여 깨끗이 닦고, 소독을 한 후 깨끗한 수건으로 닦거나 바짝 말린 후 장착시킨다.

④ 여러 기능들의 작동 여부를 확인한다(타이머, 바람의 세기, 온도, 적외선램프 등).

10) 미용테이블

동물을 테이블 위에 올려놓고 미용을 할 수 있는 테이블이다. 테이블 형태는 원형, 사각형이 있다.

(1) 휴대용 접이식 미용테이블

테이블을 반으로 접을 수 있어 보관과 휴대가 간편하다.

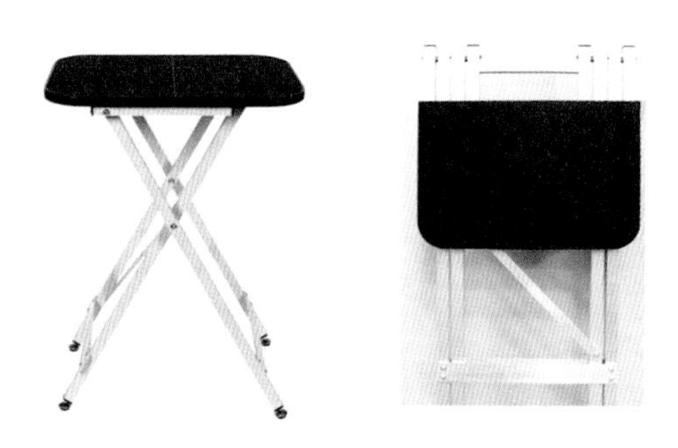

그림 II - 46 휴대용 접이식 미용테이블

(2) 고정형 접이식 미용테이블

다리 부분을 접을 수 있어 보관이 용이하며, 튼튼하고 가격이 저렴하여 일반적으로 미용 숍에서 많이 사용한다. 수동으로 높이 조절도 가능하여 미용사의 키와 작업 스타일 등에 맞춰 작업에 편리함을 줄 수 있다. 다만 높낮이를 한번 조정한 후 바꾸려면 수동으로 다시 바꿔야 하는 번거로움이 있다. 크기는 보통 소형, 중형, 대형으로 나눠져 있으며, 테이블 위에는 암을, 테이블 아래에는 바구니를 설치할 수 있다. 형태는 원형, 사각형이 있다.

그림 II - 47 고정형 접이식 미용테이블

(3) 탁자형 미용테이블

테이블 고정장치로 회전 및 회전각도를 조절할 수 있으며 테이블이 회전하여 한 손으로 편하게 미용위치를 바꿀 수 있다. 모든 미용테이블에 거치가 가능하다.

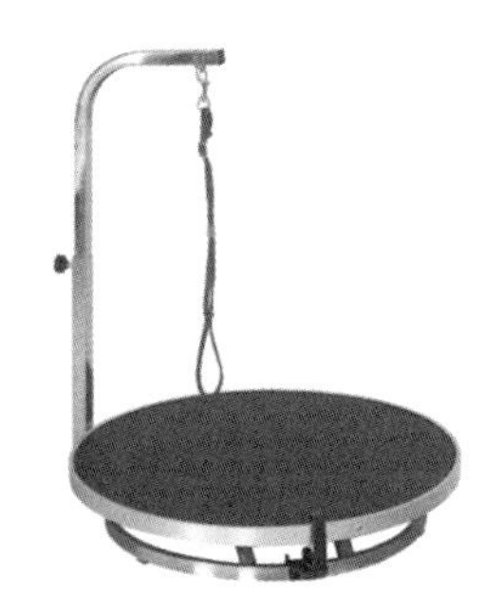

그림 II - 48 탁자형 미용테이블

(3) 유압식 미용테이블

유압식 패드를 발이나 손으로 눌러 높낮이를 조절하는 미용테이블이다. 패드를 눌러 쉽게 높낮이를 조절할 수 있어 미용사의 작업 효율성이 높다. 반려동물이 테이블 위에 있을 때 높낮이를 조절해야 하는 경우, 패드를 강하게 누르면 테이블 위에 있는 반려동물이 놀랄 수 있으니 패드를 살짝 눌러 천천히 높낮이를 조절해야 한다. 크기는 보통 소형, 중형, 대형으로 나눠져 있으며, 테이블 위에 암 설치가 가능하다. 형태는 원형, 사각형이 있다.

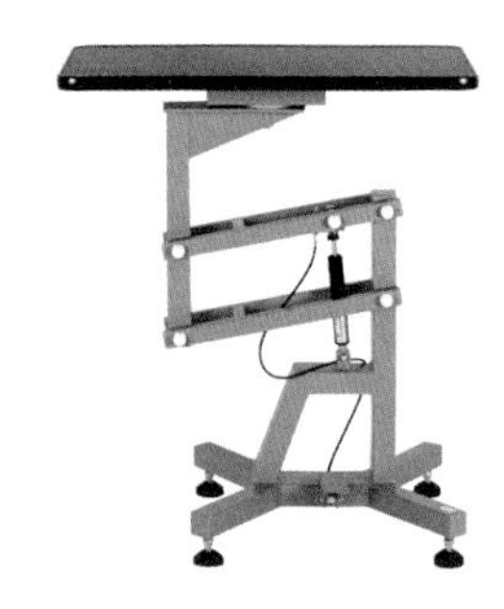

그림 II - 49 유압식 미용테이블

(4) 전동식 미용테이블

전력을 이용하며, 패드를 누르면 일정한 속도로 높낮이를 조절할 수 있는 미용테이블이다. 부피가 크고 무거우며, 가격이 비싸다는 단점이 있지만 안전하고 손쉽게 높낮이를 조절할 수 있는 편리한 미용테이블이다. 크기는 보통 소형, 중형, 대형으로 나눠져 있으며, 테이블 위에 암 설치가 가능하고, 형태는 원형, 사각형이 있다.

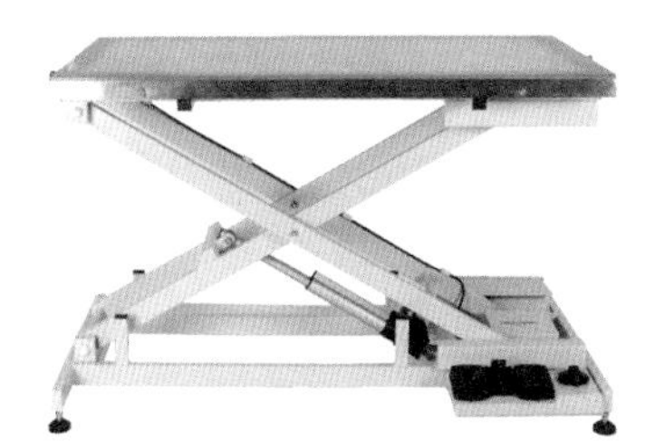

그림 II - 50 전동식 미용테이블

(5) 미용테이블 관리방법

① 테이블 위에 털을 털어내고 소독하여 말려준다.

② 테이블 높낮이 조절 부분에 이상이 없는지 확인한다.

③ 테이블에 흔들림이 없는지 확인한다.

(6) 테이블 고정 암과 바구니

a. 테이블 고정 암

테이블 위에 동물을 올려놓고 미용할 때 동물의 추락을 방지하기 위해 사용한다. 미용사가 테이블 위에 동물을 암줄에 걸어두고, 테이블을 벗어나야 하는 상황이 생긴다면 자칫 사고가 일어날 수 있기 때문에, 반려동물을 안고 이동을 하거나 애견 이동장 및 애견 대기 장소에 두고 이동을 해야 한다. 암줄은 추락을 대비하기 위한 안전장치일 뿐이지 반려동물이 혼자 있을 때에는 안전하지 않다는 것을 명심해야 한다.

그림 II - 51 테이블 고정 암

b. 테이블 바구니

테이블 아래에 설치하여 미용도구 등을 올려놓는 용도로 사용한다. 바구니가 미용사에 발에 의해 빠져서 위에 올려놓은 미용도구가 떨어져 망가질 수 있으니 바구니를 잘 고정해두어야 한다.

그림 II - 52 테이블 바구니

11) 물림방지 도구

(1) 입마개

동물의 입에 씌우는 안전도구이며, 견종에 따른 입 모양, 입마개 크기, 입마개 재질, 입마개 착용 후 활동 가능 여부, 입마개 안정성, 입마개 사용목적 등을 고려해서 선택해 사용한다.

입마개를 씌우는 이유는 다음과 같다.

- 무는 습관이 있는 동물
- 먹지 말아야 하는 것들을 의심 없이 주워먹는 동물
- 아무거나 물어뜯는 동물
- 심하게 짖는 동물
- 훈련, 진료, 미용 시 무는 행동을 보이는 동물
- 외출 시 다른 동물이나 사람에게 공격적인 행동을 보이는 동물
- 동물보호법에 따라 맹견으로 분류되는 견종

장두형		플라스틱 입마개
		실리콘 오리입마개
단두형		메시 입마개
고양이용		머즐. 눈을 가리는 입마개

(2) 엘리자베스 칼라(넥카라)

동물이 다치거나 수술한 후에 상처나 부상이 치유되는 동안 목에 씌우는 플라스틱 보조기구이나 동물이 물지 못하게 하기 위해서 애견 숍 등에서 유용하게 사용되고 있다. 넥카라는 동물의 목과 넥카라 사이에 두 손가락을 넣을 수 있을 정도로 여유 있게 씌우는 것이 좋다. 재질로는 플라스틱, 코튼, 스펀지 등으로 다양한 종류가 있다.

엘리자베스 칼라	우주선 넥 칼라

(3) 물림방지 도구 관리방법

① 물림방지 도구에 붙은 이물질을 털어낸다.

② 재질에 따라 세제로 씻거나 세탁하고, 깨끗한 수건으로 물기를 제거한 후 소독약에 담그거나 소독약을 분사한 후 건조한다.

③ 소독기에 소독이 가능한 물림방지 도구는 소독기로 소독한다.

12) 도그 위그 견체모형

플라스틱 재질로 만들어졌으며, 외피를 씌워 미용 연습을 하는 견체 모형이다. 위그 애견미용부터 염색, 디스플레이 등에도 활용이 가능하며 4개의 다리가 각각 움직인다.

그림 II - 53 도그 견체

관리방법

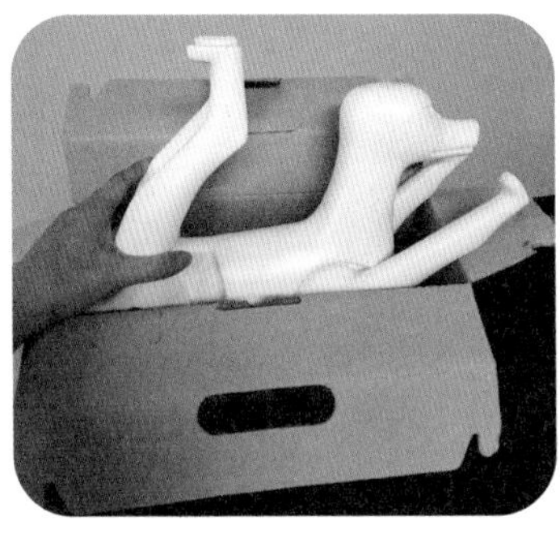

① 견체모형 보관 시 깨끗한 수건으로 견체모형을 닦은 후 보관한다.

② 외피가 씌워져 있는 견체모형은 먼지가 쌓이지 않고 외형이 망가지지 않도록 되도록 큰 상자나 큰 비닐에 넣어 보관한다.

2 미용 소모품 종류

1) 목욕용품

(1) 샴푸, 린스

샴푸, 린스는 피부와 털의 더러움을 제거하며, 혈액 순환을 촉진시켜 새로운 털이 건강하게 자랄 수 있도록 해준다. 샴푸와 린스의 종류는 화이트닝, 딥클렌징, 볼륨, 저자극 등 여러 가지가 있으며, 반려동물의 모색, 모질, 피부상태, 사용목적 등을 고려해서 제품을 선택해야 한다. 일주일에 한 번 이상은 목욕을 하는 것이 바람직하며, 목욕 후 깨끗이 말려주는 것 또한 중요하다.

그림 II - 54 샴푸, 린스 종류

(2) 모발 영양제 및 미스트

코트의 수분 공급 및 보호용으로 사용한다. 목욕 직후나 드라이 후 코트에 발라주거나 뿌려 준다.

그림 II - 55 모발 영양제 및 미스트 종류

(3) 브러싱 스프레이

브러싱 시 코트에 스프레이를 뿌려 정전기를 방지하고, 마찰로 인한 털의 손상을 덜어주며, 윤기와 영양을 공급한다. 엉킨 털을 풀 때에 뿌리는 스프레이, 코트를 더욱 빛나게 하고 윤기를 더해주는 스프레이 등 현재 다양한 기능을 가진 미스트 제품들도 있다.

그림 II - 56 브러싱 스프레이 종류

(4) 워터리스

물 없이 오염된 부분을 제거하는 데 사용하며, 액상, 파우더, 스프레이 등 형태가 다양하다. 워터리스는 예기치 못한 상황에서 급히 반려동물의 오염을 제거해야 할 때 효과적으로 사용할 수 있다.

그림 II - 57 워터리스 종류

사용방법

a. **액상**: 제품을 오염된 부위에 뿌린 후 손으로 비벼 어느 정도 거품을 낸 후 수건으로 닦아 준다.

b. **파우더 및 스프레이**: 오염된 부위에 파우더를 뿌려 오염물질이 파우더에 밀착이 되어 어느 정도 건조해지면 브러시를 이용하여 빗질한다. 한 번에 제거되지 않을 시 여러 번 반복한다.

(5) 펫타월

목욕 후 물기를 제거할 때 사용한다. 몸에 있는 물기를 최대한 제거해 주는 것이 드라이 시간을 단축하는 역할을 한다. 소재는 면, PVA 등이 있다. 사용 후 깨끗이 세탁한 후 햇빛에 바짝 말려 보관한다.

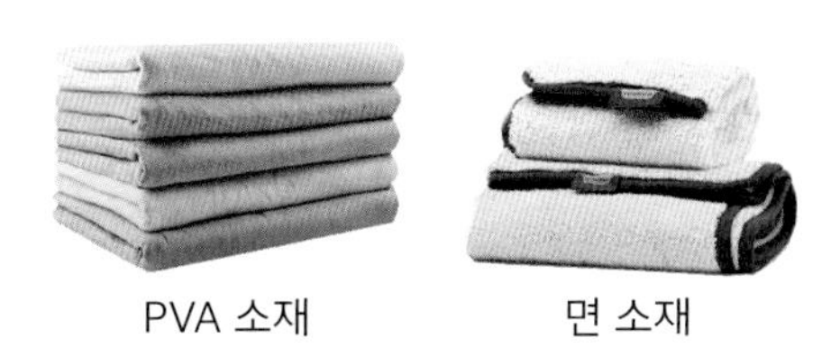

그림 II - 58 펫타월 종류

2) 위생용품

(1) 이어파우더

가루 형태로 되어있으며, 귓속의 털을 제거 시 손으로 잡거나 겸자로 뽑을 때 미끄러지지 않게 하는 역할을 한다. 또한 통증을 줄이고, 모근의 상처를 예방한다.

그림 II - 59 이어파우더

(2) 이어클리너

귓속의 이물질을 제거하거나 염증을 예방하고, 가려움증과 불쾌한 냄새를 없애준다. 액체 형태로 되어있다. 귓속에 이어클리너를 직접 넣거나 솜에 묻혀 이물질을 닦아준다.

그림 II - 60 이어클리너

(3) 아이클리너

동물의 눈에 털이나 이물질이 들어갔을 때 아이클리너를 눈에 2~3방울 떨어뜨려 이물질을 눈 밖으로 흘러나오게 한다. 특히 미용이 끝난 후 목욕 중 샴푸가 눈에 들어갔을 때 등 자극을 최소화하여 이물질을 효과적으로 제거할 수 있다.

그림 II - 61 아이클리너

(4) 솜

귀 청소 시 겸자에 솜을 말아서 귓속을 닦는다. 반려동물의 귓속 크기를 생각하며 솜의 크기를 정해 겸자에 솜을 말아 닦아야 한다.

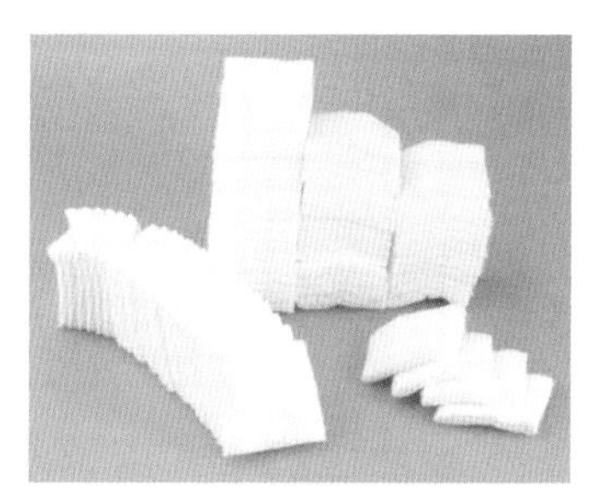

그림 II - 62 솜

(4) 지혈제

동물의 발톱을 자를 때 극소량의 출혈이 있을 경우 사용한다. 발톱 외 작은 외상에만 사용해야 하며, 큰 상처 부위에는 적합하지 않다. 주로 가루 형태를 많이 사용하며, 젤, 스프레이 형태 등 다양한 제품들도 있다. 가루 형태는 습기에 약하므로 사용 즉시 뚜껑을 닫아 건조하게 보관해야 한다.

그림 II - 63 지혈제

3) 염색

동물의 염색약은 액상, 젤, 초크, 펜 등 종류와 색이 다양하며, 하나의 색상을 사용하거나 두 개 이상의 색상을 섞어 새로운 색상을 만들어 사용하기도 한다. 동물의 털에 한 번 염색하면 지워지지 않거나 일시적으로 염색 효과를 내는 염색 방법이 있다. 보통 볼, 꼬리, 다리, 귀에 많이 한다. 염색 시 미용사가 원하는 곳 외에 이염이 되지 않게 이염 방지제를 바르거나 이염 방지 테이프를 붙이거나 종이, 포일 등을 이용해서 이염을 방지해야 한다.

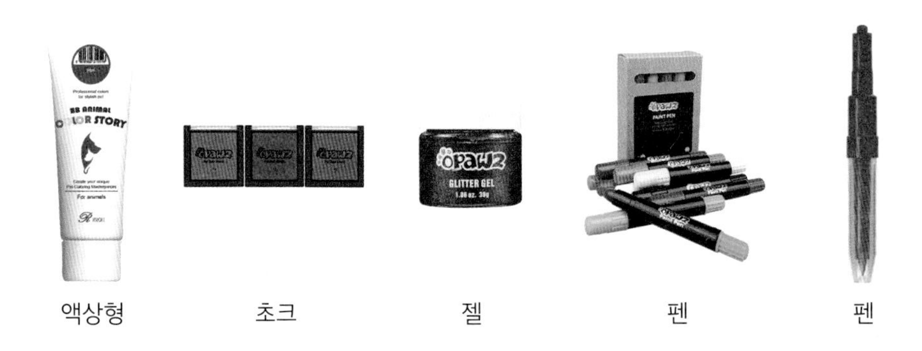

그림 II - 64 동물용 염색제 종류

4) 래핑지와 고무밴드

(1) 래핑지

래핑지는 장모종의 모발 관리를 위해 모발의 엉킴이나 손상을 방지하며, 연약한 털이 끊어지지 않고, 오염을 방지하기 위해 사용한다. 종이, 부직포, 비닐 등 여러 소재로 만들어진 제품들이 있다. 각 부위에 맞게 두께, 소재 등을 고려해서 선택해서 사용하며, 래핑지를 잘라서 사용하기도 한다. 보통 말티즈, 시츄, 푸들 등 장모종 모발 래핑에 사용한다. 래핑 시 모발용 영양제, 오일 등을 뿌려주면 건강한 모발을 유지하는 데 도움이 된다.

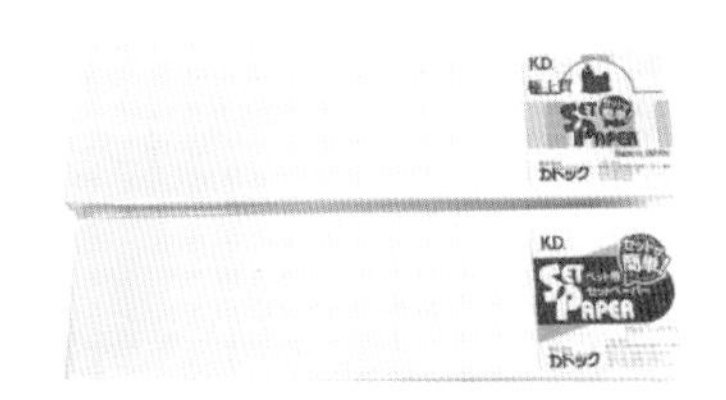

그림 II - 65 래핑지

(2) 고무밴드

동물의 털을 묶거나 래핑지를 고정하는 용도로 사용한다. 색상, 재질, 크기 등이 다양하여 사용 용도, 부위에 따라 알맞은 제품을 선택해서 사용한다.

그림 II - 66 고무밴드

5) 위그

도그 위그 견체모형에 위그를 씌워, 실제 개로 미용하기 전 미용 실습용으로 사용하는 가짜 털이다. 엉킨 털을 푸는 느낌을 주어 브러싱 연습에도 좋으며, 시저링, 보정 자세 등 다양한 기술을 익힐 때 사용한다. 부분적으로 연습하는 헤어 연습용, 사각 시저링용이 있으며, 전체 위그로는 쇼클립용, 펫클립용, 래핑용이 있다. 위그 색상은 하얀색, 갈색, 회색, 검은색 등 다양한 색상이 있어 견종별 미용스타일에 맞게 선택해서 사용한다.

쇼클립용

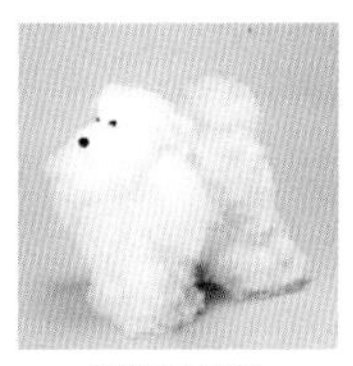

펫클립용

래핑용

헤어용

다리 연습용

사각 시저링용

Pet Grooming

Ⅲ / Pet Grooming

그루밍이란 동물의 피부, 피모의 모든 손질을 말한다.

애견미용은 애견을 학대하거나 단지 예쁘게 보이기 위해서 하는 것이 아니다. 미용을 하는 목적은 보다 나은 반려동물의 건강한 피부와 피모, 피부병 예방, 피부 질환 발견뿐만 아니라 귀 질환, 외부기생충 구제, 신진대사, 식욕 증진, 혈액 순환 촉진 등 보호자들이 미처 발견하지 못하고 지나칠 수 있는 부분에 대해 미리 예방 및 치료를 권유할 수 있어 반려동물의 건강을 효율적으로 관리한다. 반려동물과 같이 살아가기 위해 견종 특성 및 살아가는 환경에 맞게 미용하는 것이 꼭 필요하다.

미용 전

미용 후

애견미용의 필요성

① 건강상의 이유이기도 하지만 미용하는 것이 보기에도 더 좋기 때문이다.
② 짧은 털을 가진 반려동물이라면 특별히 미용이 필요 없지만 털이 많이 빠질 경우 짧게 미용을 한다면 털 빠짐이 덜하다.
③ 긴 털을 가진 반려동물이라면 엉키지 않게 하루 1번 이상 빗질을 하여 털 관리를 해주어야 한다.
④ 털의 엉킴을 방지한다.
⑤ 털 안에 있는 먼지나 진드기 등을 제거하여 피부병 예방에 도움을 준다.
⑥ 발바닥의 털을 밀어주어 미끄럼 방지 및 후천적으로 발생할 수 있는 질병(슬개골 탈구 등)을 예방한다.
⑦ 반려동물의 생활환경에 맞게 미용함으로써 반려동물의 생활의 질을 높이고, 불편함이 없게 한다.

Pet Grooming 13단계

1단계 보호자 상담

미용 전 보호자와 충분한 상담을 해야 하며, 상담 시 경청하는 자세와 신뢰감을 주는 부드러운 말투로 상담이 이루어져야 한다. 상담 내용은 아래의 내용을 체크 및 사전공지를 해야 한다. 보호자 상담을 하지 않고 미용에 바로 들어간다면 미용 중 발생할 수 있는 사고에 대한 대처가 늦을 수 있고, 오해의 소지를 줄 수 있으므로 미용 전 보호자와의 상담은 무엇보다 중요하다.

보호자와 상담해야 하는 내용

① 미용 시 예민한 부분이 없는지(클리핑 후 트러블 등)
② 미용 후 특별한 점이 없었는지
③ 미용 중 반려동물이 미용을 강하게 거부하면 멈출 수 있다는 점
④ 테이블 암줄 착용 설명
⑤ 미용스타일 상담과 미용비 안내(스타일북을 이용해서 상담하면 효율적임)
⑥ 추가 비용 안내(털 엉킴, 입질, 털 길이 추가, 스타일 추가 등)
⑦ 엉킴이 심하거나 피부 상태가 좋지 않을 경우 전체 클리핑을 할 수 있다는 점(전체 클리핑 전에 보호자에게 미리 연락을 하여 알려주는 것이 좋음)
⑧ 입질 여부 확인(미용 중 입질 여부 확인된다면 입마개를 씌울 수 있다는 부분은 사전에 공지할 것).
⑨ 미용 중 문제 발생 즉시 연락드리겠다고 안내

그림 III - 1 스타일북

2단계 바디체크

미용하기 전 반려동물의 몸 전체 상태를 체크하여 애견미용 시 주의해야 할 부분과 미용 중 일어날 수 있는 사고와 미용 후 생길 수 있는 일들을 예방을 하고자 하는 목적이 있다. 피부, 귀, 외부기생충, 습진, 발톱, 털 엉킴 여부, 눈, 상처, 다리 탈골 유무, 성향, 입질 여부 등 반려동물의 몸 전체 및 반려동물 성격 또한 체크한다. 문제 확인 시 즉시 보호자에게 알리고, 문제가 될만한 부분은 사진을 찍어두어 미용 후 오해가 될 수 있는 부분에 대해 예방을 한다. 반려동물의 입질이 의심된다면 입마개를 씌우도록 한다.

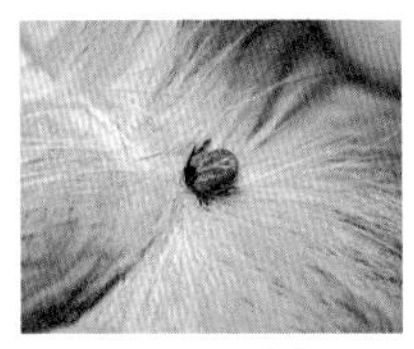
외부기생충

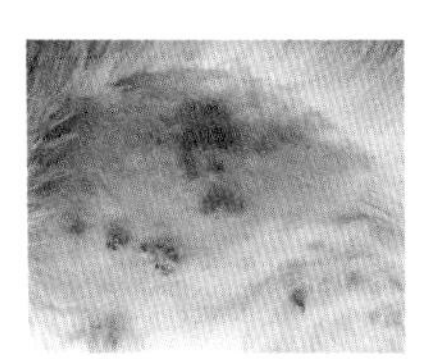
피부병

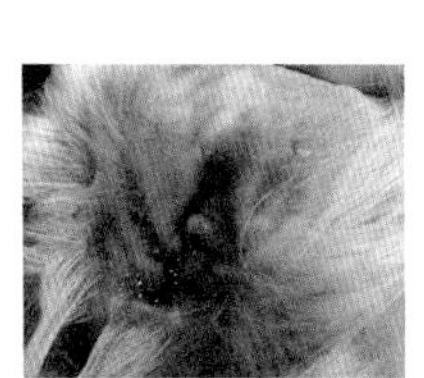
귀 습진

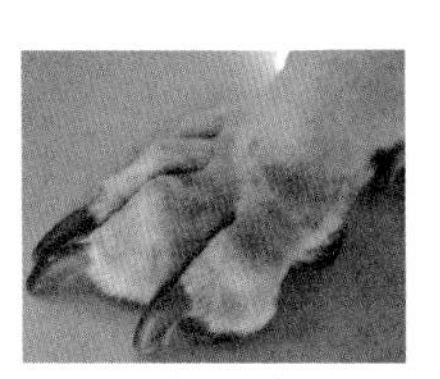
발 습진

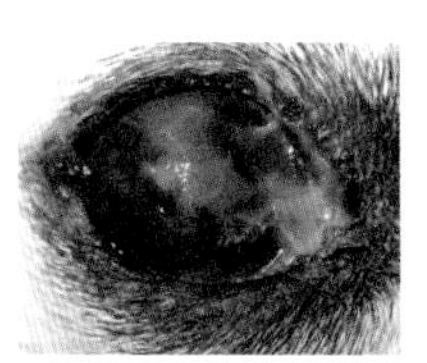
눈(눈곱)

그림 III - 2 반려견 질병

체크할 부분

① 피부 상태

② 귀 상태

③ 외부기생충 여부

④ 습진 여부(발, 눈 밑, 입술 등)

⑤ 발톱 상태(발톱의 색깔, 뒷다리 며느리발톱, 발톱 길이, 발톱 부러짐, 패드에 파고 들었는지)

⑥ 털 엉킴 여부(엉킴에 따라 브러싱으로 풀 수 있는지, 클리핑으로 밀어야 하는지)

⑦ 눈 상태(충혈, 염증, 눈곱, 눈 돌출 등)

⑧ 몸에 상처 여부(경미한 상처 여부 확인)

⑨ 다리 탈골 유무(미용실 바닥에 내려놓고 걸어보게 한다)

⑩ 동물의 성향 및 입질 여부 확인(클리퍼 소리를 들려줬을 때 거부하는지, 브러싱했을 때 반응, 발을 만졌을 때 반응, 귀를 만졌을 때 반응 등)

3단계 위생클리핑

자주 관리를 해줘야 하는 항문, 생식기, 배, 발, 귀 등을 클리핑하는 작업을 말한다.

1) 항문 클리핑하기

항문은 대변을 볼 때 대변의 잔여물이 묻지 않도록 깨끗이 관리해 줘야 한다. 항문 클리핑 시 반려동물이 놀라서 갑자기 주저앉을 수 있으니 조심해야 하며, 특히 항문의 주름이 많아서 날에 살짝이라도 상처가 났을 경우 엉덩이를 바닥에 질질 끌거나 엉덩이를 깨무는 경우가 발생할 수 있으니 힘을 주지 않고 가볍게 클리핑해야 한다.

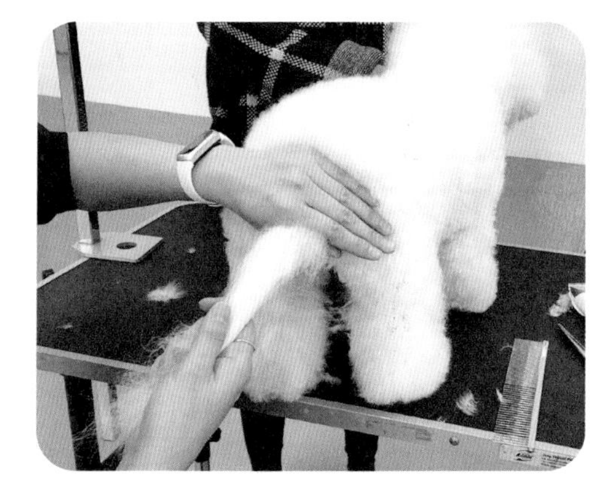
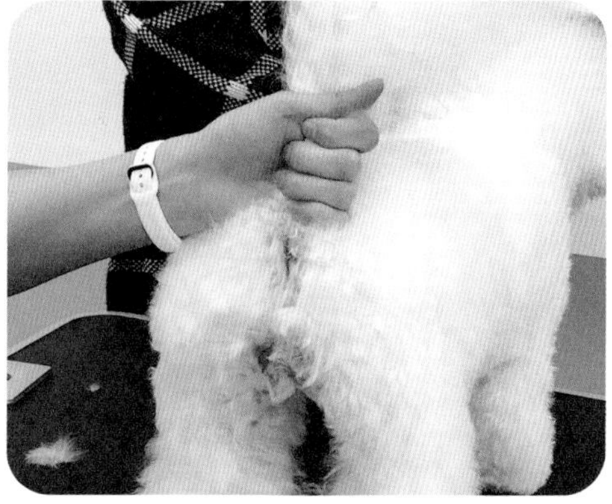

① 꼬리뼈가 항문보다 앞으로 나오지 않게 꼬리를 시작하는 부분을 잡아서 머리 쪽으로 당긴다. 잘못 잡으면 클리핑 시 꼬리에 상처가 날 수 있으므로 주의해야 한다.

② 항문에는 털이 나지 않지만 주위의 털들이 항문의 연한 피부를 보호하고자 항문 방향으로 털이 나 있다. 이때 항문 가까이에 있는 털을 클리퍼로 바로 밀면 항문에 상처가 날 수 있으므로 손으로 항문 주변의 털과 항문 사이의 공간을 어느 정도 확보해야 한다.

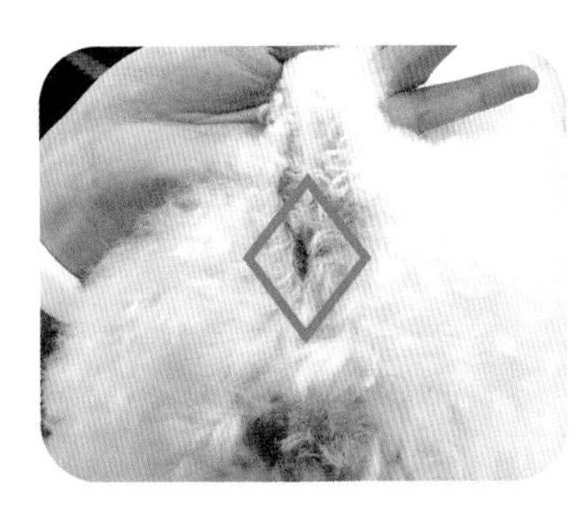

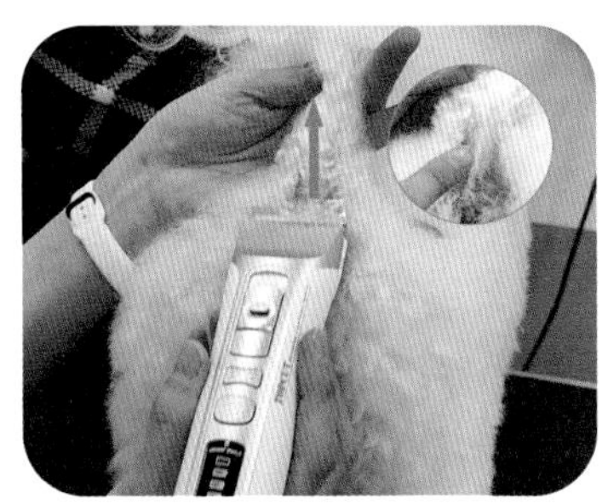

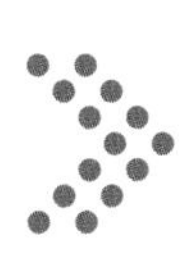

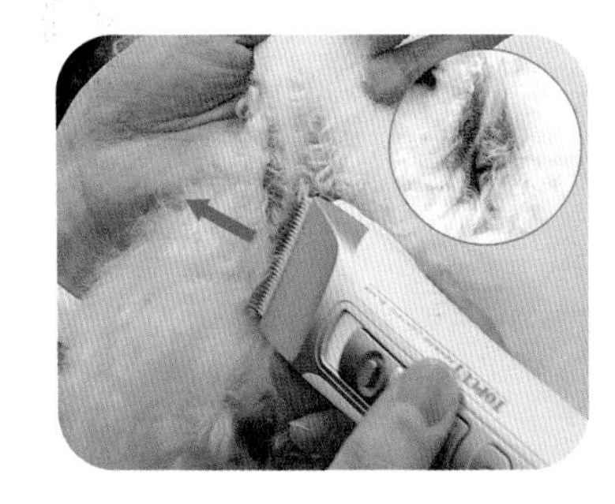

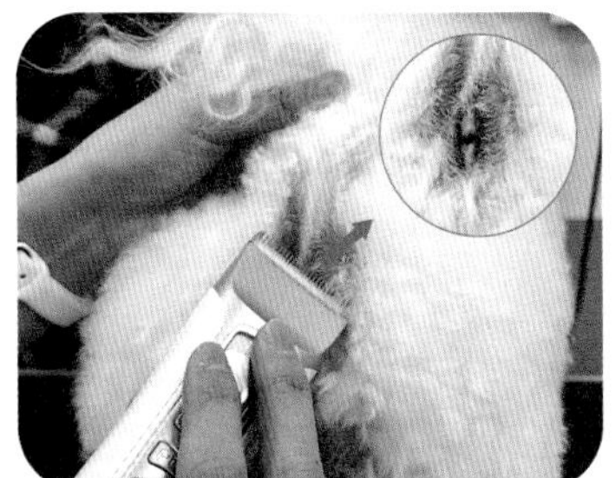

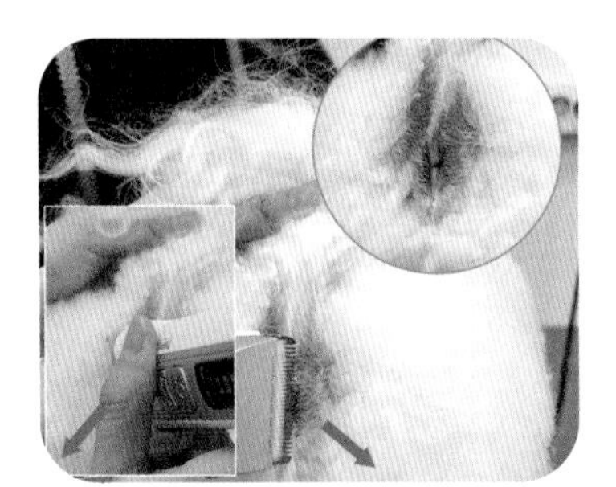

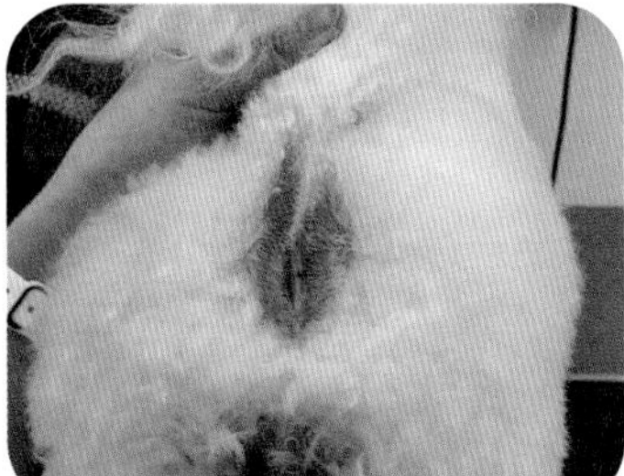

③ 클리퍼 날 길이는 1.5~2mm 정도(중간클리퍼 제일 긴 날)로 천천히 다이아몬드 모양대로 클리핑한다고 생각하고 상, 좌, 우, 하 순서로 클리핑한다. 상으로 밀 때에는 항문에서 꼬리 방향으로 3cm, 항문에서 좌/우/하 방향으로 1~2cm 정도 다이아몬드 모양을 그리며 클리핑한다. 이때 클리퍼가 항문에 닿지 않도록 털을 걷어낸다는 느낌으로 클리핑한다.

④ 마무리로 남은 잔털을 정리한다.

2) 배 클리핑

배는 보통 클리핑 날 1.5~2mm 정도로 역방향으로 가볍게 클리핑한다. 예민한 아이들은 털의 정방향이나 클리핑 날 3mm로 역방향으로 밀어준다. 단, 날이 길어질수록 큰 상처가 날 수 있는 위험성이 커지므로 조심히 해야 한다. 암컷의 경우 젖꼭지, 턱업 살, 수컷의 경우 생식기와 턱업 살을 조심해야 한다. 피부가 좋지 않아 피부탄력이 없거나 노견의 경우 피부 늘어짐이 있을 수 있으니 클리퍼 날에 살이 끼어 상처가 날 수 있는 점을 고려해서 조심히 클리핑해야 한다. 피부 늘어짐이 있어 상처가 날 수 있는 부분이라면 클리퍼로 작업하는 손 외에 다른 한 손은 클리핑할 부위의 피부를 팽팽하게 당기거나 늘려서 피부 늘어짐을 최소화할 수 있도록 보정을 해줘야 한다.

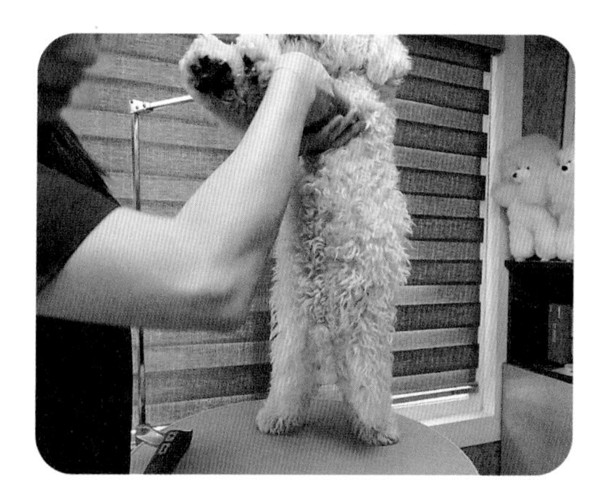

① 앞다리 양쪽을 한 손으로 잡아 세운다(다리 관절에 문제가 있는 동물은 이 자세는 피하도록 한다).

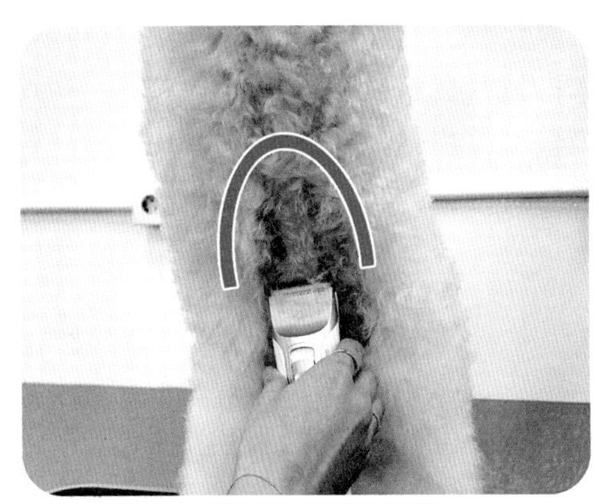
암컷 배 클리핑 라인

② 암컷의 경우 배꼽 위에서 둥근 반원 형태로 클리핑한다.

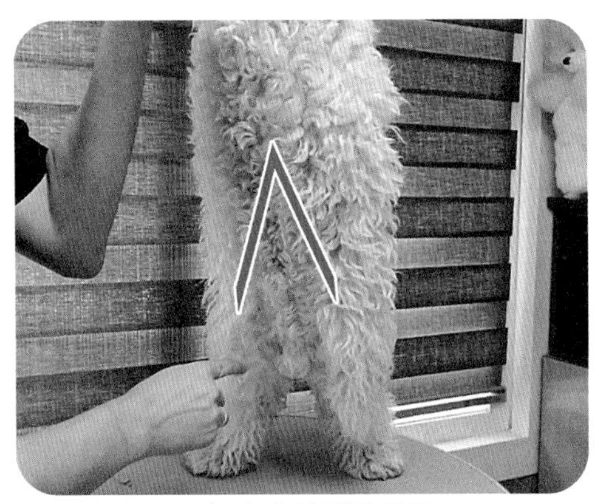
수컷 배 클리핑 라인

③ 수컷의 경우 배꼽 위에서 깊은 삼각형 형태로 클리핑한다.

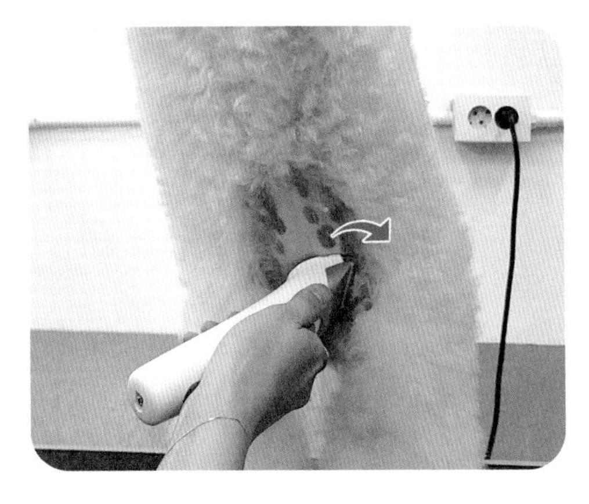

④ 턱업 살 부분 클리핑 시 클리퍼 날을 바깥 방향으로 수평을 유지하며 클리핑한다. 턱업 살이 펴지지 않고 늘어져 있으면, 한쪽 다리만 들어 턱업 부분의 피부를 팽팽하게 당겨 털을 제거한다.

⑤ 동물의 보정 자세는 상황에 맞게 자세를 바꿔가며 보정한다.

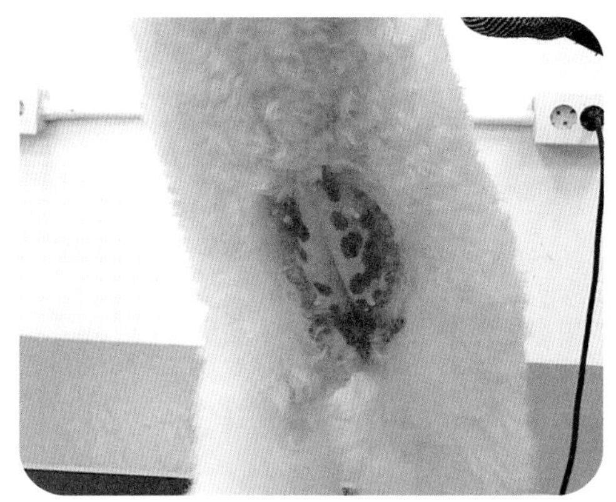

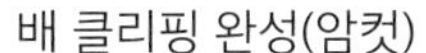
배 클리핑 완성(암컷)

배 클리핑 완성(수컷)

3) 생식기 클리핑

생식기의 털은 정방향으로 클리핑하여야 하며, 주변의 털은 역방향으로 클리핑하여도 된다. 클리핑 시 살에 직접적으로 클리핑 날이 닿는 것보다 털을 걷어낸다는 느낌으로 힘을 주지 않고 가볍게 클리핑한다. 자주 그루밍을 하는 부위이기 때문에 너무 짧게 밀지 않도록 한다. 생식기나 수컷의 고환이 클리퍼 날에 쓸려 조금이라도 상처가 나면 주저앉아 생식기를 핥아 2차 질병이 발생할 수 있으니 특히 주의해서 클리핑해야 한다. 보통 클리퍼 날 1.5~2mm 정도가 적당하다.

(1) 암컷 생식기 클리핑하기

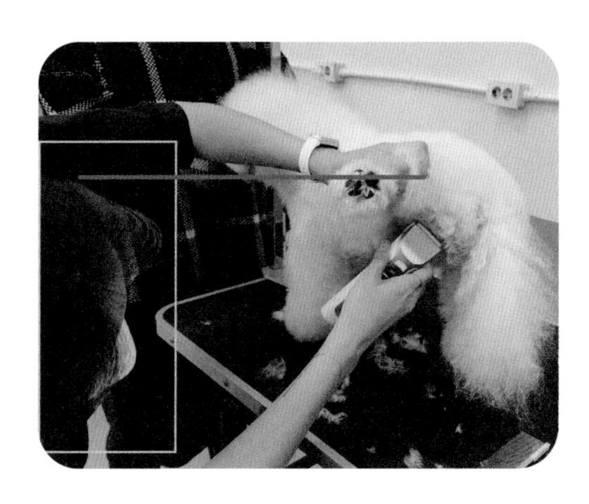

① 미용사의 왼손으로 반려동물의 뒷다리 한쪽을 등 높이 정도 들고, 동물의 생식기가 미용사의 한눈에 들어올 수 있도록 미용사의 머리를 다리 높이에 맞춰 자세를 낮춘다.

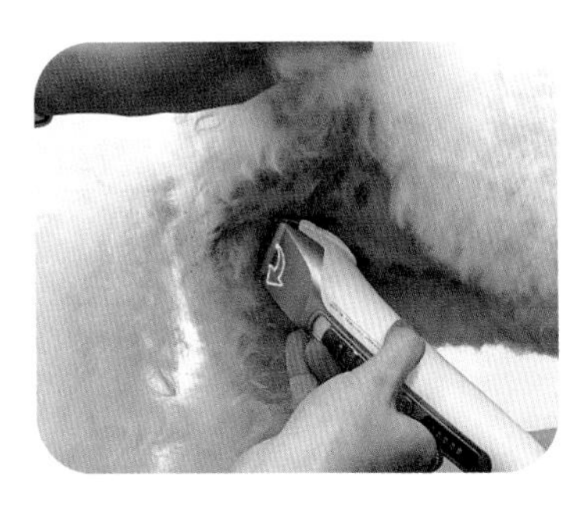
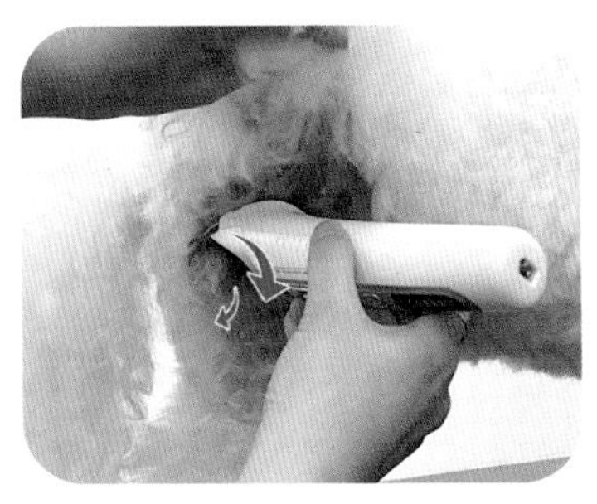

② 생식기는 털의 정방향으로 털을 걷어낸다는 느낌으로 힘을 주지 않고 조심히 클리핑한다. 이때 생식기 안쪽으로 클리핑 날이 들어가지 않도록 주의해서 클리핑한다.

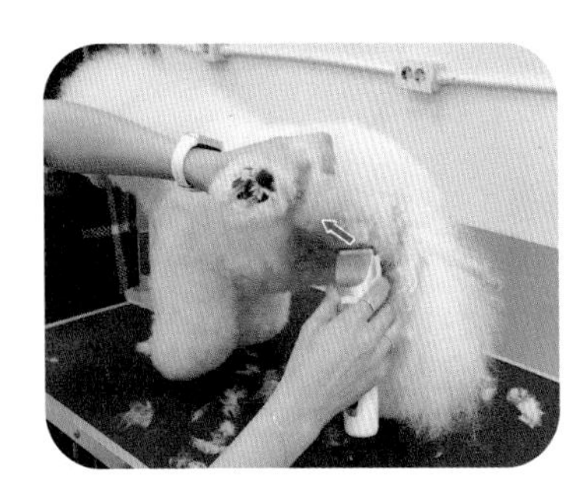

③ 생식기 주변의 털은 역방향으로 깔끔히 클리핑하여도 되며, 사타구니 쪽까지 밀어준다. 단, 클리핑 날에 예민한 동물이라면 털의 정방향으로 밀어주는 것이 좋다.
④ 반대쪽도 같은 방법으로 클리핑한다.

(2) 수컷 생식기 클리핑하기

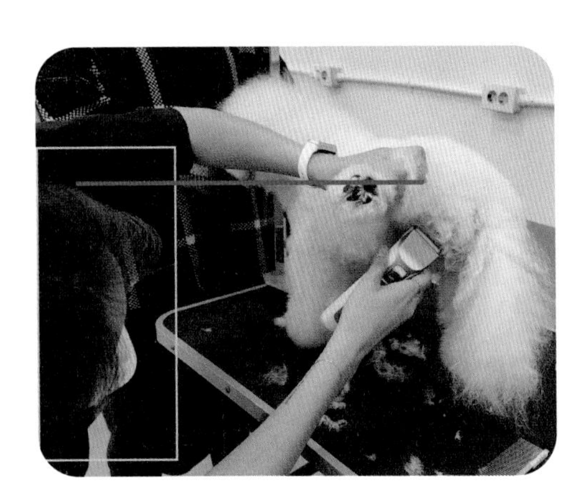

① 미용사의 왼손으로 반려동물의 뒷다리 한쪽을 등 높이 정도 들고, 동물의 생식기가 미용사의 한눈에 들어올 수 있도록 미용사의 머리를 다리 높이에 맞춰 자세를 낮춘다.

② 고환 클리핑 시 깨끗이 털을 제거한다기보다 털을 걷어낸다는 느낌으로 클리퍼 날이 고환에 닿지 않도록 클리핑한다.
③ 생식기는 털의 정방향으로 '털을 걷어낸다'는 느낌으로 힘을 주지 않고 조심히 클리핑한다. 이때 생식기 안쪽으로 클리핑 날이 들어가지 않도록 주의해서 클리핑한다.

④ 생식기 주변의 털은 역방향으로 깔끔히 클리핑하여도 되며, 사타구니 쪽까지 밀어준다. 단, 클리퍼 날에 예민한 동물이라면 털의 정방향으로 밀어주는 것이 좋다.
⑤ 반대쪽도 같은 방법으로 클리핑한다.

4) 발 클리핑

발바닥의 털을 제거해주지 않으면 털로 인해 발이 미끄러지면서 다리에 골절이 올 수 있다. 특히 어린 강아지의 경우 반복적으로 미끄러지면 인해 다리 골격이 기형적으로 성장할 수 있을 뿐만 아니라 고관절 탈구, 슬개골 탈구 등을 유발할 수 있으므로 2주에 한 번 정도는 발바닥 털을 제거해줘야 한다. 또한 발가락 사이, 발바닥 털을 제거하면 피부 트러블의 예방 및 개선효과도 기대할 수 있다. 일반적으로 미니클리퍼나 클리퍼 날 1mm를 사용하여 털의 역방향으로 클리핑하며, 예민한 반려동물은 1.3~1.5mm를 사용하는 것이 좋다.

(1) 발바닥 클리핑하기

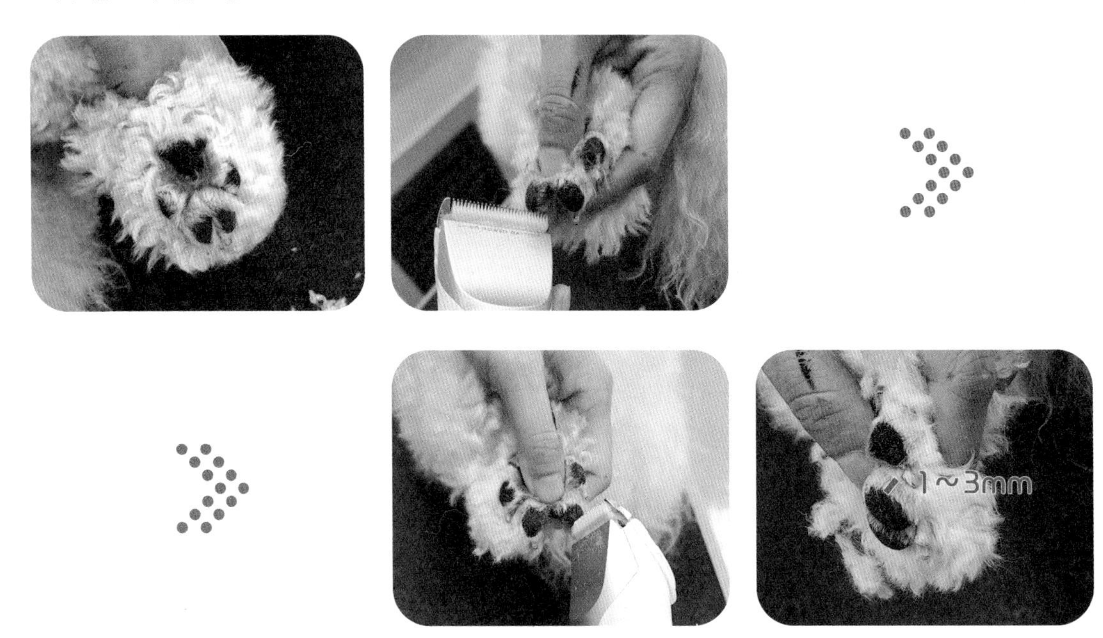

① 각 패드마다 360도 측면을 클리핑한다고 생각하고, 각 패드를 손으로 잡아서 패드 측면을 1~3mm 정도 클리핑해준다.

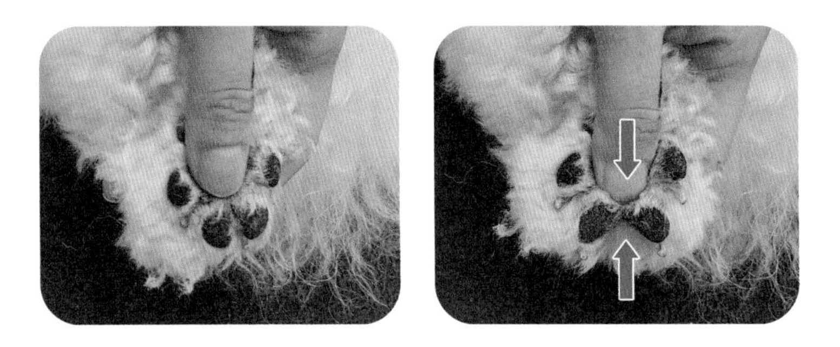

② 발 패드 사이는 붙어있기 때문에 아래에서 위로 손가락으로 살짝 눌러 패드 사이를 벌어지게 한 후 상처 없이 깔끔하게 클리핑할 수 있다.

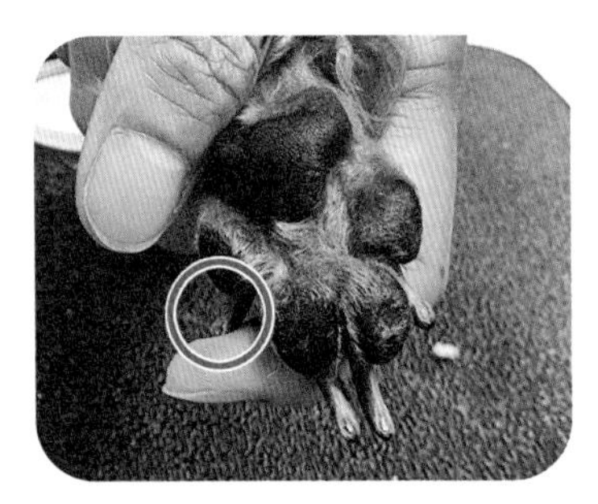

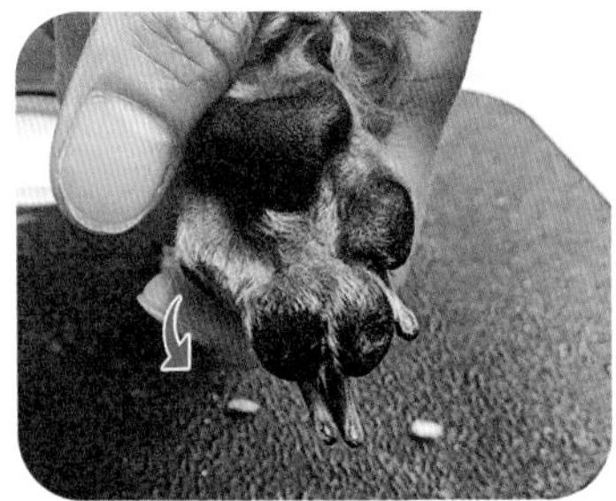

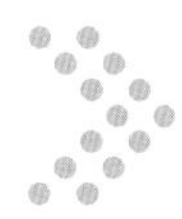

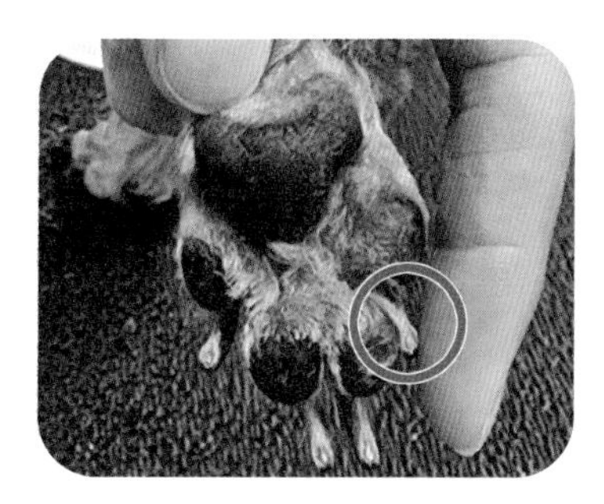

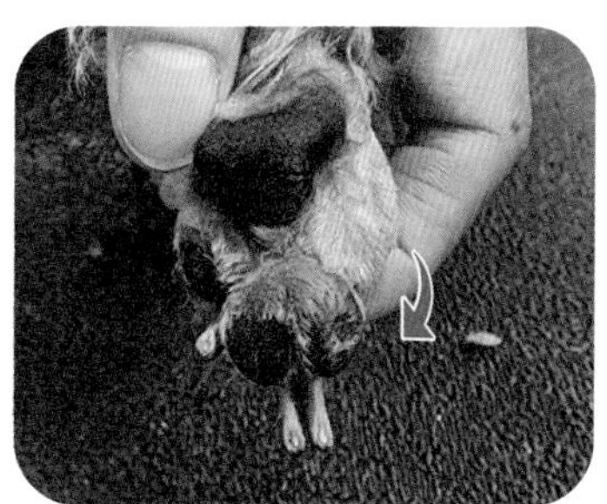

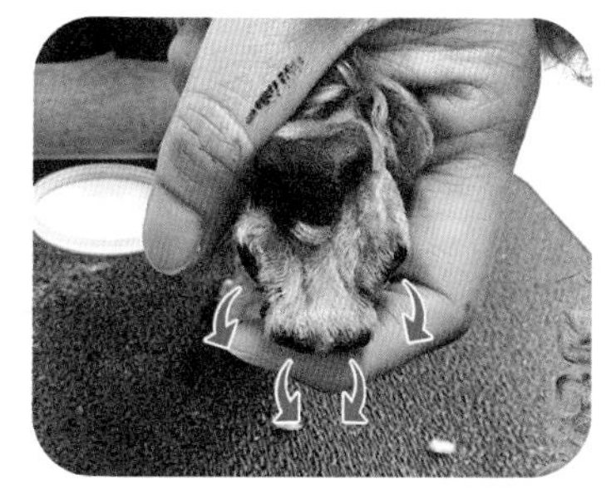

③ 패드 안쪽 털을 제거할 때에는 발톱을 잡아 발등 쪽으로 당겨주면서 패드 사이의 털을 제거한다.

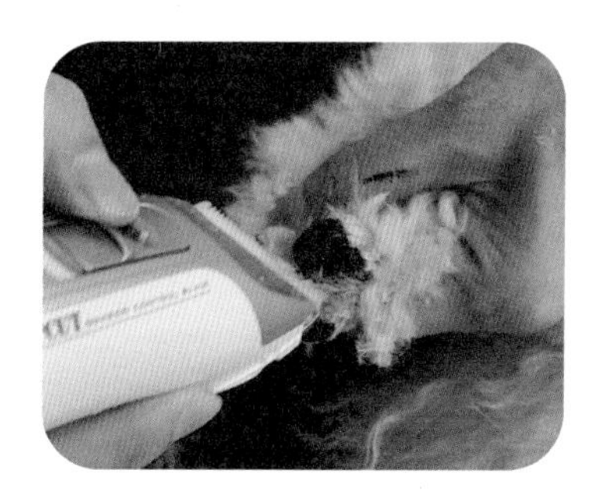

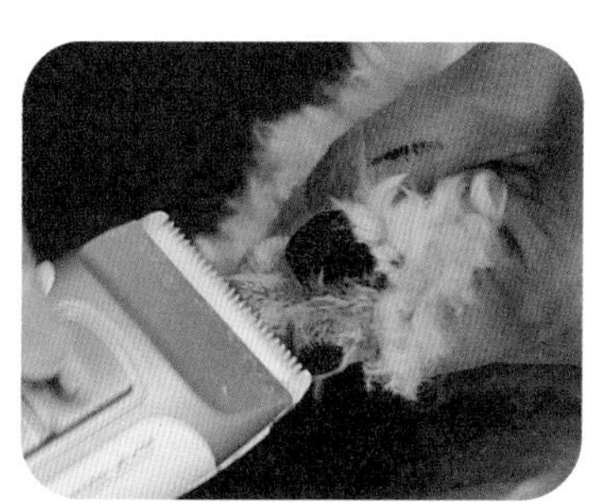

④ 털 제거 시 클리퍼는 최대한 피부에 닿지 않고 털을 걷어낸다는 느낌으로 털을 제거한다. 무리하게 털을 제거하려다 피부에 자극이 가면 그 부분을 계속 핥아 2차 질병이 발생할 수 있으므로 조심해야 한다.

✔ 집에서 생활하는 반려동물은 패드 안쪽까지 털을 제거해줘야 하지만 야외생활을 하거나 대형견의 경우는 발바닥 패드의 털을 제거하지 않는다. 반려동물이 살아가고 있는 환경이나 견종 특성에 따라 미용방법은 달라질 수 있다.

(2) 발등 클리핑

산책을 자주 하거나 습진 치료, 피부 개선효과 등 필요에 의해서 발등 클리핑을 한다. 일반적으로 미니클리퍼나 클리퍼 날 1mm를 사용하여 털의 역방향으로 클리핑하며, 예민한 반려동물은 1.3~1.5mm를 사용하는 것이 좋다. 발톱을 감싸고 있는 피부나 발가락 사이의 피부가 날에 다치기 쉬우므로 힘을 주지 않고, 가볍게 클리핑하여 털을 제거해야 한다.

① 발등이 움직이지 않도록 작업하지 않는 손으로 보정한다.

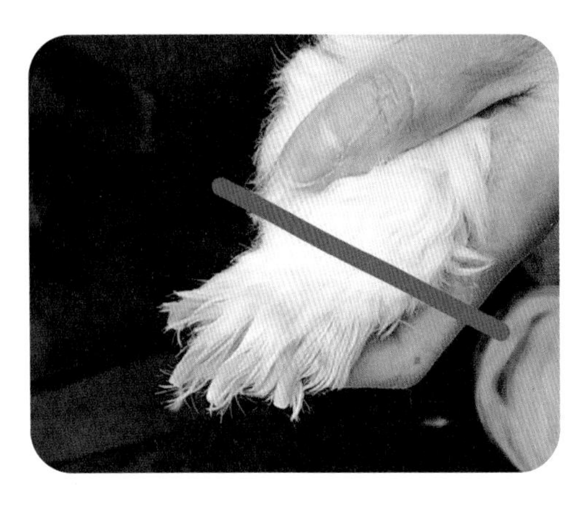

② 발목 부분을 기준으로 잡아 발등의 털을 클리퍼로 발톱에서 몸 쪽으로 측면, 윗면에 있는 털을 최대한 제거한다. 이때 엄지발가락이 다치지 않도록 조심히 클리핑한다.

✔ 발 클리핑 기준선은 발을 손으로 만졌을 때 ‘쏙’ 들어가는 부분이 있다. 그 부분을 기준으로 잡아서 클리핑하면 된다.

③ 발가락 사이의 털 제거 시 발가락 사이를 벌려준다.

✔ 검지손가락은 패드 아래, 엄지손가락은 발가락 사이 위에서 동시에 누르면 발가락 사이가 벌어진다.

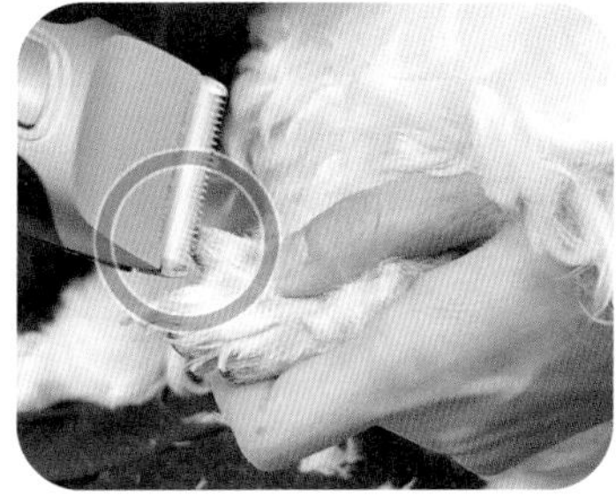

④ 클리퍼 날의 양 끝을 이용하여 털을 제거한다.

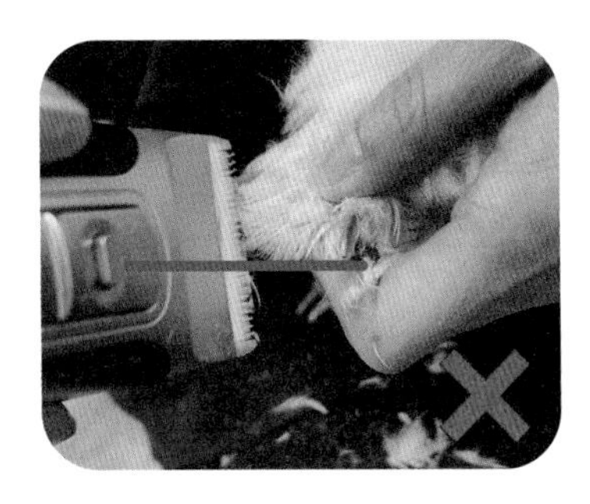

✓ 클리퍼 날의 끝을 활용해서 털을 제거하면 효율적으로 제거할 수 있다. 이때 클리퍼의 반대 날이 패드 아래쪽으로 내려오지 않도록 주의한다.

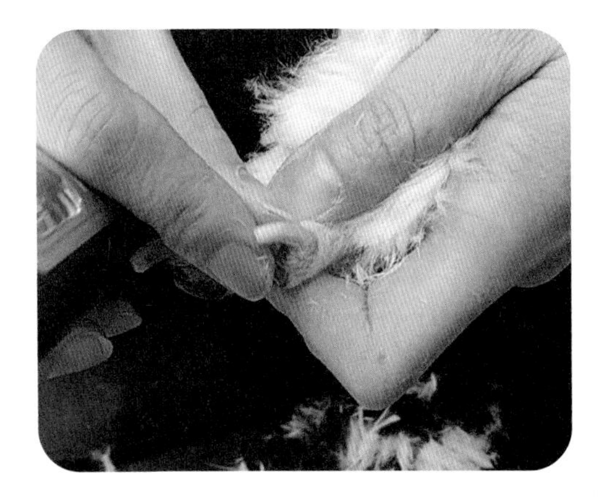

⑤ 발톱 주위의 털도 깔끔하게 제거한다.

✓ 클리퍼로 긁어서 털을 제거하지 말고, 발톱 주위의 털을 손가락으로 세워 털과 발톱 사이의 공간을 만들어서 밀면 깔끔하게 제거할 수 있다.

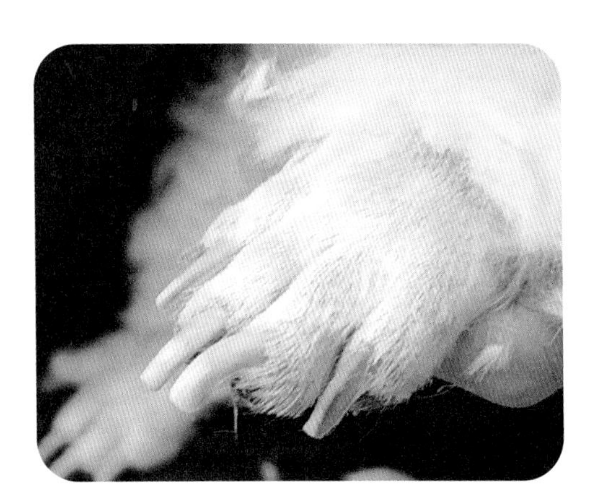

⑥ 마무리로 남아있는 지저분한 털들을 정리한다.

5) 귀 안쪽 클리핑하기

귀가 처진 반려동물의 귀 안쪽 털을 클리핑하여 제거함으로써 귀의 통풍을 도와주고, 이도 내의 귀털을 뽑을 때, 뽑을 털만 남아있어 깔끔하고 신속하게 털을 제거할 수 있도록 도와준다.

① 1mm 날을 끼운 클리퍼를 준비한다.

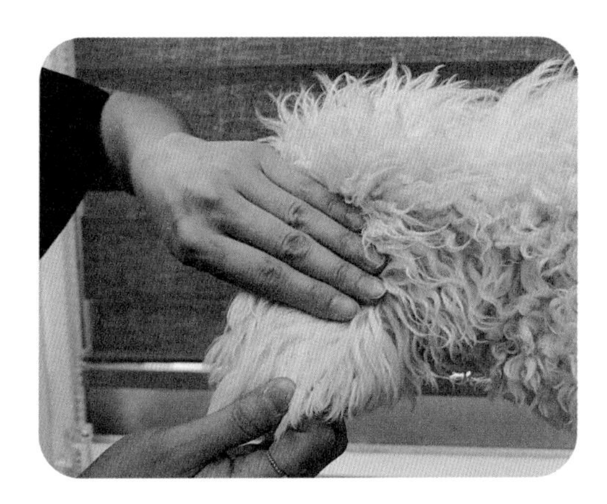

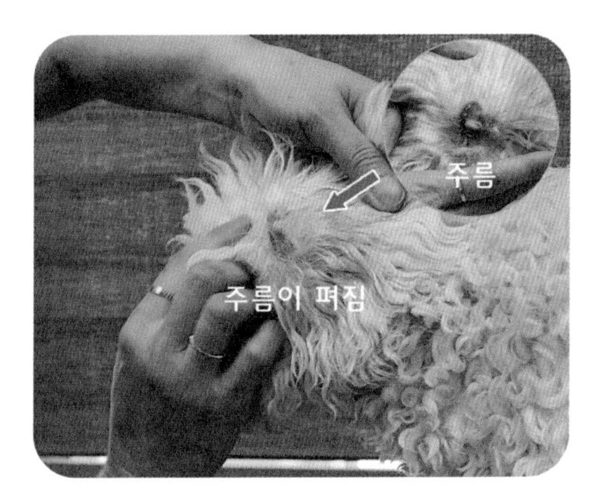

② 엄지손가락을 제외한 4개의 손가락은 귀 바깥쪽을 받치고 엄지손가락을 이용해서 귀의 주름이 펴지게 한다.

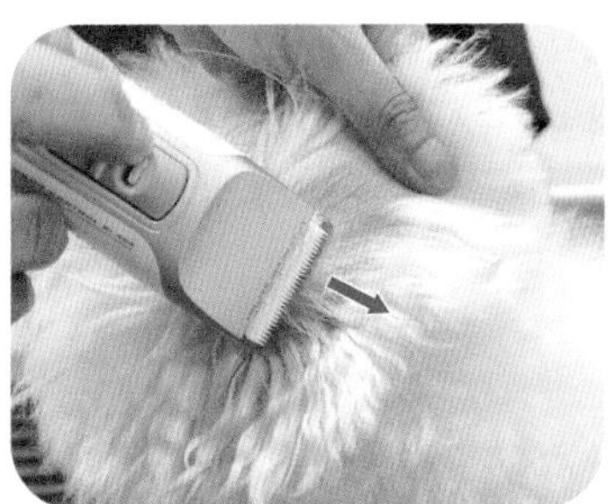

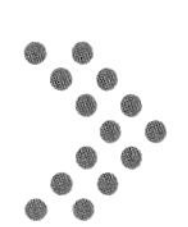

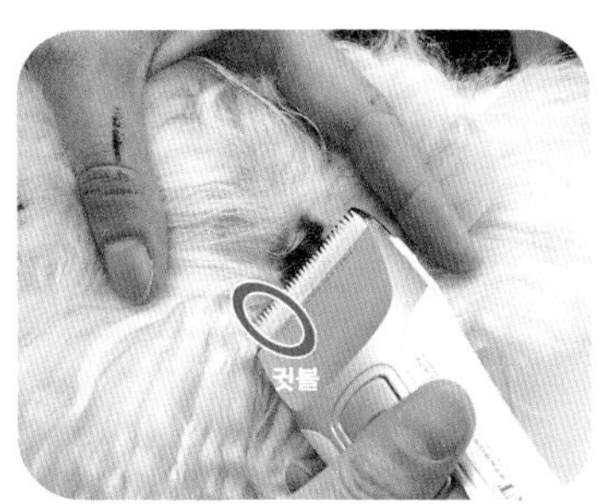

③ 바깥쪽 털에 영향이 가지 않게 안쪽 털만 털 정방향으로 힘을 주지 않고 부드럽게 클리핑한다.
✔ 이때 주름지지 않게 손가락으로 잘 펴줘야 피부에 상처 나는 것을 예방할 수 있다.
④ 귓볼과 귓볼 주위도 클리핑한다.

4단계 귀 청소하기

반려동물의 냄새는 주로 귀와 입에서 난다. 냄새의 원인은 귓속에 기생충(ear mite)이 있어 귀를 가렵게 하고, 분비물을 배설하여 귓속이 습해지고 염증을 일으켜 냄새가 난다. 평상시 귀의 청결을 유지하여 냄새 방지 및 귀의 질병을 예방할 수 있도록 한다.

반려견의 귀는 사람과 다르게 L자 형태의 외이도로 구성되어있다. 수직이도, 수평이도 형태로 구부러져 있기 때문에 I자 외이도보다 L자 형태의 꺾임이 있는 귀는 5배 정도 통풍이 안된다. 반려견의 귀는 L자 형태의 구조이고 대부분 귀가 덮여 있기 때문에 통풍이 안 될뿐더러 습해지기 쉽기 때문에 귓병이 자주 생긴다. 특히 품종 중에서는 코카스파니엘, 바셋하운드, 리트리버 같이 귀가 많이 덮여 있는 품종일수록 통풍이 안 되기 때문에 귀 청소를 주기적으로 해주어야 한다. 그리고, 푸들, 비숑, 말티즈 등 특정 품종에서는 이도 내 털이 많은 경우가 있어 통풍에 방해가 된다. 이와 같은 경우에는 귀털의 제거가 필요하다.

✔ 귀털 제거 및 귀 청소는 꼭 목욕 전에 실시해야 하며, 목욕 후 귀 청소를 한 번 더 해줘야 한다.

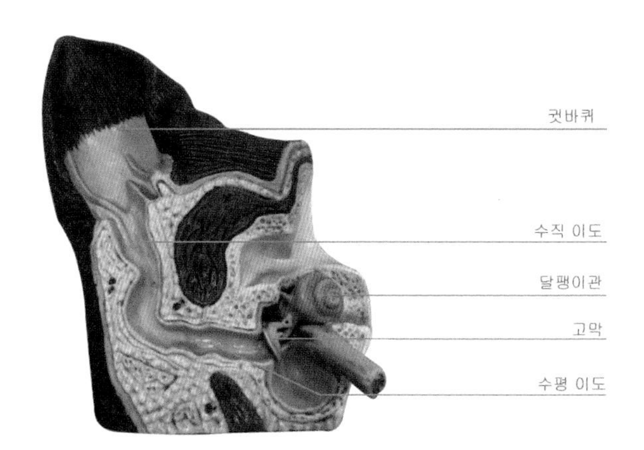

그림 III - 3 귀의 구조

1) 이도 내 귀털 제거하기

모근 손상을 방지하기 위해 이어파우더를 뿌리고 뽑아준다. 털을 제거한 후 하루 이틀 정도는 가려워하거나 발적이 있을 수 있으므로 주의 깊게 살펴봐야 한다.

– 필요 용품 : 겸자, 이어파우더

가. 귀 잡는 방법

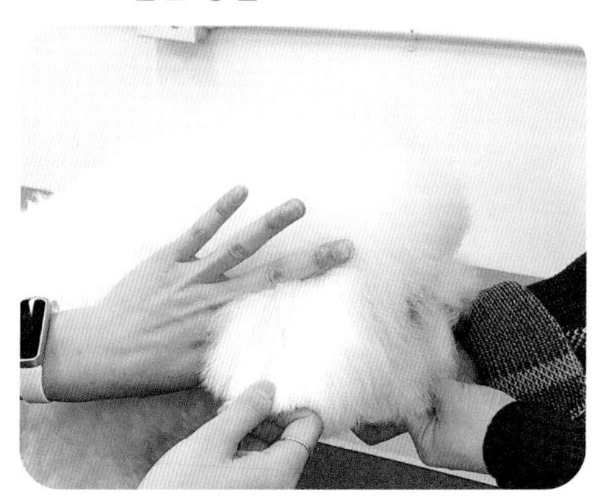

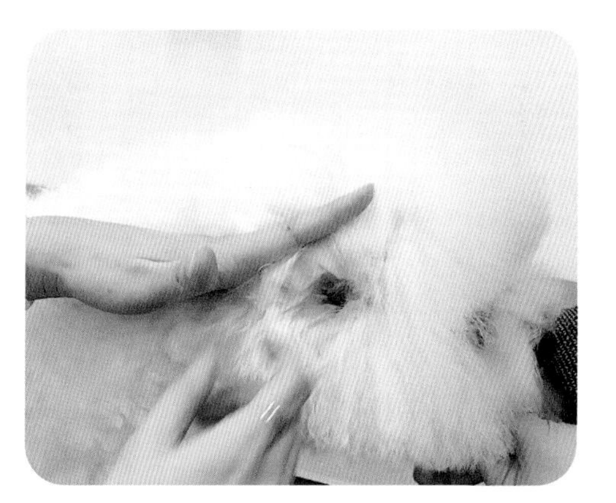

① 검지와 중지 사이에 귀를 끼우고, 약지와 새끼손가락은 귀 뒤, 엄지는 귀 앞을 받쳐 귀를 세워준다.

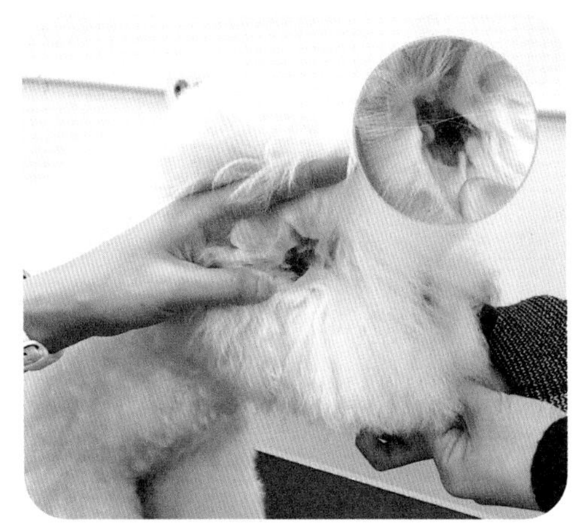

1번과 같은 방법으로 귀를 잡았을 경우
이도가 잘 보인다.

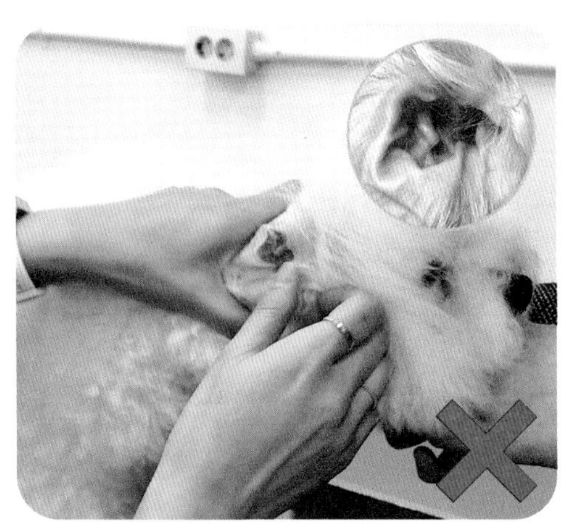

귀를 머리 쪽으로 붙이는 경우
입구가 막혀있어 이도가 잘 보이지 않는다.

② 엄지와 검지를 이용하여 귓속이 잘 보일 수 있도록 벌려준다. 귀를 머리 쪽으로 붙이는 것이 아니고 세우는 것이 중요하다.

나. 귀털 제거하는 방법

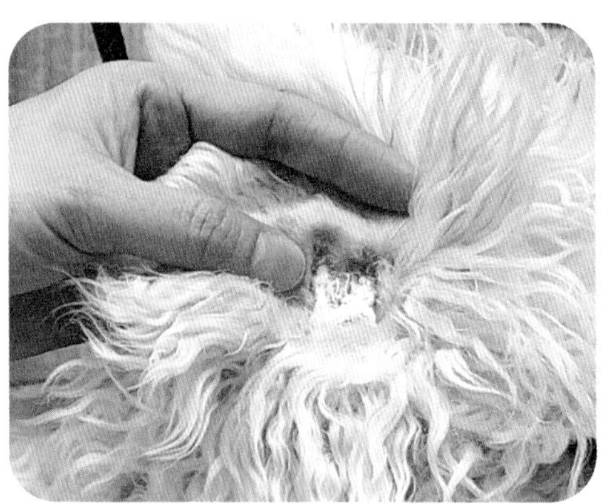

① 귓속에 이어파우더를 충분히 뿌려준다.

② 이어파우더가 귓속에 잘 들어갈 수 있도록 귀 부분을 잡고 흔들어준다.

 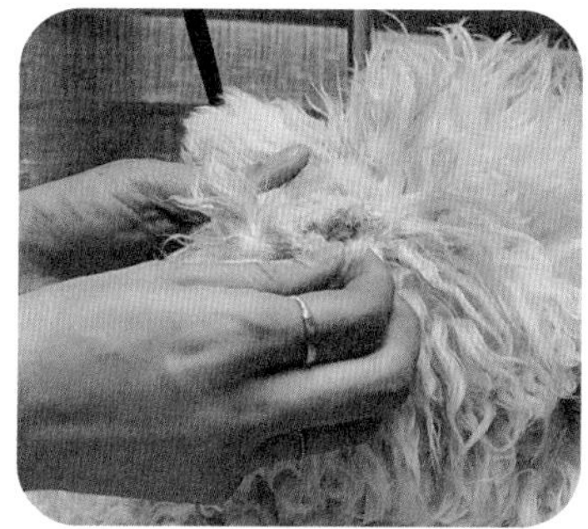 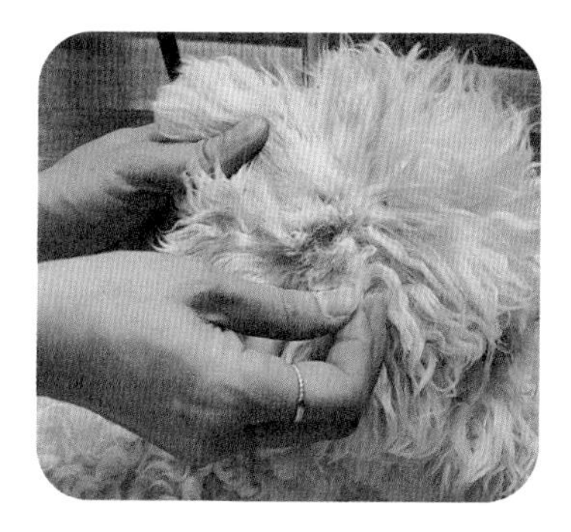

③ 엄지와 검지를 이용해 손으로 뽑을 수 있을 만큼 최대한 뽑는다. 뽑을 때 털을 한꺼번에 잡지 말고 조금씩 잡아서 뽑아준다.

✔ 미용사의 손톱은 짧고 청결해야 한다. 손톱이 길면 이도 내 상처를 낼 수 있으므로 손톱 관리는 필수다.

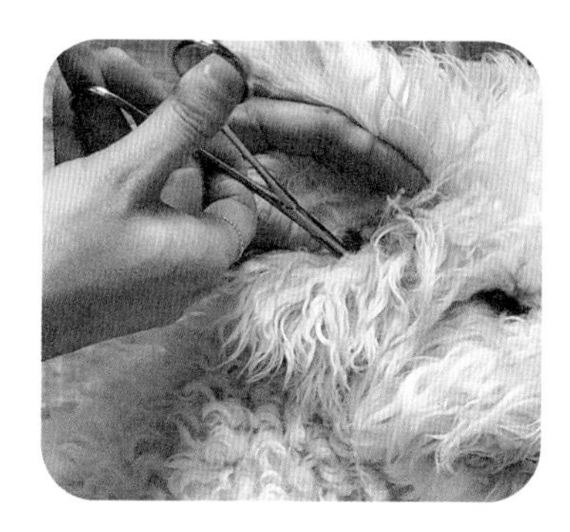 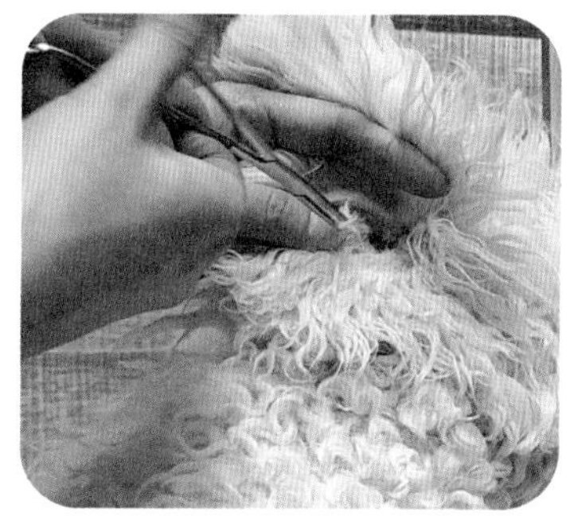 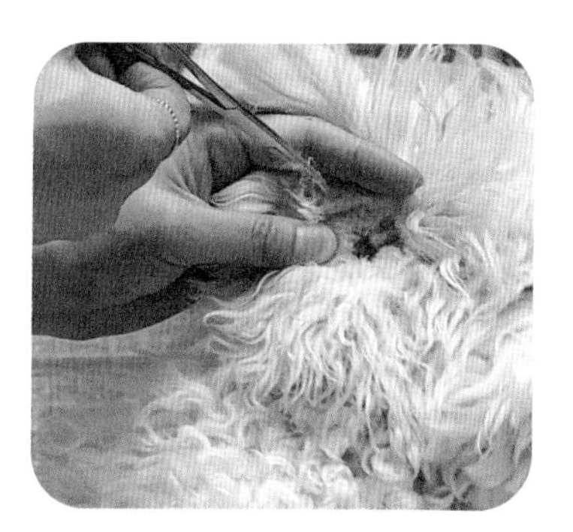

④ 손으로 뽑지 못한 깊숙한 털은 겸자를 이용하여 뽑아준다. 이때 이도 내의 피부를 겸자로 집지 않도록 주의해가며 털을 뽑는다.

2) 귀 청소하기

귀세정제는 귀지를 녹여서 세정제와 귀지가 함께 배출되게끔 도와주는 역할을 한다.

– 필요용품: 귀세정제, 화장솜, 겸자

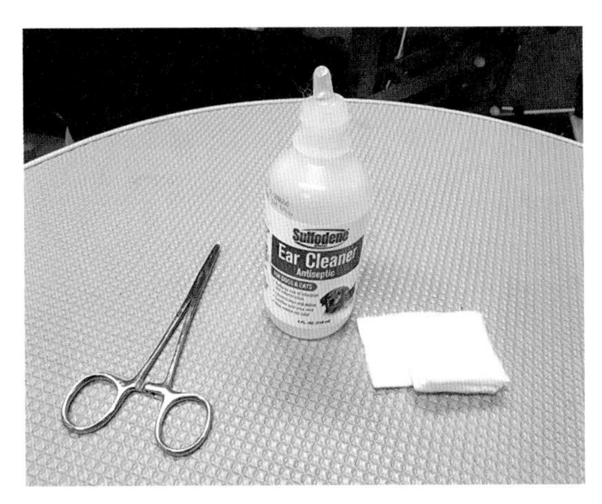

그림 III - 4 귀 청소 용품(겸자, 이어클리너, 솜)

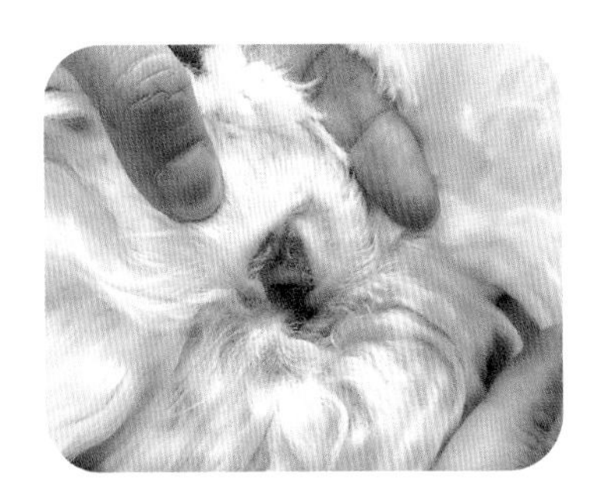

① 귀세정제가 이도 내로 충분히 들어갈 수 있게끔 찰랑찰랑거릴 만큼 넣어준다.

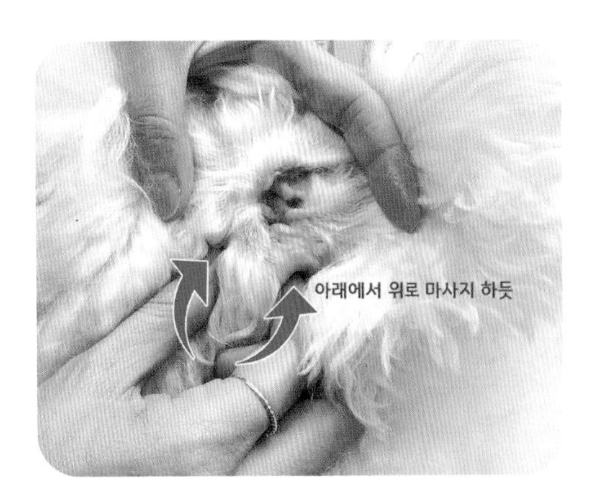

② 수직이도 부분을 잘 마사지해주어 귀지를 녹이고, 아래서 위로 20~30회 충분히 마사지하여 귀지를 밖으로 배출한다. 마사지를 너무 강하게 하면 귀에 자극을 줄 수 있기 때문에 부드럽게 마사지한다.

③ 귓속의 귀지가 잘 배출될 수 있도록 귀를 털게 한다.

✔ 귀에 바람을 불어 넣으면 동물이 귀를 털게 할 수 있다.

✔ 귀세정제는 휘발성이 강한 성분이 포함되어 있기 때문에 잘 마른다.

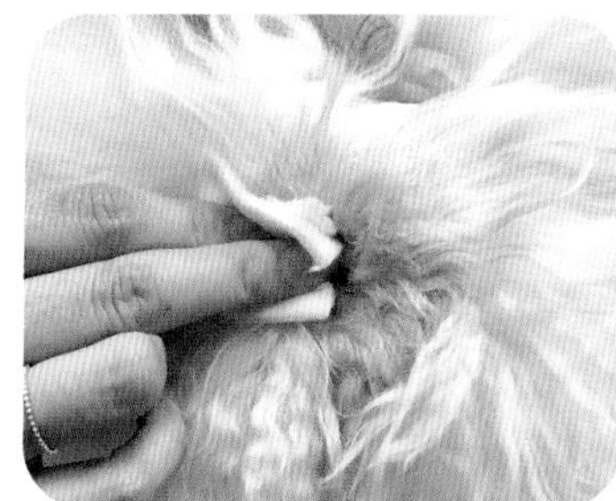

④ 밖으로 나온 귀지와 세정제는 솜으로 닦아주고, 이도 내의 귀지는 귓속의 크기를 감안해서 솜을 알맞게 뜯은 다음 겸자에 감아서 닦아준다. 겸자 이용 시 겸자에 솜이 잘 감겨있는지 확인 후 사용한다.

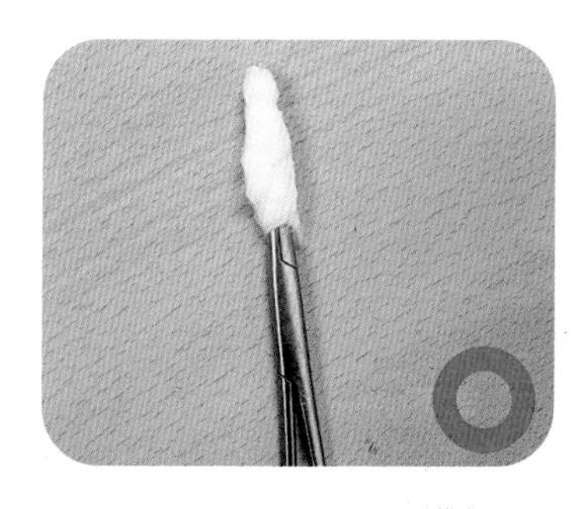

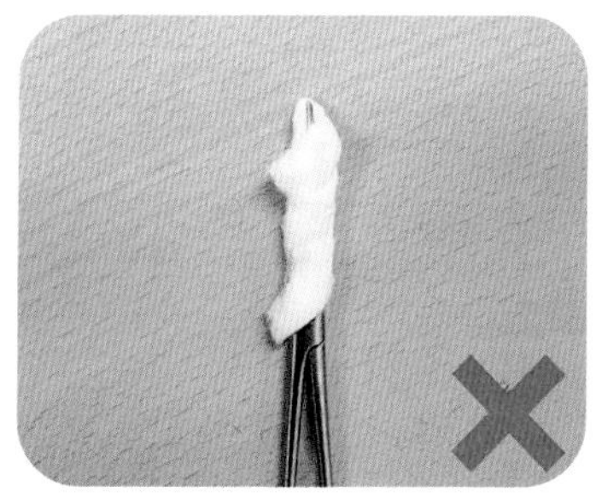

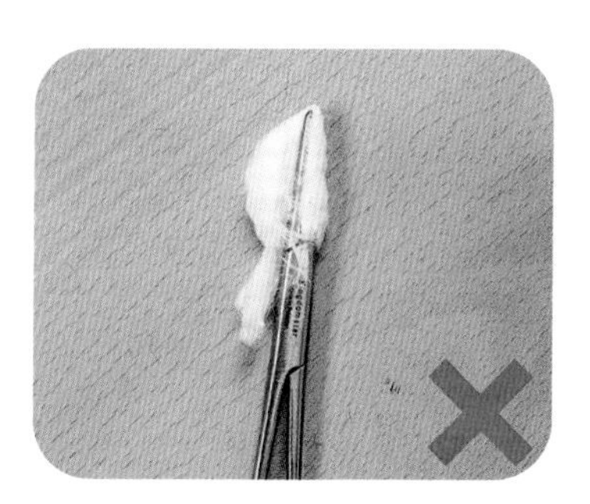

✔ 겸자에 솜 감는 방법은 P.82-83 참고

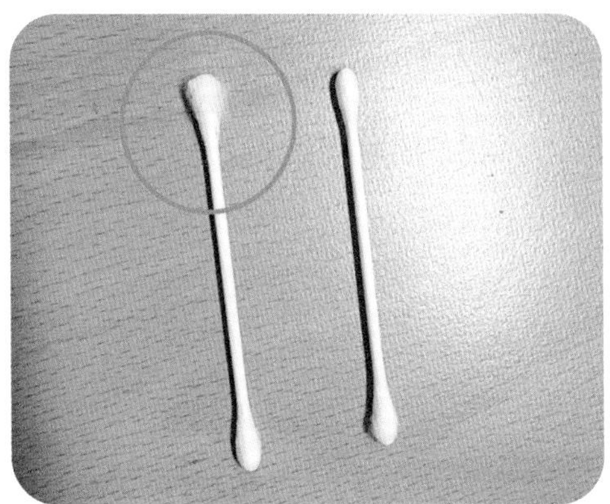

✔ 면봉은 겉이 딱딱하기 때문에 잘못 사용 시 이도 내에 상처를 낼 수 있으므로 삼가야 한다. 면봉을 불가피하게 써야 한다면 면봉의 솜을 손으로 잘게 찢어 부드럽게 만든 후 가볍게 닦아준다.

⑤ 귀 청소 시 귓병의 유무도 확인하도록 하며, 귓속이 헐었거나 염증이 발견되면 귀 청소를 멈추거나 최소한만 관리한 후 병원에 내원하는 것이 좋다.

5단계 발톱관리하기

1) 발톱의 구조

개나 고양이는 앞발에 5개, 뒷발에 주로 4개의 발톱이 있으나 5~6개의 발톱이 있기도 하다. 발톱은 지면으로부터 발을 보호하기 위해 발가락뼈와 견고하게 연결되어 있으며 단단하다. 투명한 발톱을 보면 붉은 부위가 보이는데, 혈관과 신경이 분포한 곳이다. 발톱이 자라면서 혈관과 신경이 같이 자란다. 발톱을 자를 때 혈관과 신경을 같이 자르게 되면 극심한 통증과 출혈이 발생한다. 통증은 상상 이상으로 아프다. 특히 앞발은 발톱이 길어지면 혈관과 신경이 비례하여 자라기 때문에 출혈이 잘 발생하는 편이고 통증 또한 심하다.

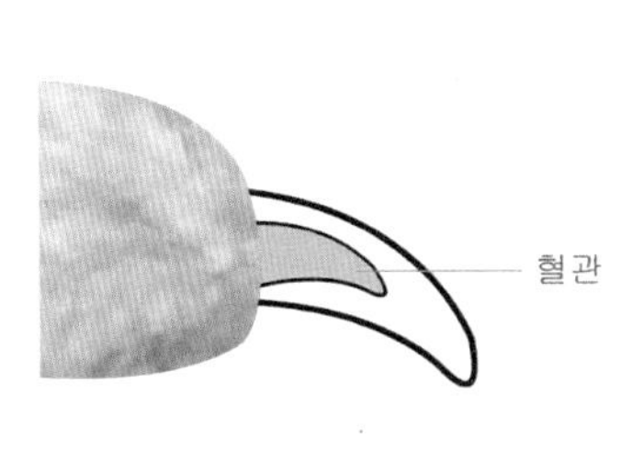

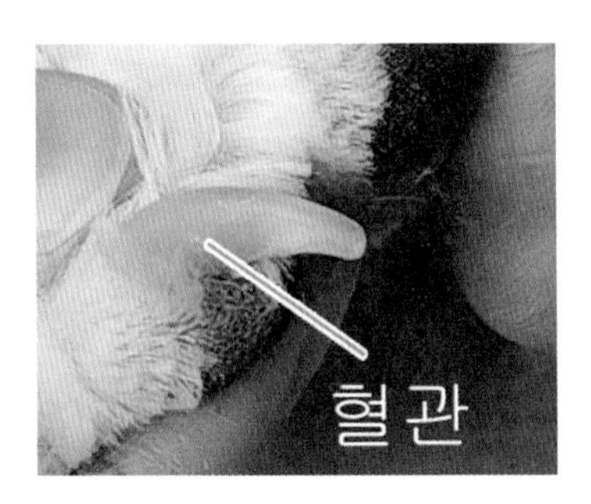

그림 III - 5 발톱의 구조

혈관이 보이지 않는 발톱

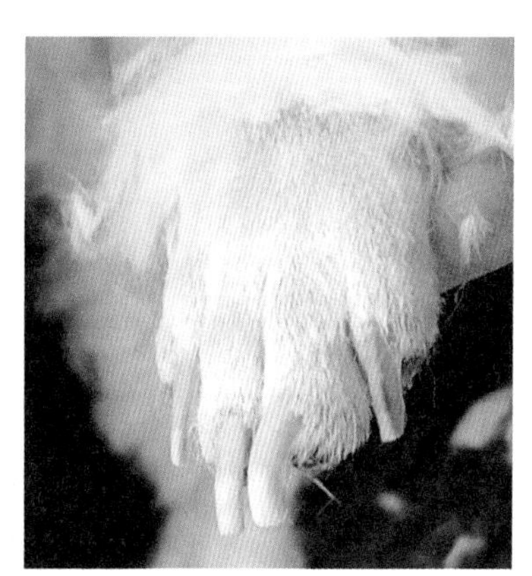
혈관이 보이는 발톱

그림 III - 6 발톱의 색상

발톱은 투명색 발톱과 검은색 발톱이 있다. 투명색 발톱은 혈관이 보여 발톱을 자를 때 유리하지만 혈관이 보이지 않는 검은색 발톱, 갈색 발톱, 어두운색의 발톱은 발톱관리가 다소 어렵다.

2) 발톱 자르기

발톱이 길면 발톱이 안쪽(패드 쪽)으로 날카롭게 굽어들기 때문에 보행에 지장을 주고 자세가 바르지 못하게 된다. 발톱이 긴 상태에서 보행을 하게 되면 빙판 위에 양말을 신은 것과 비슷하다. 이로 인해 보행과 관절에도 문제가 생길 수 있기 때문에 발톱정리는 적당한 시기에 해줘야 한다. 보통 1개월령부터 실시한다. 특히 실내에서 기르는 반려동물은 발톱이 쉽게 자라기 때문에, 발톱을 자르는 시기가 늦어지면 길어진 발톱으로 자신의 안구 및 각막에 상처를 입힐 뿐 아니라 사람에게도 상처를 입힐 수 있다. 앞발이 뒷발보다 민감해서 뒷발부터 발톱을 자르는 것이 좋다. 발톱깎이의 종류는 집게형, 니퍼(펜치)형, 기요틴형이 있다.

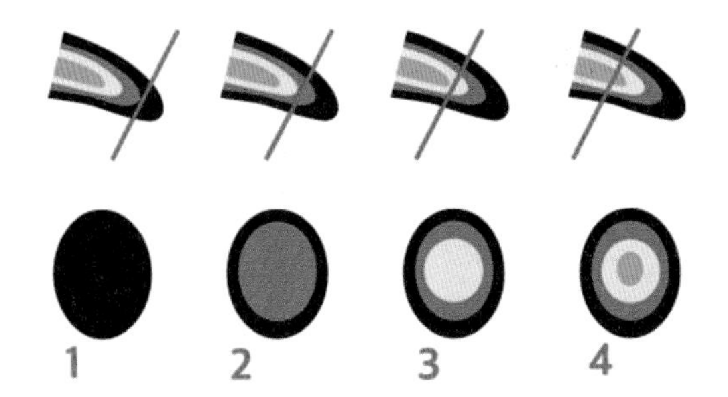

1. 발톱의 끝을 잘랐을 때의 단면
2. 발톱의 신경 전까지 잘랐을 때의 단면
3. 발톱의 신경 앞까지 잘랐을 때의 단면
4. 발톱의 혈관까지 잘랐을 때의 단면

그림 III - 7 발톱의 절단 길이에 따른 발톱의 단면

출처: NCS 모듈 05.애완동물 기본미용 p.24

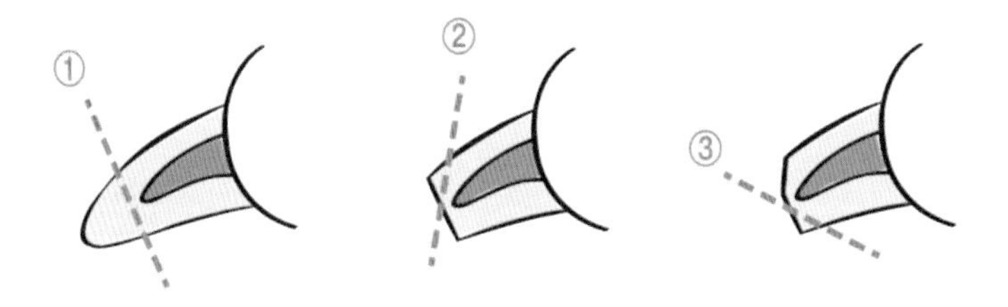

① 발톱의 길이를 자른다. ②위의 각을 자른다. ③ 밑의 각을 자른다.

그림 III - 8 발톱 깎는 순서

출처: NCS 모듈 05.애완동물 기본미용 p.26

(1) 발톱을 자를 때 보정방법

반려동물은 보통 발톱 자르는 것을 즐거워하지 않는다. 특히 발톱을 자를 때 통증을 경험한 개는 발만 만지려고 해도 민감한 반응을 보인다. 보정은 반려동물을 잡을 때, 반려동물이 아프거나 불편해하지 않고 쉽게, 움직일 수 없는 자세로 잡는 게 중요하다. 다음의 보정방법을 취해보고 반려동물에게 맞는 보정방법을 활용해본다.

가. 테이블 위에서 보정한 후 발톱 자르기

a. 우측 앞다리 보정 후 발톱 자르기

① 테이블 위에 반려동물을 세운다.

② 반려동물의 뒷다리는 테이블 위에 일어서게 하고, 미용사는 왼팔로 반려동물의 배 부분(겨드랑이 쪽)을 감싸면서 미용사의 겨드랑이 쪽에 반려동물을 밀착시켜 세운다.

③ 미용사 왼팔은 반려동물 좌측 겨드랑이 아래에 사선으로 넣어 우측 앞다리 발목을 잡는다. 이때 반려동물의 뒷다리에 무게가 실리지 않도록 한다(뒷다리 관절이 안 좋은 반려동물은 이 방법은 피한다).

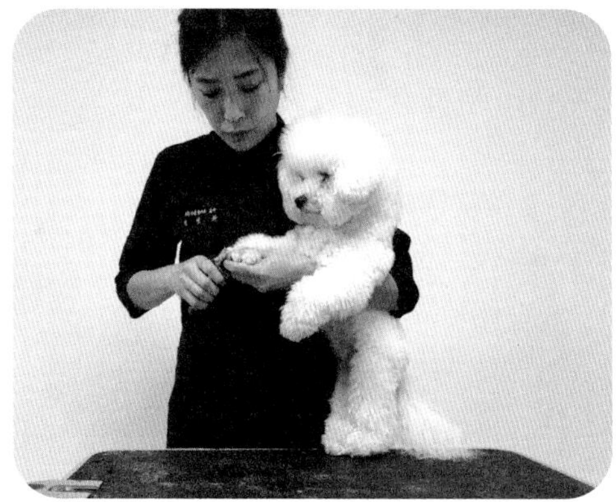

④ 깎을 발톱을 하나씩 잡아 발톱을 자른다. 반려동물이 발톱을 자르는 것을 거부하며 발버둥 칠 때에는 미용사의 왼팔에 힘을 주어 반려동물의 몸통을 단단하게 잡아준 후 얌전해질 때까지 기다린다(힘을 과하게 주면 안 된다). 반려동물이 얌전해지면 힘을 풀어주고, 발톱 자르기를 시도한다. 다시 발톱 자르기를 거부한다면 위의 작업을 반복한다.

b. 좌측 앞다리 보정 후 발톱 자르기

① 테이블 위에 반려동물을 세운다.

② 반려동물의 뒷다리는 테이블 위에 일어서게 하고, 미용사는 왼팔로 반려동물의 배 부분(겨드랑이 쪽)을 감싸면서 미용사의 겨드랑이 쪽에 반려동물을 밀착시켜 세운다.

③ 미용사 왼팔은 반려동물 좌측 겨드랑이 아래로 넣어 좌측 앞다리 발목을 잡는다.

④ 깎을 발톱을 하나씩 잡아 발톱을 자른다. 반려동물이 발톱을 자르는 것을 거부하며 발버둥 칠 때에는 미용사의 왼팔에 힘을 주어 반려동물의 몸통을 단단하게 잡아준 후 얌전해질때까지 기다린다(힘을 과하게 주면 안 된다). 반려동물이 얌전해지면 힘을 풀어주고, 발톱 자르기를 시도한다. 다시 발톱 자르기를 거부한다면 위의 작업을 반복한다.

c. 우측 뒷다리

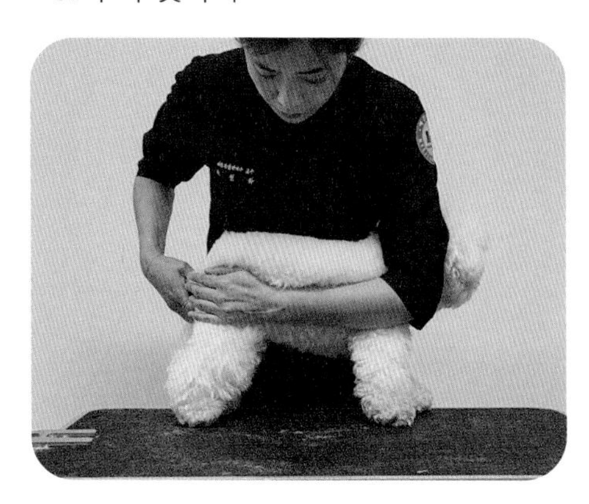

① 미용사 왼팔 팔꿈치로 동물의 어깻죽지를 단단하게 잡아주면서 팔꿈치 아랫부분 팔을 이용하여 동물의 몸통을 단단하게 잡아준다.

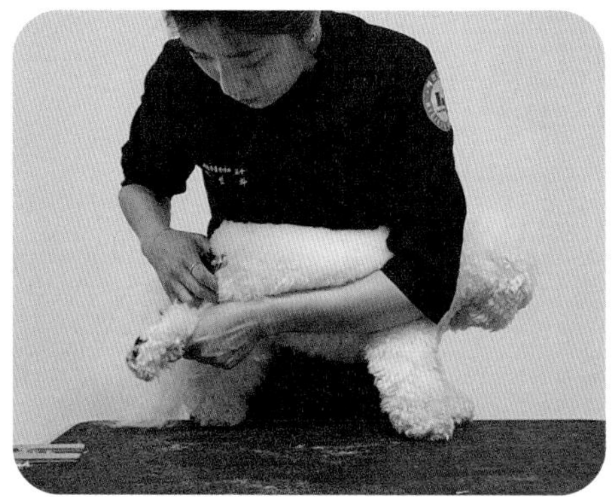

② 왼손으로 동물의 우측 뒷다리 발목을 잡고 패드가 위를 향하게 다리를 뒤쪽으로 밀어 올려준다. 미용사는 앞으로 몸을 숙여 동물의 다리가 과하게 올라가지 않게 한다.

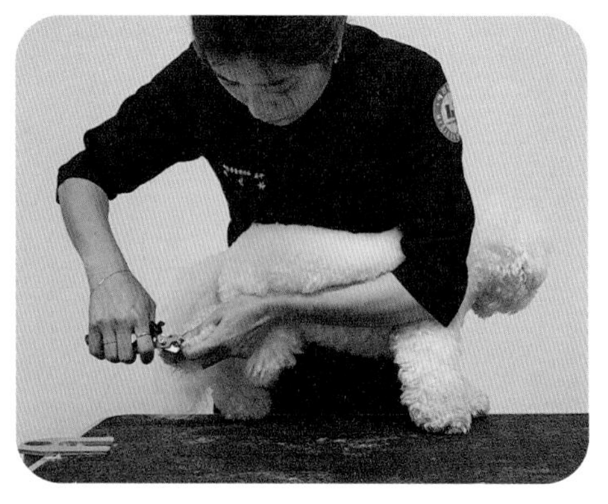

③ 오른손은 발톱깎이를 들고, 보정되어 있는 발톱을 하나씩 자른다.

d. 좌측 뒷다리

① 미용사 오른쪽 겨드랑이 쪽으로 동물의 머리를 넣고, 팔꿈치로 동물의 어깻죽지를 단단하게 잡아준다.

② 왼팔은 동물의 좌측 뒷다리 발목을 잡은 후 뒷다리 1/2 높이까지 접어 올린다. 이때 들어 올린 좌측 뒷다리와 시선이 비슷한 지점까지 몸을 숙인다.

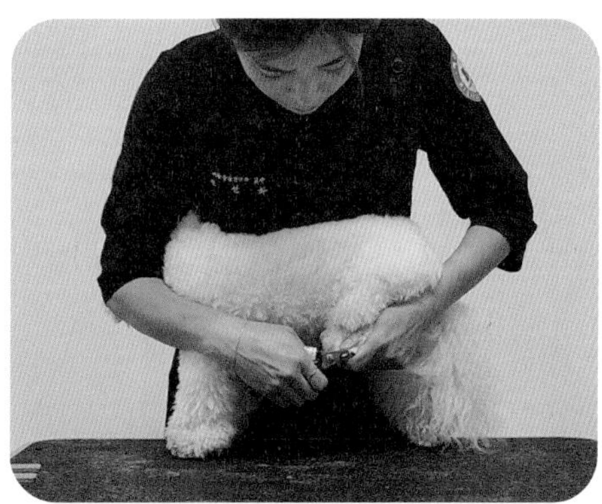

③ 오른손은 발톱깎이를 들고, 보정되어 있는 발톱을 하나씩 자른다.

나. 안아서 발톱 자르기

a. 우측, 좌측 뒷다리

① 반려동물의 배가 보이도록 미용사의 가슴과 동물의 등이 닿게 안는다.

②-1 미용사의 왼 다리 허벅지 쪽에 반려동물을 앉히고, 왼손은 동물의 앞발 겨드랑이 쪽을 감싸고 우측 뒷다리 발목을 잡는다. (우측 뒷다리)

②-2 미용사의 왼 다리 허벅지 쪽에 반려동물을 앉히고, 왼손은 동물의 앞발 겨드랑이 쪽을 감싸고 좌측 뒷다리 발목을 잡는다. (좌측 뒷다리)

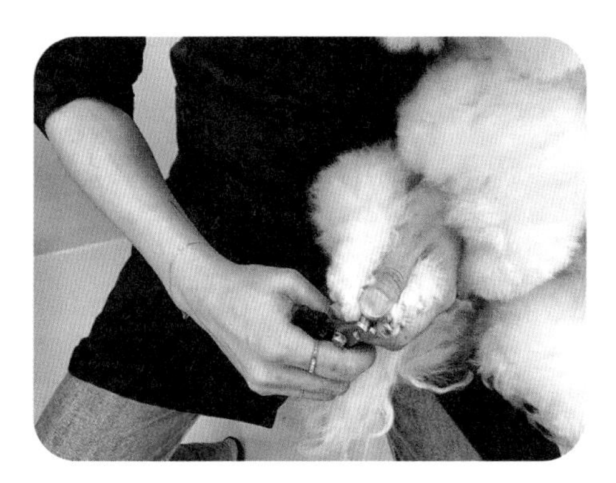

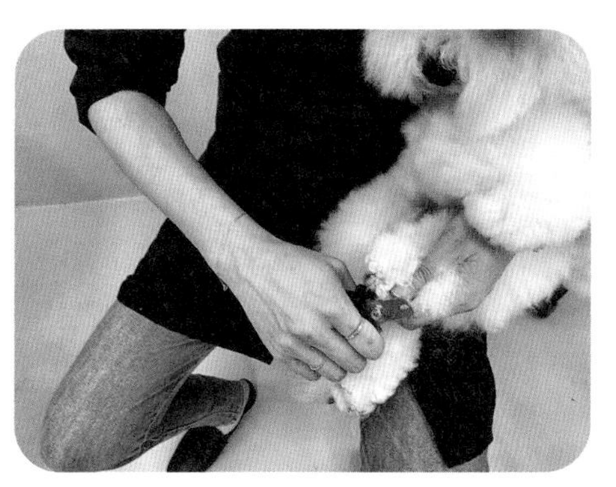

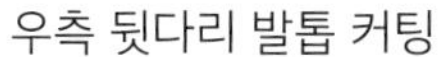

우측 뒷다리 발톱 커팅　　　　좌측 뒷다리 발톱 커팅

③ 오른손은 발톱깎이를 들고, 보정되어 있는 발톱을 하나씩 자른다.

b. 우측, 좌측 앞다리

① 반려동물의 배가 보이도록 미용사의 가슴과 동물의 등이 닿게 안는다.

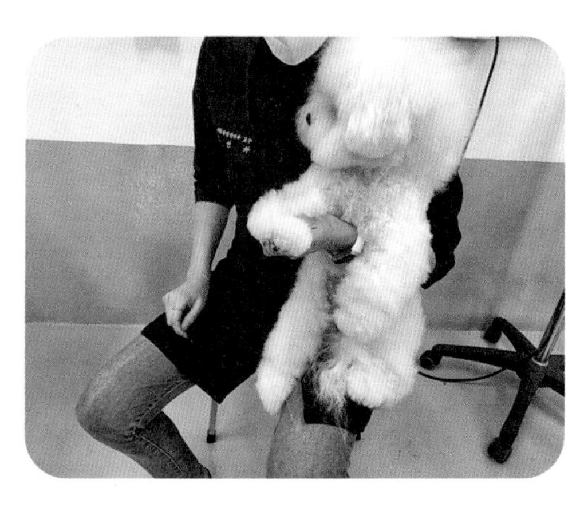

②-1 미용사의 왼 다리 허벅지 쪽에 반려동물을 앉히고, 왼손은 동물의 앞발 겨드랑이 쪽을 감싸고 우측 앞다리 발목을 잡는다. (우측 앞다리)

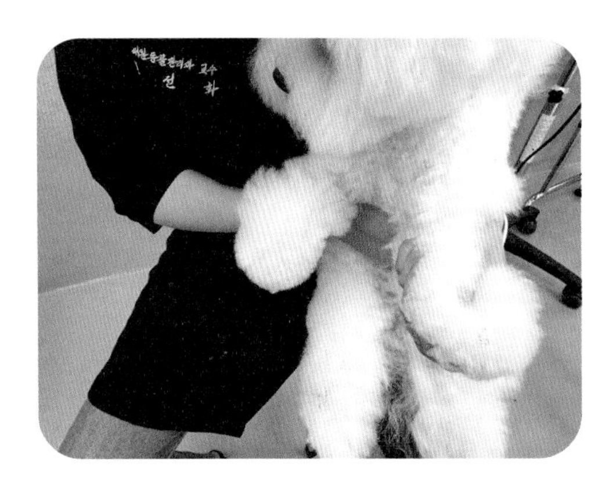

②-2 미용사의 왼 다리 허벅지 쪽에 반려동물을 앉히고, 왼손은 동물의 앞발 겨드랑이 쪽을 감싸고 좌측 앞다리 발목을 잡는다. (좌측 앞다리)

좌측 앞다리 발톱 커팅

우측 뒷다리 발톱 커팅

③ 오른손은 발톱깎이를 들고, 보정되어 있는 발톱을 하나씩 자른다.

(2) 발톱 자르는 방법

발톱은 패드보다 발톱이 내려가지 않도록, 발톱이 바닥에 닿지 않도록 잘라주어야 한다.

- **준비물** : 발톱깎이, 발톱갈이, 지혈제

가. 혈관이 보이는 발톱 자르는 방법

보정

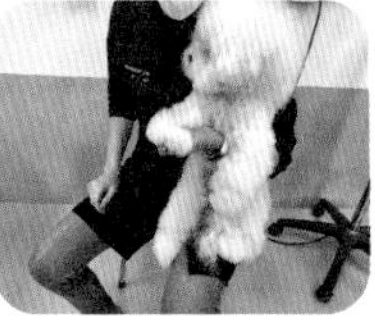

우측 앞다리

좌측 앞다리

우측 뒷다리

좌측 뒷다리

① 반려동물을 보정한다(p.128 (1) 발톱을 자를 때 보정방법 참고).

② 발톱을 깎을 반려동물의 발을 손으로 고정해서 잡는다.

③ 발톱을 하나씩 잡은 후 발톱의 혈관을 확인한 다음, 혈관 2~3mm 앞에서 발톱을 하나씩 잡은 후 발톱깎이로 발톱 표면이 일직선이 되게 자른다.

④ 자른 곳의 상하 각을 잘라낸다.

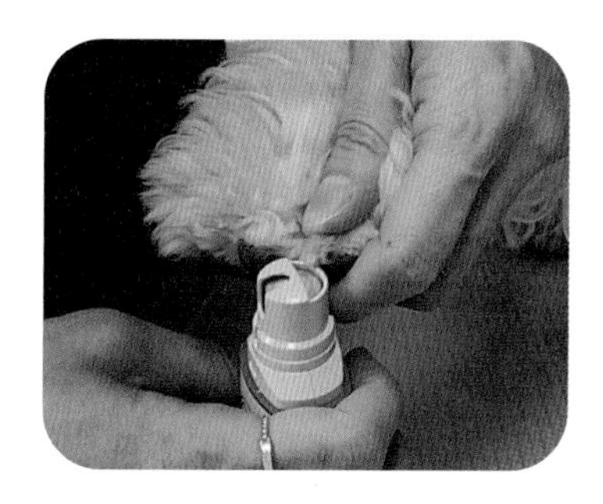

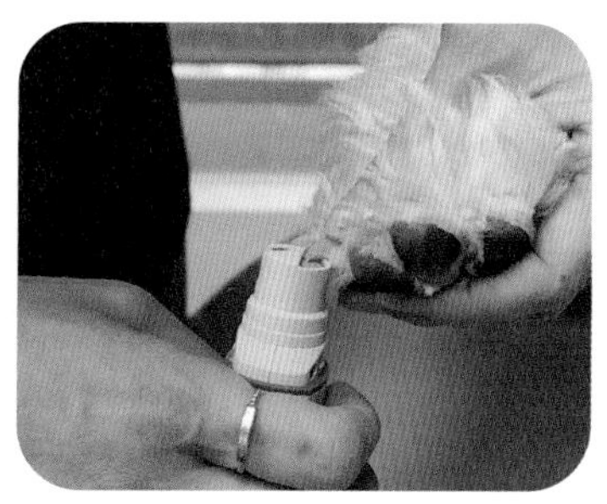

④-1 발톱을 하나씩 잡은 후 전동 발톱갈이를 이용해서 절단면의 거친 부분의 모서리를 갈아 둥글게 다듬어준다.

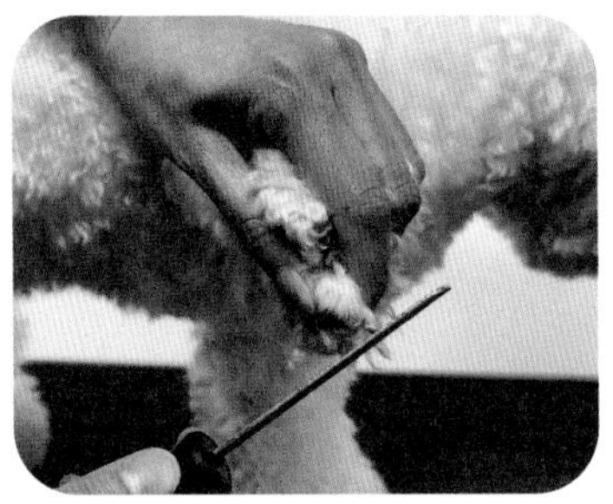
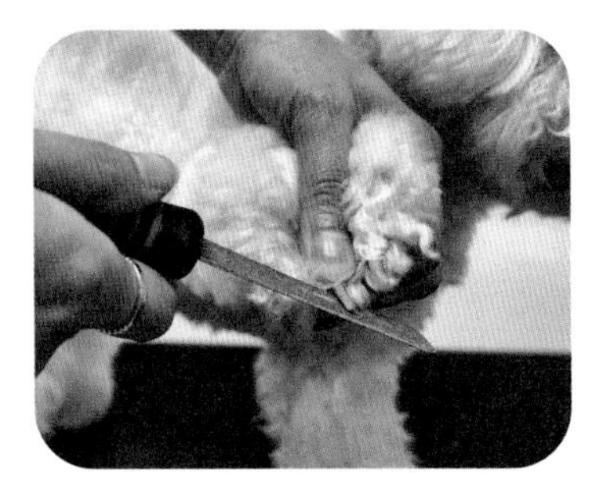

④-2 발톱을 하나씩 잡은 후 줄을 이용하여 발톱 절단면의 거친 부분의 모서리를 갈아 둥글게 손질해 준다.

✓ 발톱갈이 과정을 좋아하는 반려동물이 있는 반면에 싫어하는 반려동물이 있다. 발톱이 아스팔트에 갈리게 하거나 발톱을 최대한 부드럽게 다듬어줘야 트라우마가 생기지 않는다.

⑤ 발톱 손질 후 발톱이 잘 다듬어졌는지 손으로 만져보고 거친 부분이 있는지 확인한다.

나. 혈관이 보이지 않는 발톱 자르는 방법

혈관이 보이지 않는 발톱을 자를 때에는 패드를 기준으로 패드와 발톱이 수평으로 걸리는 부분까지 발톱을 잘라주기도 하지만 아래의 방법처럼 발톱을 자른다.

① 반려동물을 보정한다(p.128 (1) 발톱을 자를 때 보정방법 참고).

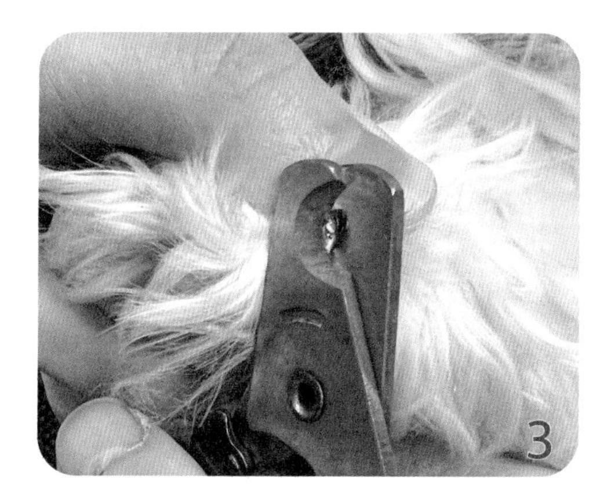

② 발톱을 하나씩 잡은 후 패드를 기준으로 패드와 수평으로 걸리는 부분까지 발톱을 잘라낸다.

③ 발톱의 단면을 봤을 때 사진처럼 발톱의 혈관 부분이 확인될 때까지 조금씩 잘라준다.

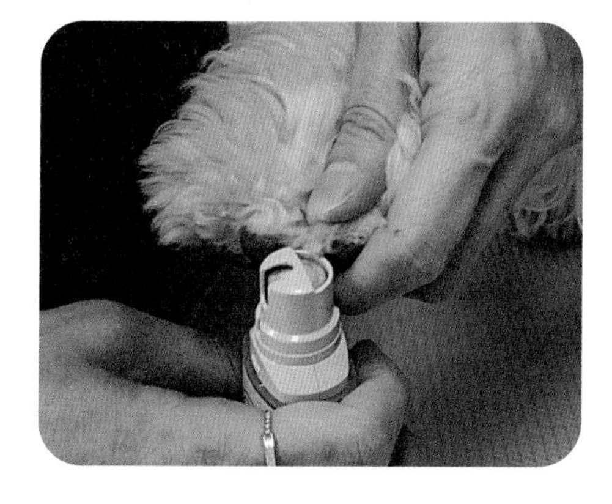

④ 전동 발톱갈이나 줄을 이용해서 절단면의 거친 부분의 모서리를 갈아 둥글게 다듬어준다.
⑤ 발톱 손질 후 발톱이 잘 다듬어졌는지 손으로 만져보고 거친 부분이 있는지 확인한다.

다. 발톱 출혈 시 지혈하기

① 발톱의 출혈 확인 후 지혈제를 면봉이나 솜에 묻혀 출혈이 나는 발톱에 20초 이상 '꾹' 눌러 지압한다.

② 지혈이 되었는지 확인한다. 지혈이 안 되었다면 한 번 더 반복한다.

✔ 지혈제가 없을 시 가벼운 출혈은 멸균솜, 면봉 등을 이용하여 출혈이 멈출 때까지 지압한다.

6단계 브러싱하기

브러시는 대부분 고무 패드에 핀이 고정된 구조로 되어있으며, 견종, 털, 성향 등을 고려해서 브러시의 특징과 역할에 맞게 사용해야 한다.

2단계 바디체크 때 전체적으로 확인은 하지만 털 속의 피부는 정확히 확인할 수 없다. 브러싱 작업은 피부 상태 확인, 털 상태 확인, 미용스타일 결정, 엉킨 털 풀기, 이물질 제거, 눈곱 제거 등 목욕하기 전에 꼭 이루어져야 하는 중요한 단계이다. 특히 털이 엉켜있는 상태에서 샴핑을 하게 되면 물이 흡수되어 더 뭉치고, 더러움 제거도 못할뿐더러 거품 또한 제대로 씻어낼 수가 없다. 마지막 시저링 단계에서도 엉킨 털로 인해 원하는 스타일을 표현할 수도 없고, 시간 또한 오래 걸린다.

1) 몸통, 다리 브러싱

✔ 브러시 잡는 방법 및 사용방법은 p.61-62, 64 참고

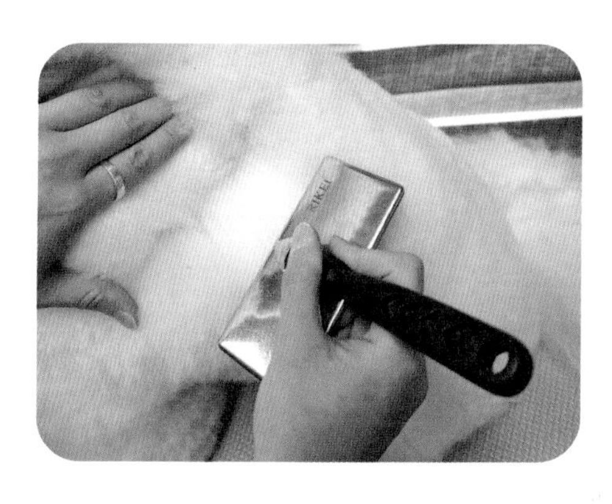

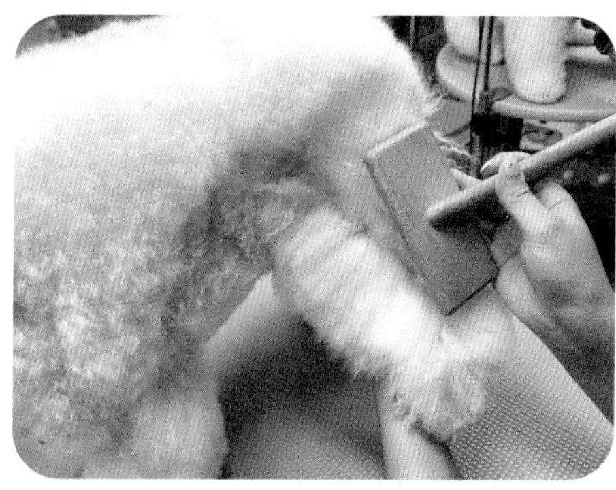

① 슬리커브러시를 이용하여 털 역방향 → 정방향, 정방향 → 역방향으로 여러 방향으로 브러싱한다.

✔ 장모종의 경우 핀브러시도 같이 이용하여 브러싱해야 하며, 모근에 부담이 가지 않도록 모근을 손으로 누르고 빗질한다.

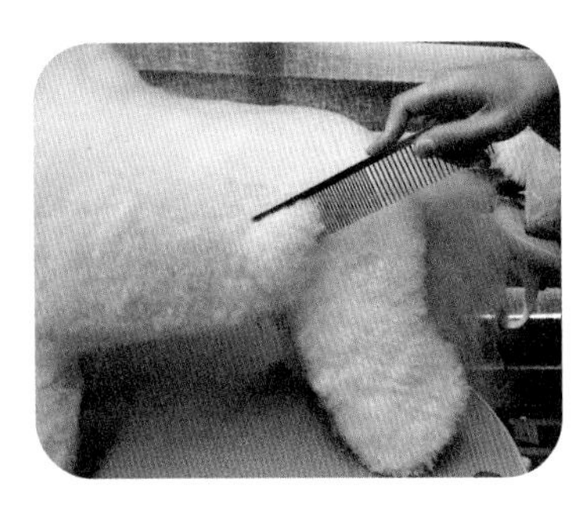
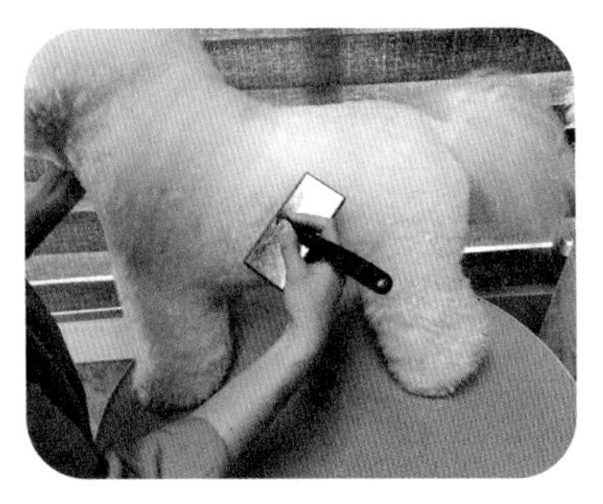
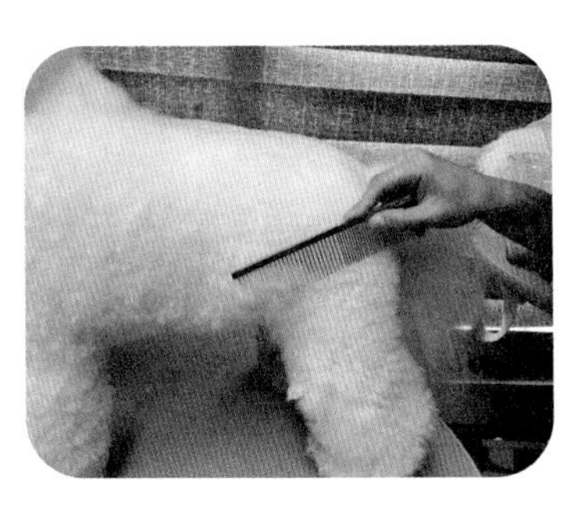

② 엉켜있는 털이 있다면 슬리커브러시로 풀어주고, 콤으로 코밍하여 엉킴이 풀렸는지 체크한다.

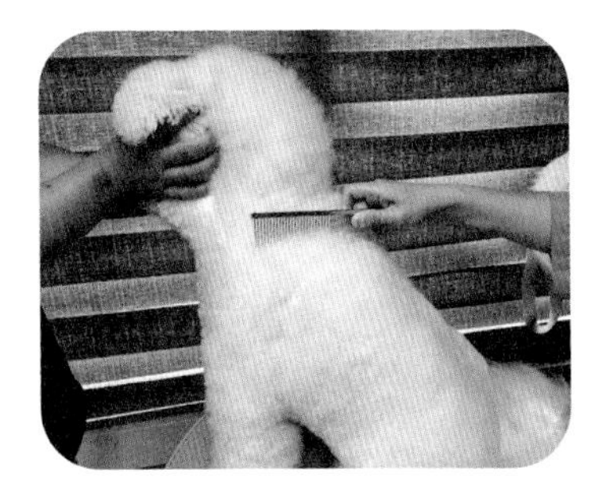
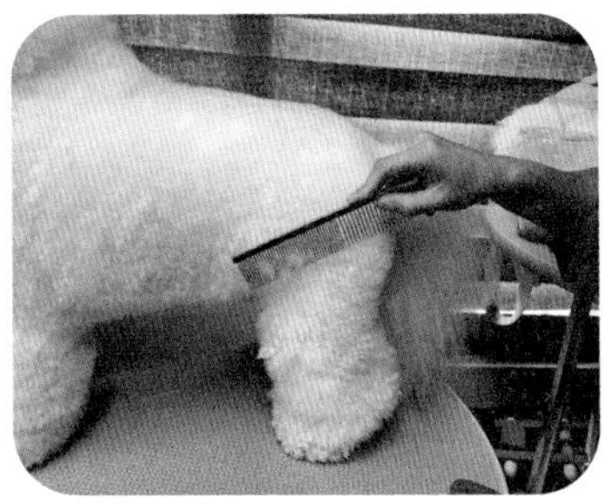
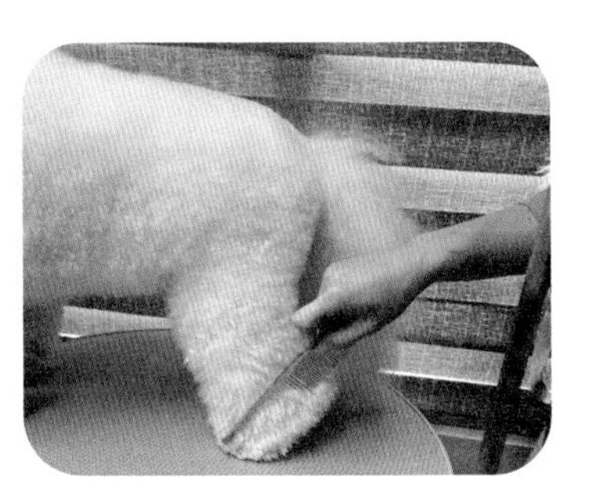

③ 전체적으로 슬리커브러시로 브러싱 후 콤으로 코밍하여 엉킨 곳이 없나 확인한다.

2) 두상 브러싱

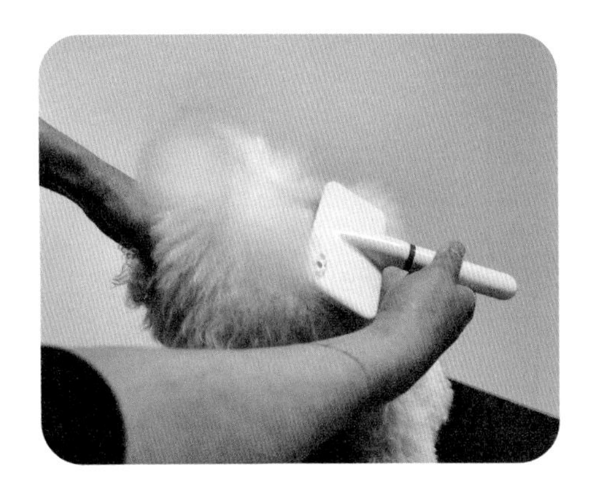
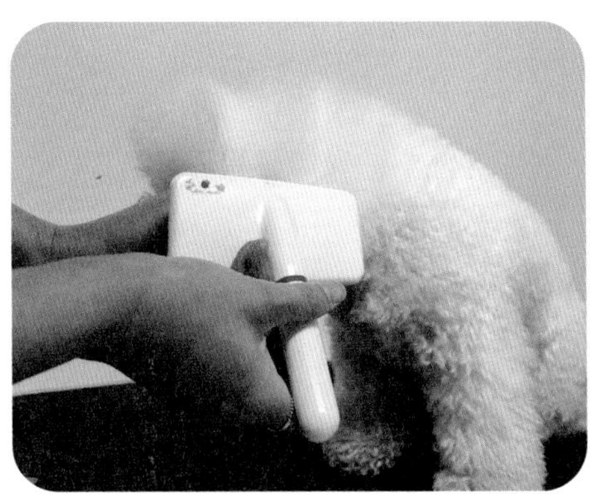

① 머리는 슬리커브러시를 이용하여 털 역방향 → 정방향, 정방향 → 역방향으로 여러 방향으로 브러싱한다.

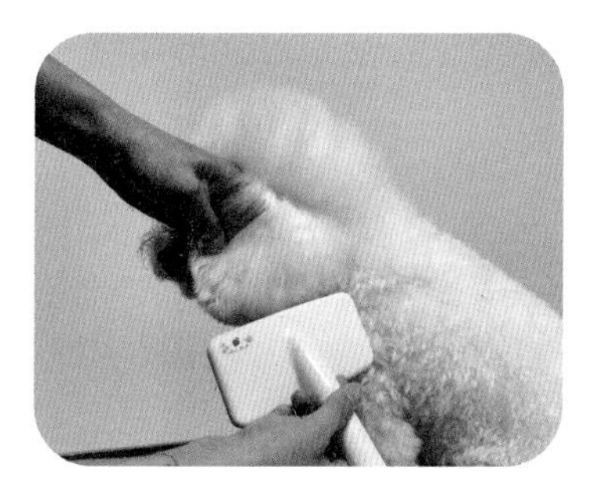 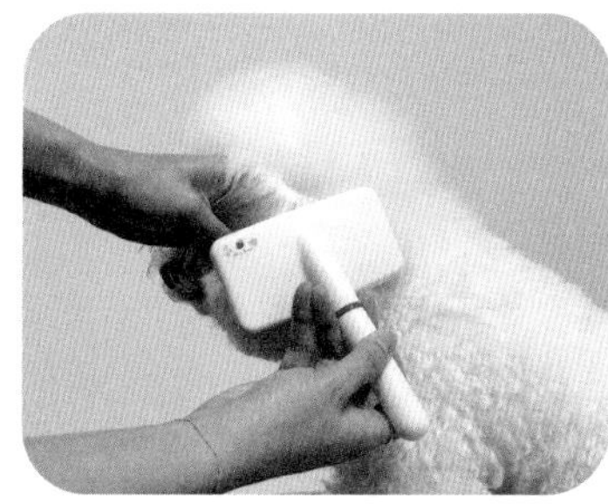 

② 귀는 손바닥 위에 올려놓고, 귀 아래쪽부터 귀 뿌리 부분으로 올라가면서 브러싱한다. 특히 귀 뒤쪽은 잘 엉키는 부위이므로 주의 깊게 잘 살펴본 후 엉킨 털이 있을 경우 피부에 손상이 가지 않게 조심히 털을 풀어준다.

 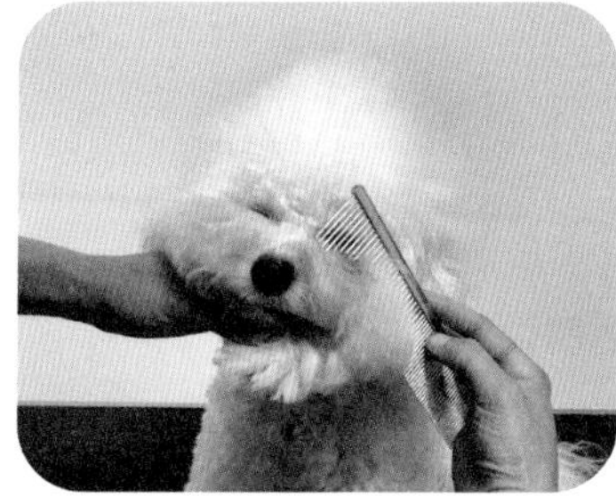 

③ 눈과 입 주변은 슬리커브러시와 콤을 이용한다. 눈이나 코가 브러시에 긁히지 않도록 주의하여 턱 아래를 잘 잡고 눈 밑에서 바깥쪽으로 슬리커브러시와 콤을 이용하여 브러싱한다.

3) 엉킨 털 푸는 방법

◉ 준비물 : 슬리커브러시, 콤, 엉킨 털 전용 스프레이(선택)

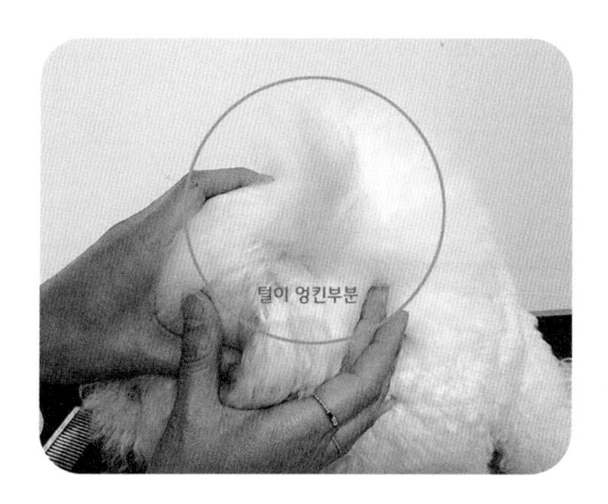

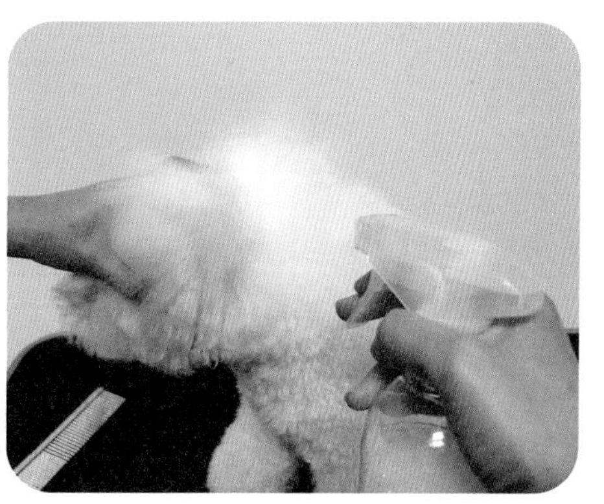

① 엉킨 털 부위를 확인한 후 엉킨 털 전용 스프레이를 뿌린다.

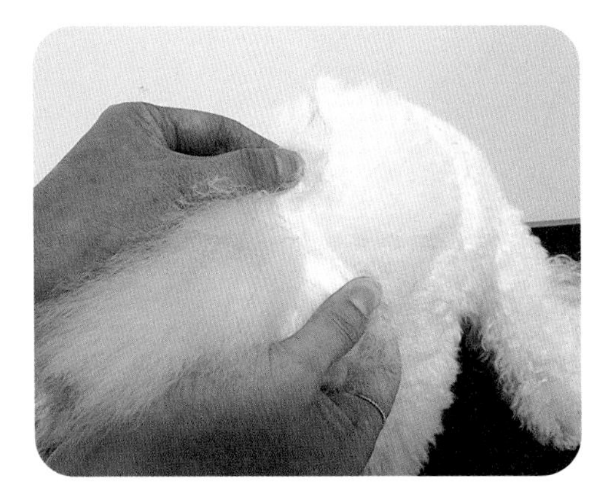
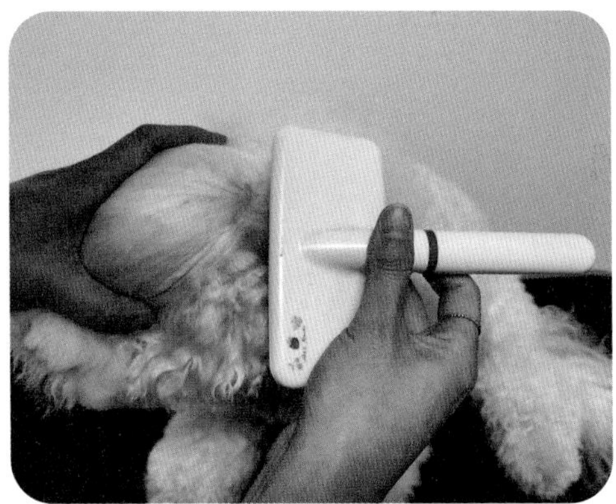
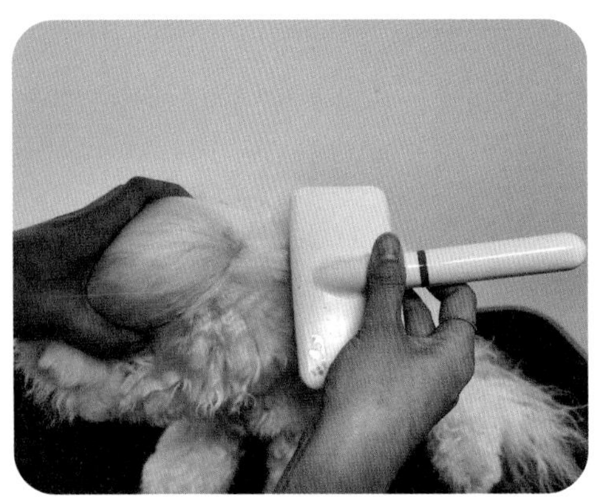
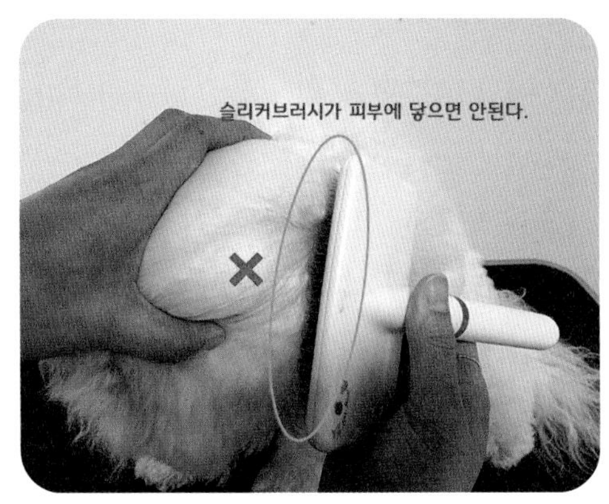

② 엉킨 털을 손으로 찢어 여러 갈래로 분리하고 슬리커브러시를 이용해서 피부에서 바깥으로 손목 스냅을 이용하여 브러싱한다. 슬리커브러시가 피부에 닿지 않도록 하는 것이 중요하다.

✓ 반복적인 브러싱으로 피부에 손상이 가지 않도록 주의해야 한다.

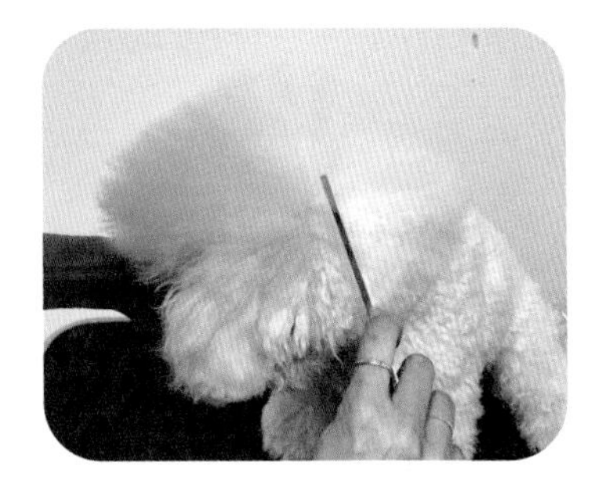
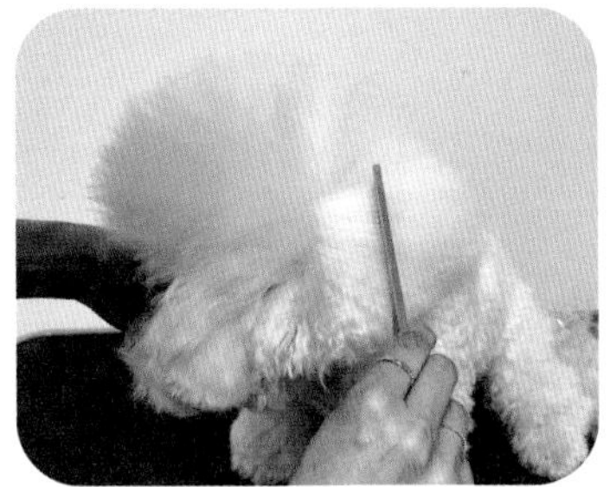

③ 엉킨 털을 풀었다면 콤으로 코밍하여 남아있는 털을 없애주고, 엉킴이 풀렸는지 체크한다.

✓ 드라이를 같이 사용하여 바람으로 피부가 잘 보이도록 한 후 엉킨 털을 풀면 효율적으로 브러싱을 할 수 있다. 드라이 온도는 여름에는 시원한 바람, 겨울에는 미지근한 바람으로 한다.

7단계 초벌 시저링 및 초벌 클리핑하기

전체가위컷이나 스포팅일 경우 초벌작업을 한다면 목욕 시간과 드라이 시간, 시저링 시간이 줄어든다. 또한 샴푸, 린스, 물 쓰는 양도 절약할 수 있다.

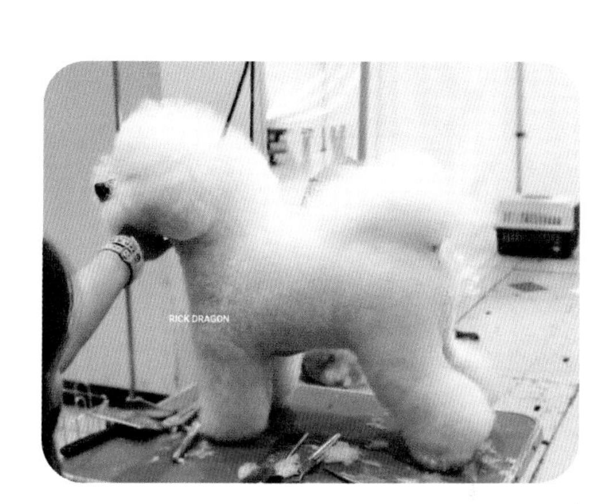

전체가위컷

스포팅

✔ 전체가위컷은 반려동물의 털을 가위로 전체적으로 커팅하는 것을 말하며, 스포팅은 몸은 클리핑하고 다리, 얼굴만 가위로 커팅하는 것을 말한다.

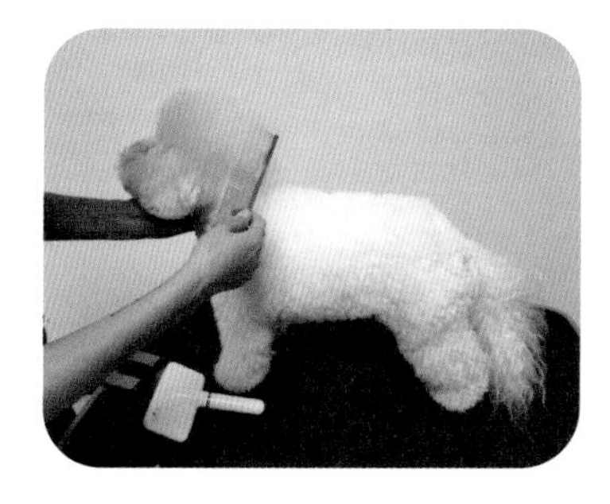

① 미용스타일을 표현할 때 필요하지 않은 털을 뽑아내거나 어느 정도 모양을 잡거나 털의 길이를 줄이고자 할 때 콤으로 코밍 후 초벌작업을 한다.

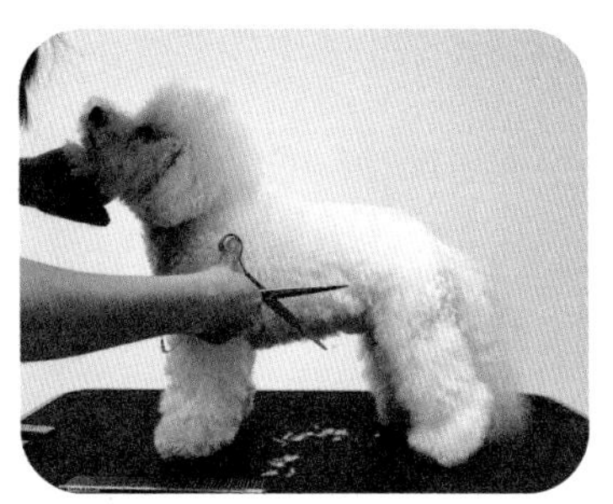

② 전체가위컷일 경우 블론트가위를 이용하여 몸통, 다리, 머리의 털의 길이를 줄이고, 어느 정도 형태를 잡는다.

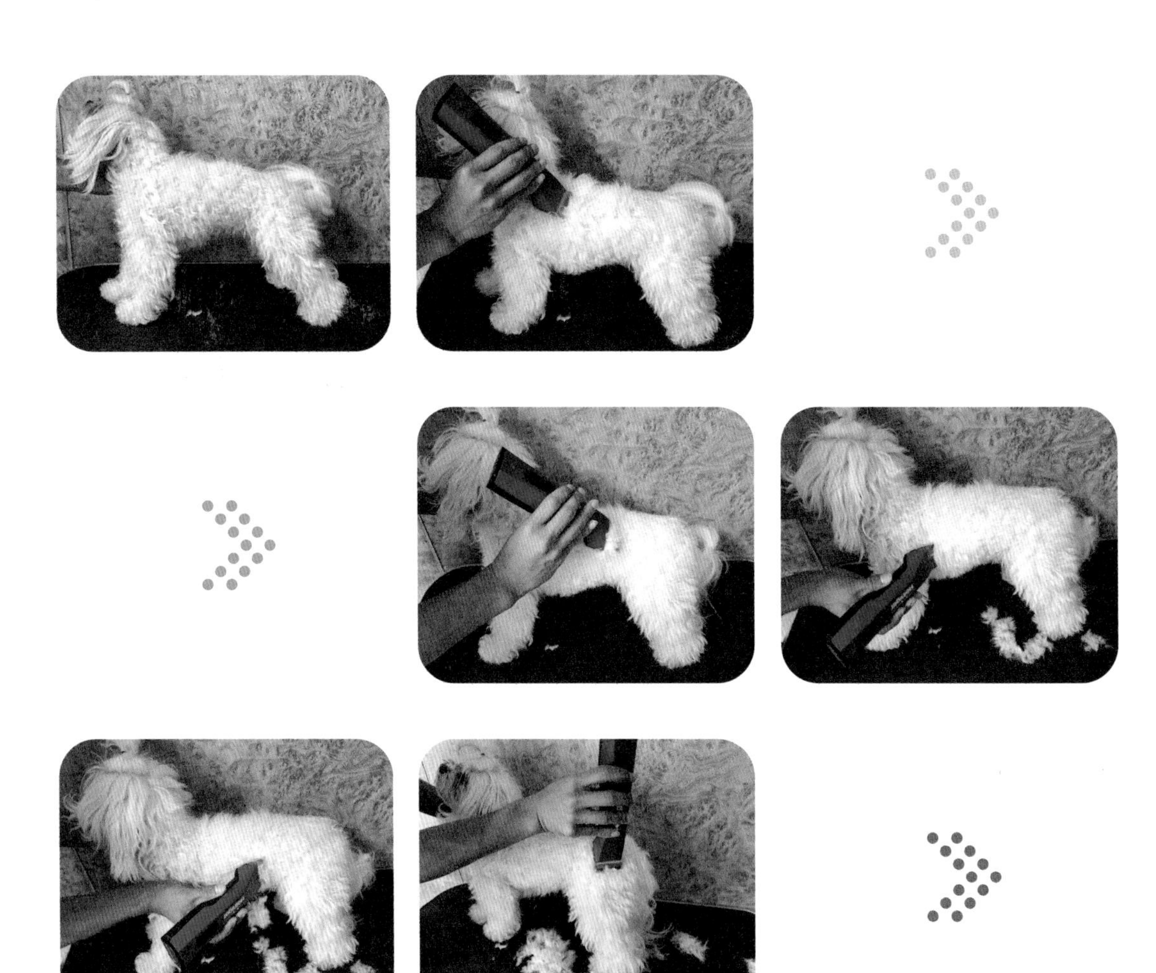

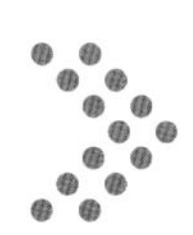

③ 스포팅일 경우 몸통은 클리퍼로 털 정방향으로 클리핑하고, 다리와 머리는 가위로 형태를 잡아가며 털의 길이를 줄인다.

✔ 몸통은 5mm~1cm 정도 클리퍼 날을 선택한다.

④ 인중 클리핑 및 입술라인을 클리퍼로 딴다.

⑤ 초벌작업 때 너무 많은 시간을 들이지 않도록 한다.

1) 인중 미용과 입술라인 따기

입으로 먹이도 먹고, 물도 먹기 때문에 입 주변은 항상 청결을 유지해야 한다. 입 주위는 혀가 나왔다 들어갔다가 하는 곳이므로 미용도구로 인하여 혀나 입 주변이 상처나지 않도록 주의해야 한다.

(1) 가위로 다듬기

① 혀가 밖으로 나오지 않도록 엄지는 턱, 나머지 손가락은 주둥이 위쪽을 잡아준다.

② 숱가위를 이용하여 인중 부분을 커트한다.

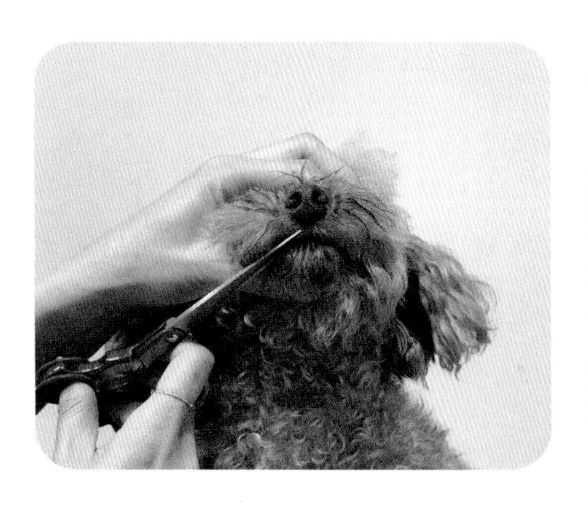

③ 블론트가위로 입술라인을 커트한다.

④ 아랫입술의 털이 앞으로 나와 있으면 숱가위를 이용하여 적당히 커트한다.

✔ 혀가 나오지 않도록 주둥이를 잡고 있지만 혀가 밖으로 나올 것을 예상해서 가위는 힘을 주지 않고 가볍게 커트한다.

(2) 클리퍼로 다듬기

입 주변은 혀가 들어갔다 나왔다 하기 때문에 예기치 않게 미용사가 가위로 반려동물의 혀에 상처를 낼 수도 있다. 혀는 지혈도 힘들뿐더러 반려동물과 미용사에게 트라우마로 남을 수 있다. 이런 점들을 고려해 입 주변 미용은 클리퍼로 작업하는 것을 추천한다. 단, 클리퍼를 사용하기 전 클리퍼를 작동시켜 진동이나 소리를 입 주변 가까이 가져가 거부감이 없는지 확인한 후에 반려동물에게 적용한다. 클리퍼에 거부감을 강하게 드러내는 반려동물은 최대한 조심히 가위로 미용하는 것이 좋다.

① 인중은 클리퍼에 1.5~2mm 정도의 클리퍼 날을 장착한다.

② 혀가 나오지 않도록 엄지는 턱, 나머지 손가락으로는 콧등을 부드럽게 잡는다.

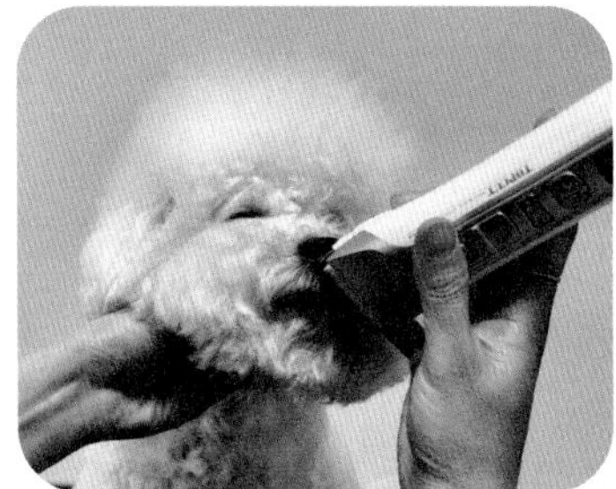

③ 그림과 같이 코에서 입술 방향으로 클리퍼 양쪽 끝부분을 이용하여 클리핑한다. 클리핑할 인중 가로 폭은 코 넓이 이상 넘어가지 않도록 한다.

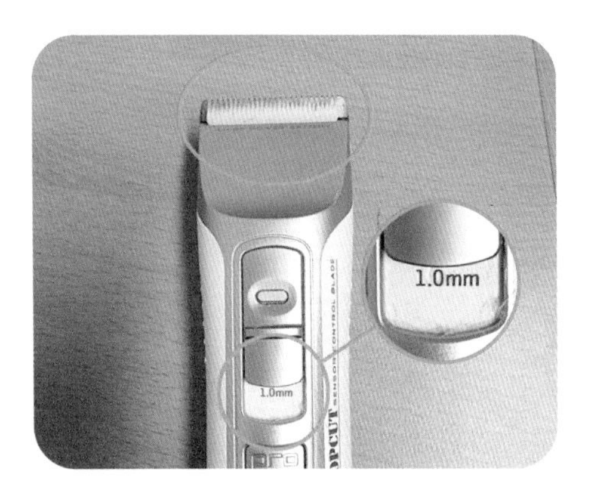

④ 윗입술 라인은 1mm 클리퍼 날을 장착한 클리퍼로 입술라인을 따준다. 이때 피부에 자극이 덜 가도록 클리퍼를 '톡톡' 치듯이 부드럽게 라인을 따준다.

⑤ 윗입술 털을 뒤집어 입안으로 들어가는 털들을 입술라인을 따라 클리핑해준다. 이때도 피부에 자극이 덜 가도록 클리퍼를 '톡톡' 치듯이 부드럽게 라인을 따준다.

✔ 입술라인을 덮고 있는 털들이 잘려나가지 않도록 입술의 안쪽 라인만 클리핑한다.

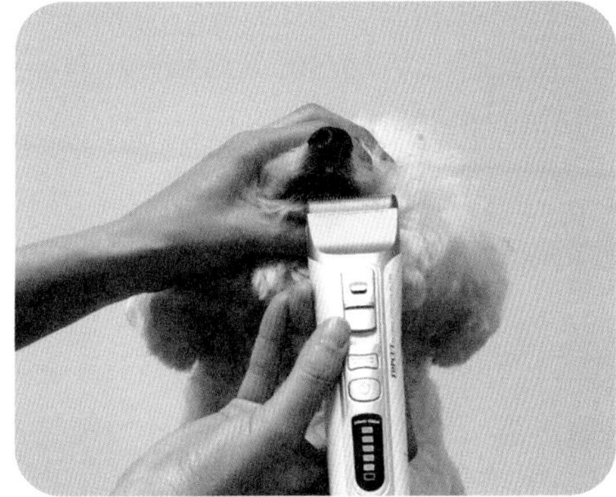

⑥ 아랫입술은 윗입술이 덮이는 라인 안쪽만 클리핑한다.

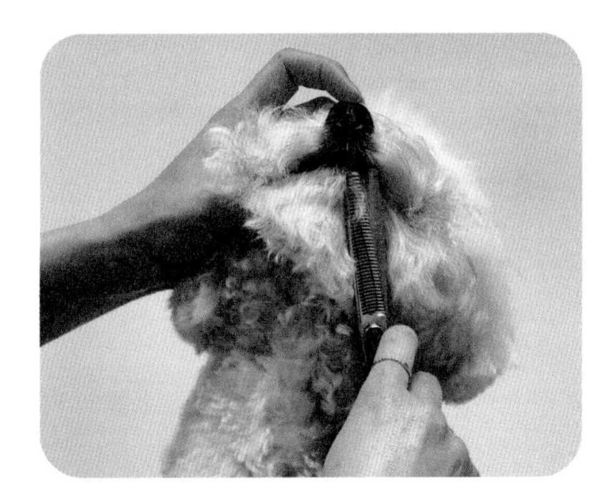
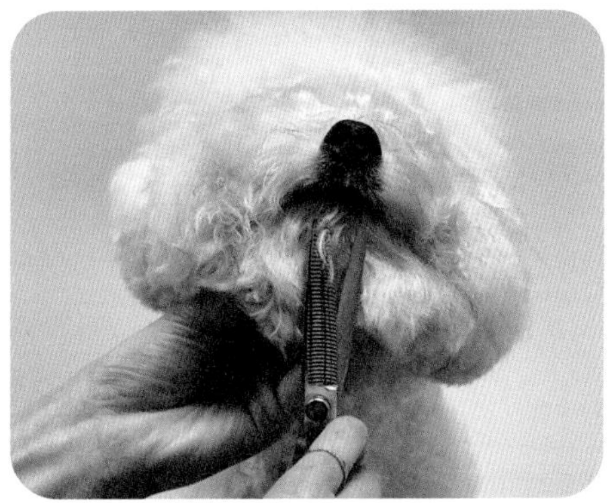

⑦ 아랫입술의 털이 앞으로 나와 있으면 숱가위를 이용하여 적당히 커트한다.

언더샷(Undershot)

오버샷(Over shot)

그림 III - 9 언더샷과 오버샷

✓ 입의 형태가 언더샷(Undershot)일 경우 인중은 거의 커트하지 않고, 입술라인만 따줘서 아래턱이 나와 보이지 않게 한다. 오버샷(Overshot)일 경우는 윗입술을 최대한 짧게 잘라주어 윗입술이 튀어나와 보이지 않게 한다.

8단계 목욕하기

목욕은 피부 및 모발의 건강을 위하여 필요할 뿐만 아니라 그 품종의 특징을 잘 표현하는 아름다움을 위해 매우 중요하다. 또한 품종, 모색, 모질, 피부 상태, 사용목적 등을 고려해서 제품을 선택해야 한다. 목욕을 필요 이상으로 하는 것은 피부병 등을 유발하고 털의 윤기와 방수 효과가 없어지며, 피모나 피부의 탄력을 잃게 되므로 보통 7~10일에 1회가 적당하다. 그러나 털 길이, 털의 양, 모질 상태, 계절에 따라 차이가 있을 수 있다.

1) 항문낭 짜기

항문낭은 항문 입구 양쪽에 위치한 작은 주머니를 말한다. 항문낭액은 항문낭 벽에 발달한 피지선과 분비선에서 끈적끈적하거나 물 같은 형태의 분비물이다. 보통 갈색, 노란색, 흰색 등이며, 심한 악취가 난다. 보통은 배변 시 소량이 함께 나온다. 항문낭이 차있거나 염증이 있으면 가려워하는데, 이때 엉덩이를 끌거나 꼬리를 물려고 하는 행위를 한다. 항문낭액 배출이 주기적으로 이루어지지 못하면 항문낭염, 항문낭종을 일으키는 원인이 된다. 심한 경우에는 파열되어 수술해야 하는 상황이 발생할 수 있다. 따라서 주기적인 항문낭 압출이 필요하다. 항문낭액은 악취가 많이 나기 때문에 목욕 전에 짜는 것이 좋다.

(1) 항문낭 짜는 방법

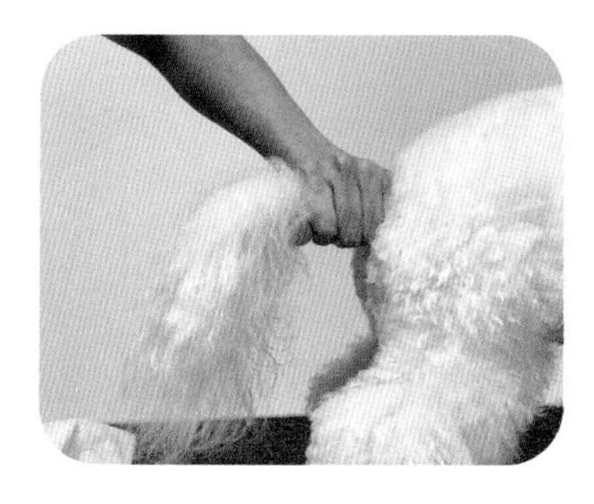

① 꼬리를 꽉 잡고 등 쪽으로 올려 항문을 돌출시킨다.

② 손가락으로 5시, 7시 부분에 공처럼 동글동글한 느낌이 있는 것을 항문 쪽으로 끌어올리면서 누른다. 이때 강한 압으로 누르면 낭을 상하게 할 수 있으니 최대한 부드럽게 누른다.

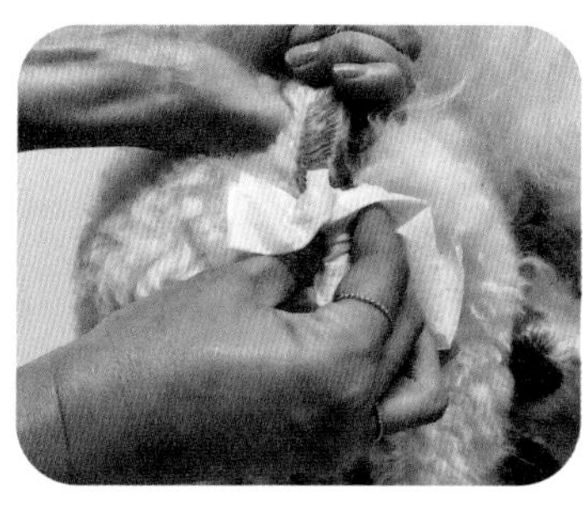
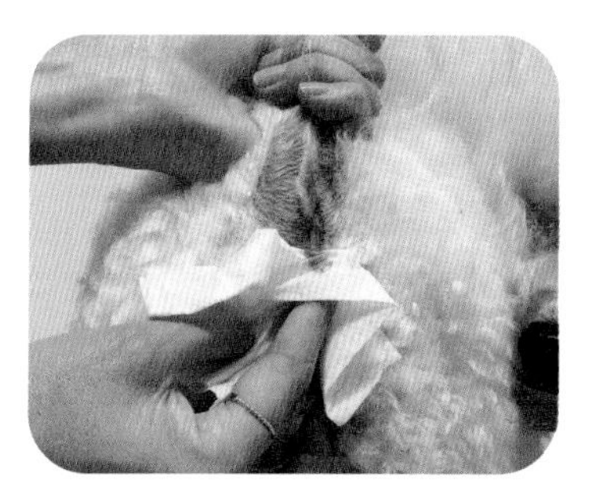

✔ 목욕 시에는 엉덩이를 벽 쪽으로 향하게 하고 평상시에는 티슈를 항문 쪽에 가져다 대어서 짜야 피모를 더럽히지 않고 다른 곳으로 항문낭이 튀지를 않는다.

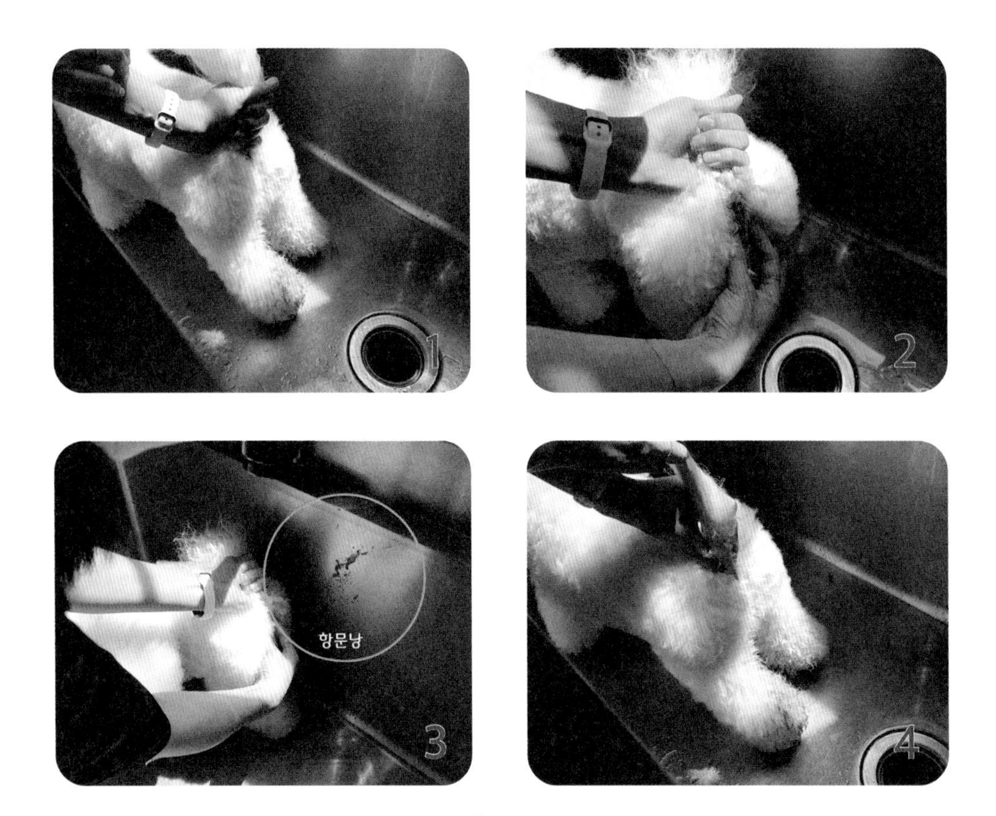

① 욕조로 데려온다.
② 엉덩이를 욕조 벽 쪽으로 향하게 한다.
③ 꼬리를 꽉 잡고 등 쪽으로 올려 항문을 돌출시킨다.
④ 엄지와 검지로 항문의 4시와 8시를 만져 탱탱한 항문낭 위치를 파악하고, 항문낭을 잡은 뒤 아래에서 항문 방향으로 밀어 올려준다는 느낌으로 짜준다. 2~3번 정도 반복한다.
✔ 항문낭액이 스프레이처럼 분사될 수 있기 때문에 엉덩이 방향이 욕조 벽 쪽으로 향해있어야 항문낭액이 사방으로 튀는 것을 방지할 수 있다.
⑤ 물로 항문낭액이 튄 곳을 씻어내고 엉덩이도 헹궈준다.
✔ 항문낭을 만졌을 때 꽉 차서 탱탱한 것을 느꼈으나 2~3번 정도 항문낭 짜는 것을 시도해도 항문낭액이 나오지 않는다면 더 이상 시도하지 않는다. 항문낭선이 막히거나 염증이 있을 수 있으므로 수의사의 진료를 받도록 한다.

2) 샴핑하기

샴핑은 외부 먼지, 때와 피지를 제거하기 위해 욕조에서 희석한 샴푸를 얼굴과 몸에 뿌려 거품낸 후 물로 헹궈내는 작업을 말한다. 샴핑은 피부와 피모를 청결하게 하고, 트리밍하기 쉽게 피모를 가지런히 해준다. 또한 피부의 신진대사와 피모의 발육을 촉진시키는 역할을 한다.

샴푸 종류는 화이트닝, 딥클렌징, 볼륨, 저자극 등 여러 가지 제품이 있으며, 품종, 모색, 모질, 피부 상태, 사용목적 등을 고려해서 제품을 선택한다. 샴핑은 샴푸제로 2번 정도에 걸쳐 하는 것이 기본이고, 첫 번째는 더러움의 80~90%를 제거하고, 두 번째는 아직 남아있는 오염을 완전히 제거하도록 한다. 특히 귀 부분은 기름성분이 많이 축적되어 있는 곳이기 때문에 더 신경 써서 샴핑을 하도록 한다.

준비물 : 희석한 샴푸

✔ 샴푸 희석 시 제품마다 희석비율이 다르므로 제품마다 희석비율을 꼭 확인한 후 사용한다.

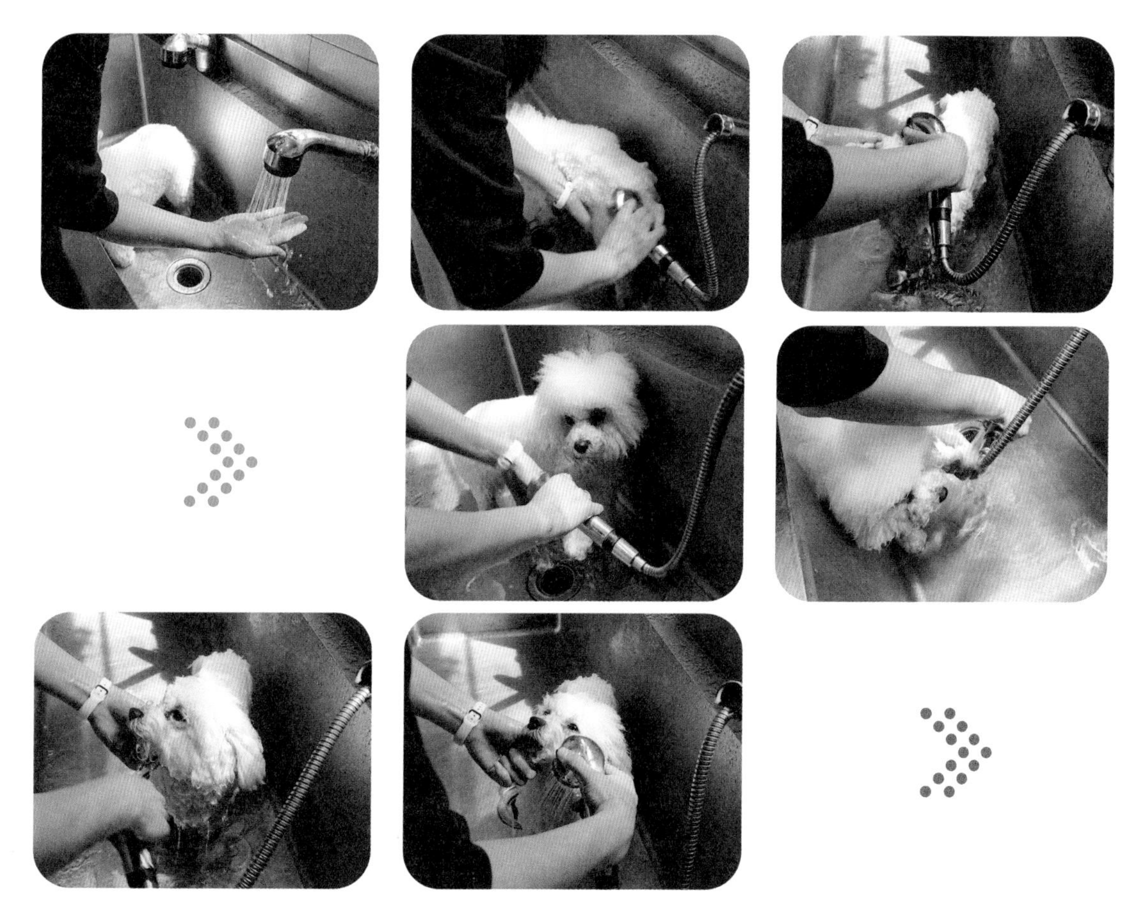

① 물의 온도(39~40도)와 수압을 조절한다.
② 놀라지 않게 천천히 후지 → 전지 → 꼬리 → 엉덩이 → 몸통 → 두부 순으로 물을 적신다.

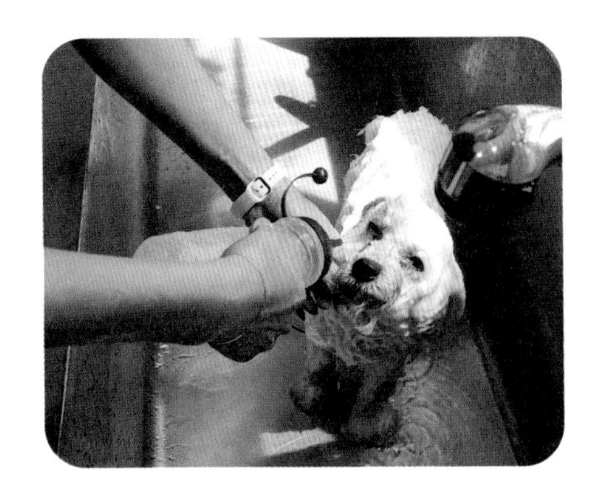

✓ 샤워기의 물줄기가 자극적이거나 물을 무서워하여 얼굴을 씻을 때 거부하는 동물에겐 비어있는 샴푸통에 물을 담아 얼굴을 씻기면 거부감이 덜하다.

③ 등을 따라 적당량의 샴푸를 골고루 도포한다.

✓ 거품통을 이용하여 거품을 만들어 샴핑을 하면 털 손상을 줄일뿐더러 샴푸의 낭비를 막고, 거품이 전신에 골고루 퍼져 효과적인 샴핑을 할 수 있다.

④ 피부를 적당히 자극하여 마사지를 하고, 발가락, 발바닥 사이도 마사지해 주듯이 문질러준다.

⑤ 몸과 발의 샴핑이 끝나면 얼굴에 거품을 도포한다. 눈과 코, 귀에 샴푸액이 들어가지 않도록 주의한다.

⑥ 눈 주변이 눈곱 등 분비물로 지저분할 때에는 안면 빗으로 조심히 제거하고, 분비물이 뭉쳐있다면 온수에 불려 안면 빗을 사용하여 조심스럽게 제거한다.

⑦ 두상 쪽은 최대한 빠르게 샴푸를 한다.

✔ 장모종일 경우 피부는 마사지하듯이 샴푸를 하고, 털은 비비지 말고 조물조물 샴푸하여 엉킴과 털의 손상을 최소화한다. 단모종일 경우 루버 브러시를 이용하여 샴푸 마사지를 해주면 죽은 털 관리가 쉬워진다.

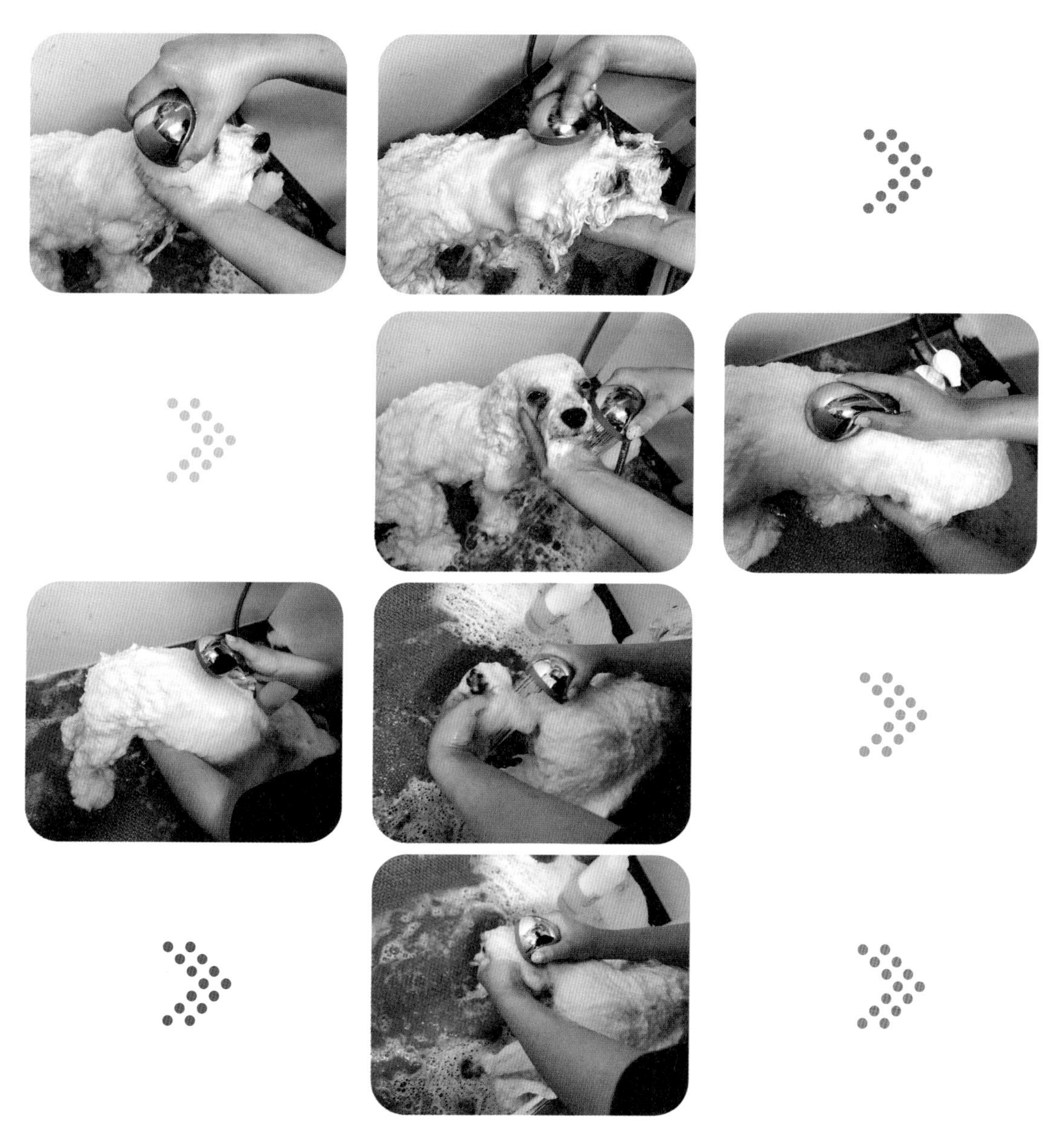

⑧ 물로 헹군다. 턱을 잡아 머리를 뒤로 젖혀 코에 물이 들어가지 않게 머리부터 서서히 아래쪽으로 완전히 씻어낸다.

✓ 보통 두상 쪽에 샤워기를 가져다 대는 것만으로도 강하게 거부하는 경우가 많다. 이때 샤워기를 떨어트려서 씻어내지 말고, 물줄기가 느껴지지 않도록 머리 쪽에 딱 붙여서 비비듯이 씻어낸다. 얼굴뿐만 아니라 몸도 이런 방법으로 씻어내면 거부감이 줄어든다. 그러나 샤워기 자체를 거부하는 예민한 반려동물이라면 소스통에 물을 담아 얼굴을 씻을 때 사용하면 거부감 없이 효과적으로 얼굴을 헹궈낼 수 있다.

⑨ 오염이 심한 경우는 한 번 더 샴핑을 한다.

⑩ 눈 점막, 귀 안쪽, 가슴, 겨드랑이, 배 등 잘 보이지 않는 부위를 헹군다.

✓ 샴푸액 잔여물이 남아 피부에 자극이 되어 질환을 일으킬 수 있으므로 아주 깨끗이 헹구는 것이 중요하다.

3) 린싱하기

샴푸로 인한 알칼리성 피모를 중화시킨다. 린스의 질과 용도에 따라 차이가 나지만 린싱을 함으로써 정전기 방지 효과, 엉킴 방지, 피모에 영양 공급, 피모의 건조를 막아 유연하고 윤기나게 하고, 털의 손상을 회복시켜 줄 수 있다. 또 드라이로 인한 열의 손상을 막기 위한 전처리제 역할도 한다. 린스의 종류는 천연제품, 보습제품, 오일린스제품, 크림형태제품 등 다양한 형태가 있으며, 품종, 모색, 모질, 피부 상태, 사용목적 등을 고려해서 제품을 선택한다.

준비물 : 희석한 린스

✓ 린스 희석 시 제품마다 희석비율이 다르므로 제품마다 희석비율을 꼭 확인한 후 사용한다.

① 린스 희석액을 동물의 전신에 골고루 도포한다.

② 털에 성분이 충분히 스며들 수 있도록 5분 정도 전신을 마사지한다.

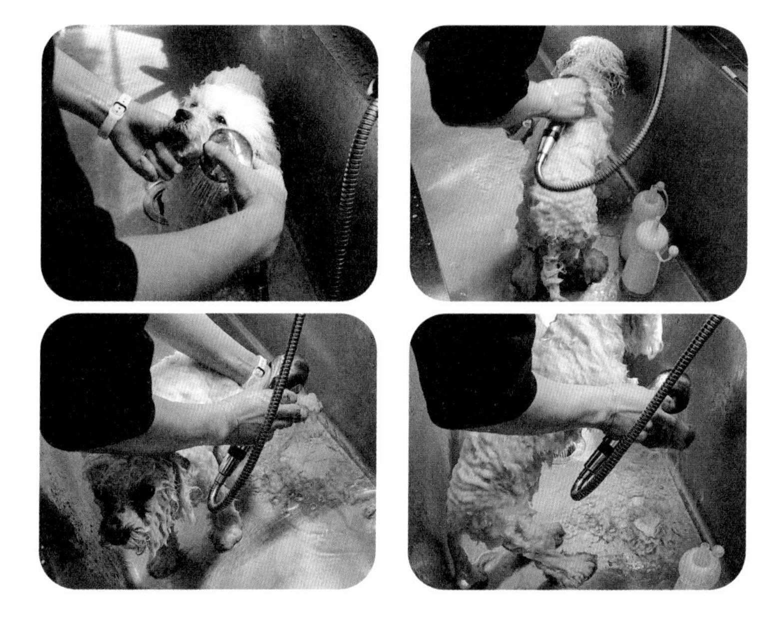

③ 물로 헹군다. 턱을 잡아 머리를 뒤로 젖혀 코에 물이 들어가지 않게 머리부터 서서히 아래쪽으로 완전히 씻어낸다.

④ 몸에 있는 수분을 손으로 눌러 짜 준다.

9단계 타월링하기

목욕 후 물기를 제거하기 위해 타월을 사용한다. 타월링으로 물기 제거가 잘 되었다면 드라이 시간이 현저히 줄어들어 동물의 스트레스는 줄고, 미용사의 작업 효율은 높아진다. 그러나 지나치게 수분을 제거하면 드라잉할 때 피부와 털이 빨리 건조될 수 있으므로 적당한 수분 제거로 털의 습도를 조절할 수 있어야 한다.

① 욕조에서 동물을 꺼내기 전에 타월로 얼굴 먼저 물기를 제거한 후 몸에 물기를 제거한다. 물기 제거 시 타월로 몸을 비비지 말고, 몸에 타월을 감싼 후 꾹꾹 눌러 물기를 타월에 흡수시킨다. 물기로 축축해진 타월은 비틀어 물기를 짜내고, 다시 물기를 제거한다. 물기가 제거될 수 있도록 여러 번 반복한다.
② 물기가 어느 정도 제거되었으면 동물을 타월로 감싸고 드라이할 테이블로 이동한다.

10단계 새킹

드라잉 중 드라이를 하지 않은 곳이 털이 들뜨고 곱슬거리는 상태로 건조되는 것을 막기 위해 털을 말리는 부분이 아닌 부분은 타월로 감싸서 수분이 날아가는 것을 막아준다.

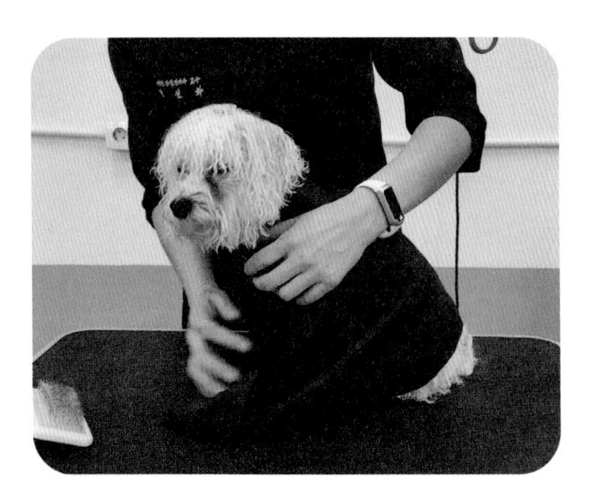

① 드라이를 하는 곳 외에는 건조되지 않도록 타올로 감싸준다.

11단계 드라잉(drying)

드라이어를 사용하여 브러시로 털을 고르게 펴고, 빗으며 말리는 작업을 말한다. 비숑프리제, 푸들과 같이 커트를 필요로 하는 동물은 털의 정방향, 역방향을 번갈아가며, 고르게 펴주며 말려준다. 장모종일 경우 털이 롱코트일 때는 털의 정방향으로 빗질을 하며 말려줘야 한다. 반드시 드라이어는 브러시와 일직선이 되게 위치한다. 드라잉 때 동물의 피부 상태를 확인하면서 드라잉을 실시하고, 피부 등 문제를 발견했다면 그 부분을 기억하거나 사진을 찍어두어 고객에게 반려동물의 특이 사항을 전달한다.

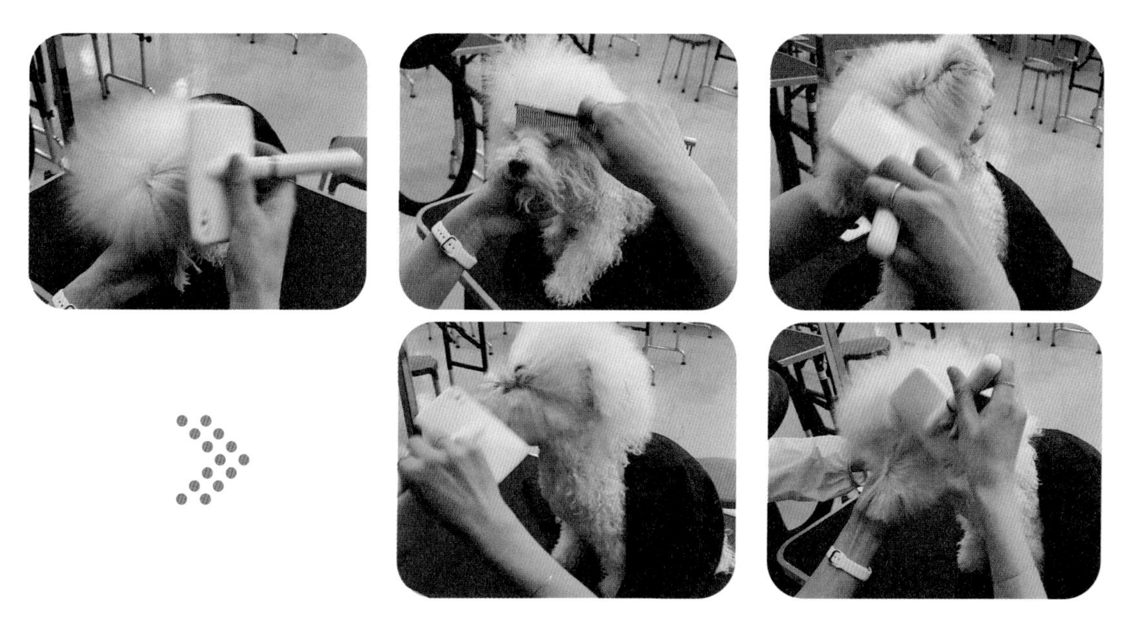

① 드라잉은 순서를 정하여 실시한다.
② 머리와 귀를 빗질하며 드라잉한다. 귀를 드라이할 때에는 손바닥 위에 귀를 올려놓고 부드럽게 드라잉하여야 하며, 귀 끝이 잘 마를 수 있도록 드라잉한다.
✔ 귀는 얇고 예민한 부분이며 잘못된 브러싱이나 드라잉 시 귀에 상처가 날 수 있으므로 주의하며 드라이한다. 또 귀 뒤쪽과 턱 옆 볼 쪽은 브러시에 의한 상처가 잘 나는 곳이므로 각별히 주의해야 한다.

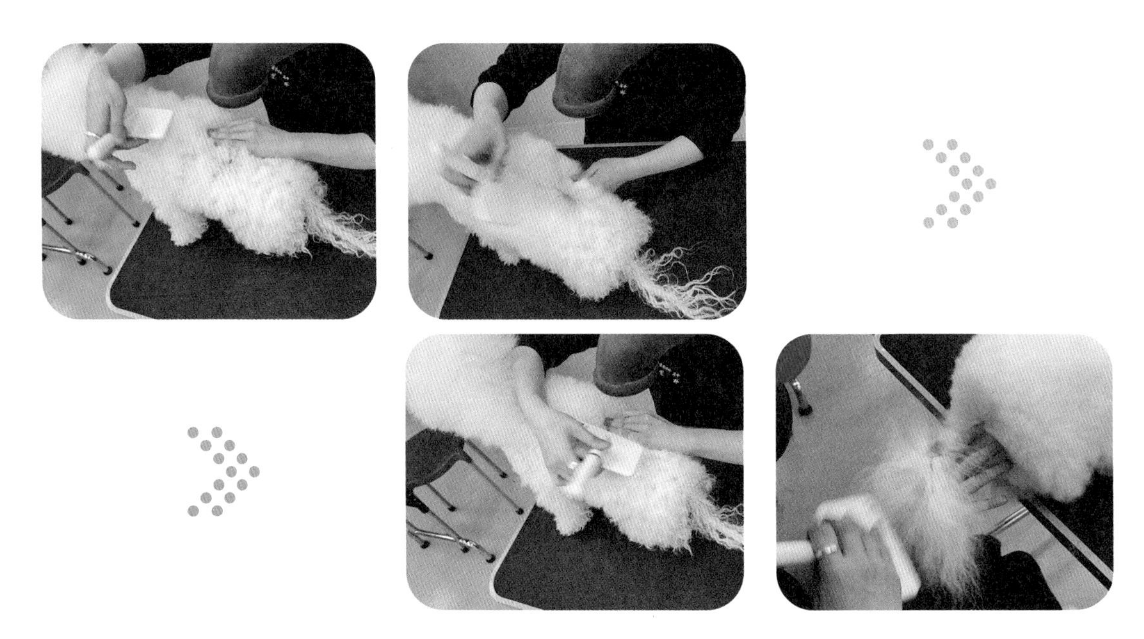

③ 등선을 따라 몸통을 말리고 꼬리까지 드라잉한다. 꼬리 드라잉 시 귀와 마찬가지로 손바닥 위에 꼬리를 올려 놓고 털의 정방향으로 부드럽게 드라잉한다.

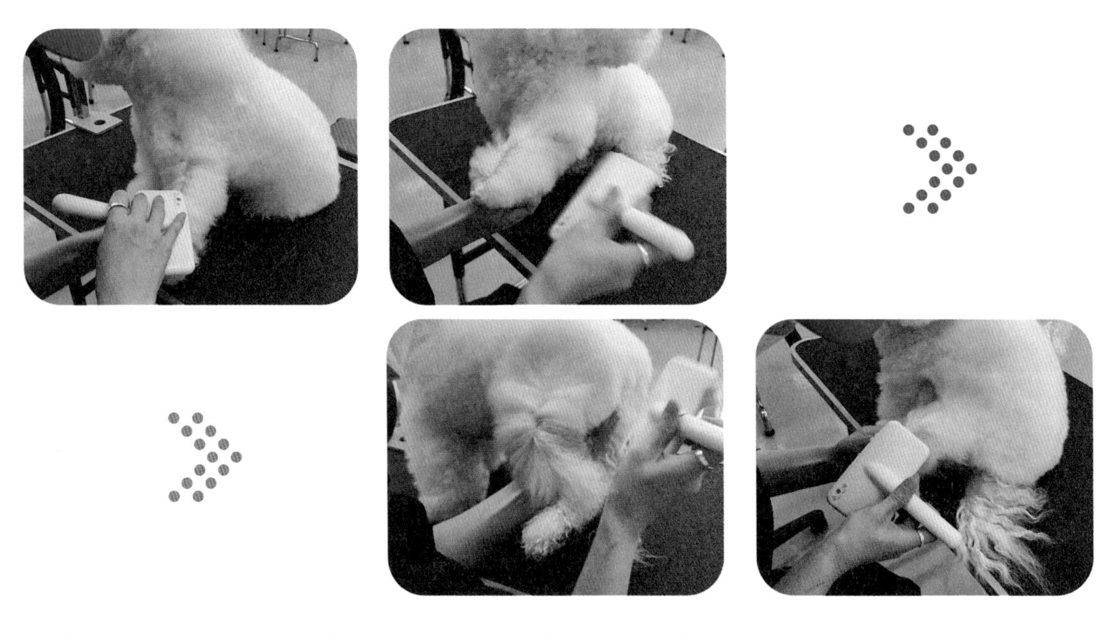

④ 왼쪽 전지, 후지를 드라잉한다. 전지, 후지 드라잉 시 과도하게 잡아당기면 탈골의 위험이 있으므로 가볍게 잡아 드라이한다.

 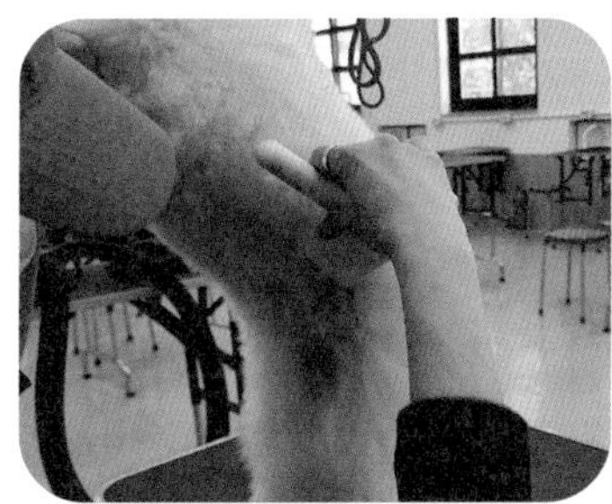 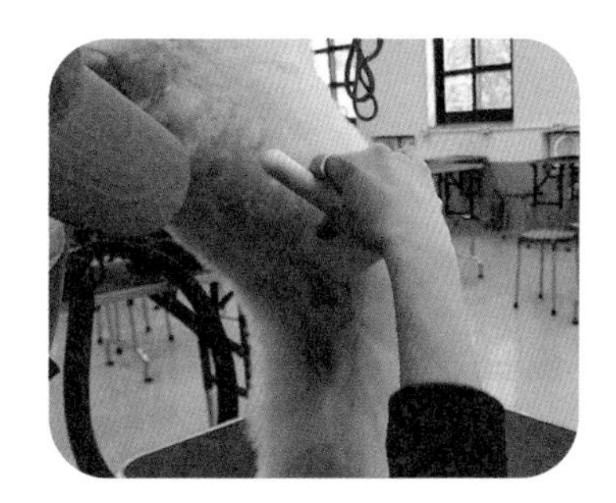

⑤ 배, 가슴을 드라잉한다.

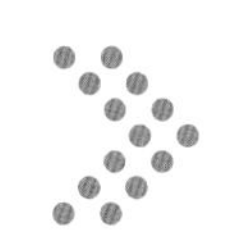 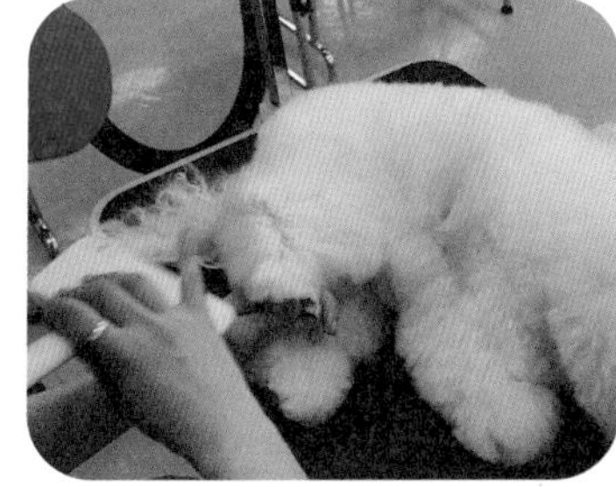 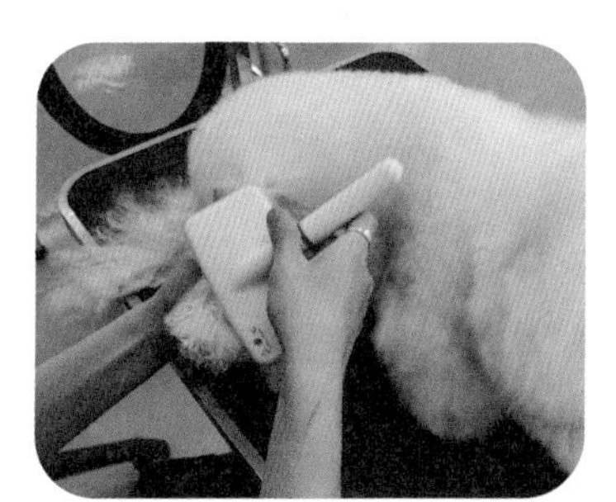

⑥ 오른쪽 전지, 후지를 드라잉한다.
⑦ 기본적인 드라잉이 끝나면 엉킨 털과 죽은 털이 남아있는지 콤으로 체크한다.
⑧ 점검 후 엉킨 곳은 빗질하여 풀어준다.
⑨ 털 관리를 위하여 모발영양제나 미스트를 도포하여 드라잉을 마무리한다.
✔ 노견이나 어린 동물은 몸부터 재빠르게 말려주어 체온이 떨어지지 않도록 주의한다.

12단계 귀 청소하기

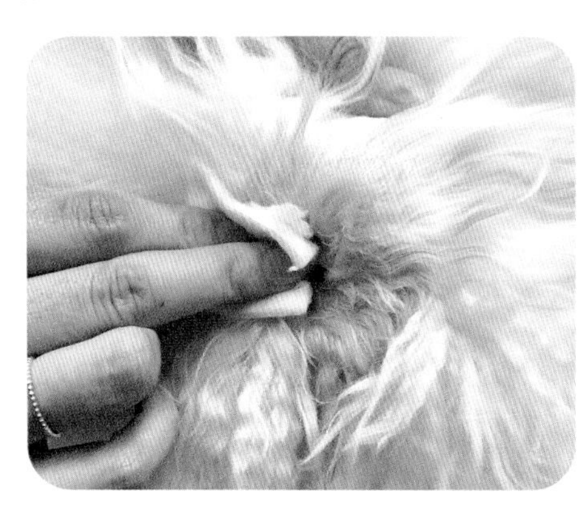
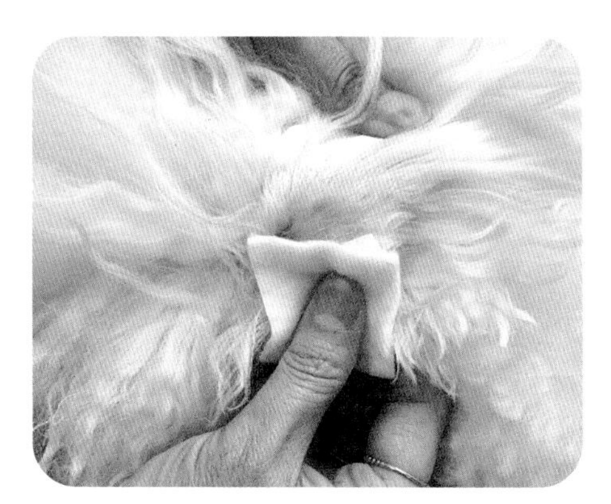

① 남아있는 분비물은 솜에 이어클리너를 소량 도포하여 귀 주위를 다시 한번 닦아준다. 이도 내의 분비물이 남아있다면 겸자에 솜을 말고 이어클리너를 소량 도포한 후 이도 내를 깨끗이 닦아준다.
② 귀가 습하지 않도록 드라이어로 30초~1분 정도 말려준다.

13단계 스타일 완성하기

반려동물의 체형, 털 상태 등을 고려해서 커팅 후 스타일을 완성한다.

RICK DRAGON

RICK DRAGON

Ⅳ

개의 신체적 구조

Ⅳ 개의 신체적 구조

1 개 몸의 구조

1) 개 골격 명칭

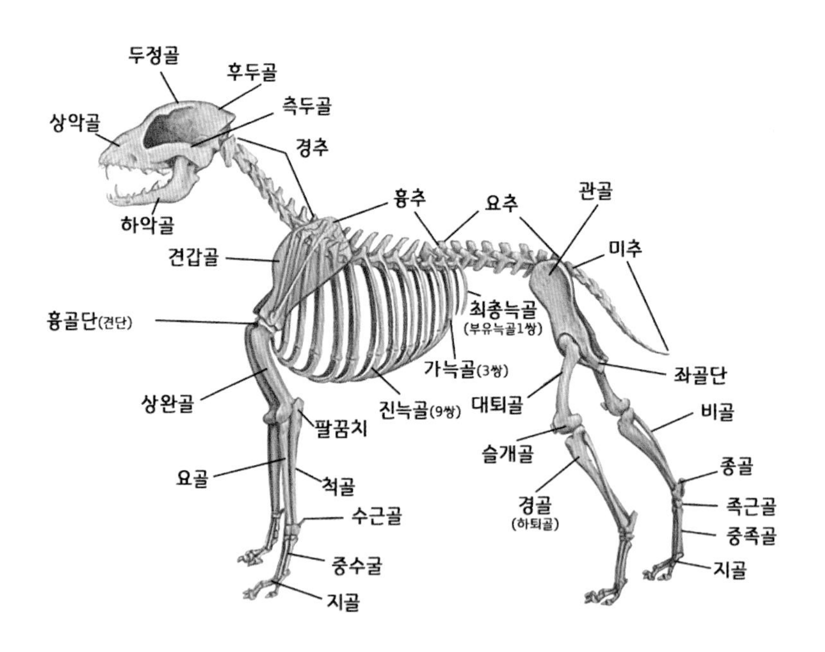

그림 Ⅳ - 1 개 골격 명칭

출처: 최신 애견 대백과 사전(2004). p.46

2) 크기

A 체고(體高): 기갑부 최고점에서 무릎을 거쳐 지면까지

B 체장(體長): 상완골에서 골반골 끝까지 수평거리

C 흉심(胸心): 기갑부에서 가슴 밑부분까지 수직거리

D 두장(頭長): 코끝에서 후두골 첨단까지

E 주둥이: 스탑(stop)에서 코끝까지

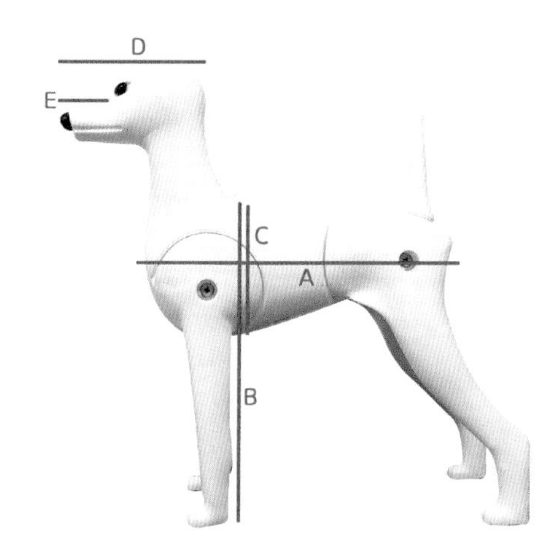

3) 개의 전구, 중구, 후구

보통 미용을 할 때에 후구 → 전구 → 두상 → 중구 순으로 시저링한다. 미용 시 미리 순서를 정해놓고 하면 작업 효율성이 높아진다.

전구는 흉골단에서 팔꿈치(엘보우)까지를 말한다.

중구는 팔꿈치(엘보우)부터 관골 시작점까지를 말한다.

후구는 관골 시작점부터 비절까지를 말한다.

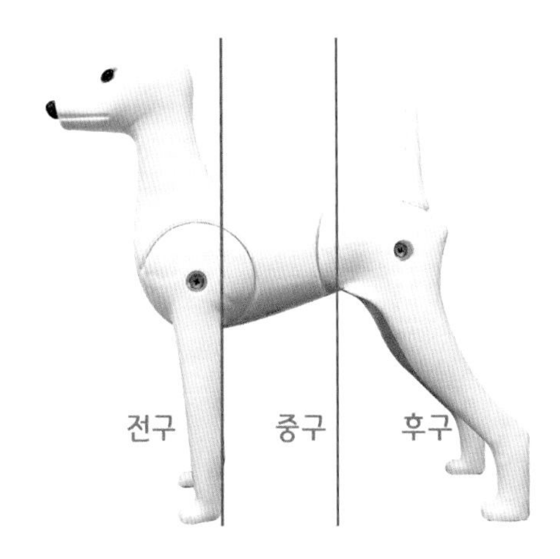

4) 개의 체형

각 품종별로 기준이 있어 그 이상과 이하는 인정하지 않는다. 견종별 크기, 체중은 아주 다양하다. 그러나 반려동물의 다리길이, 몸통길이에 따른 특성을 파악해야 하며, 반려동물의 체형이 안정적으로 보이기 위해 미용스타일을 찾고 단점을 보완하여 미용해야 한다. 개의 체형은 보통 스퀘어 타입, 드워프 타입, 하이온 타입으로 나뉜다.

체형	비율		
스퀘어 타입	체장	=	체고
하이온 타입	체장	<	체고
드워프 타입	체장	>	체고

(1) 스퀘어 타입

체장 : 체고 길이가 1:1의 이상적인 체형이다.

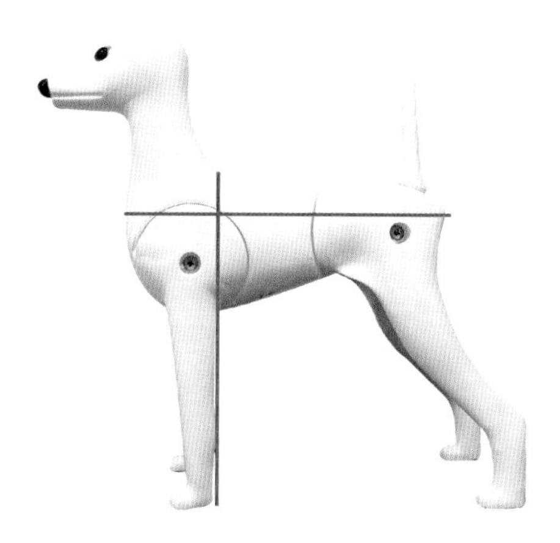

(2) 하이온 타입

체장보다 체고가 높은 체형으로 몸에 비해 다리가 길다. 하이온 타입의 신체적 단점을 보완하고, 안정적으로 보이게 미용하기 위해서는 다음과 같이 미용을 진행한다.

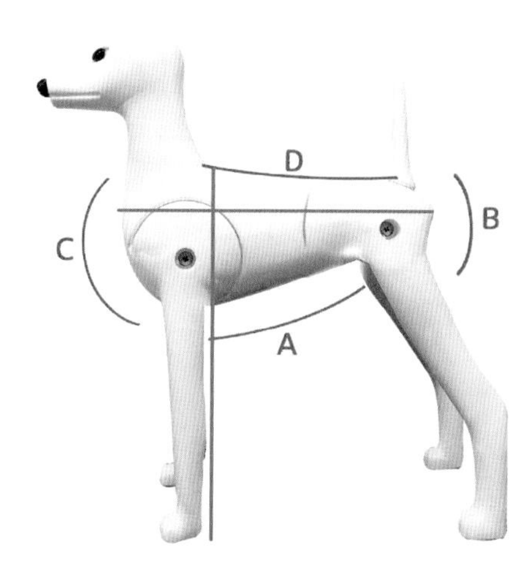

1) 언더라인(A)의 털을 아래로 길게 남겨 다리를 짧아 보이게 한다.

2) 흉골단(C) 앞부분과 좌골단(B) 뒷부분 털을 길게 남겨 체장이 길어 보이게 한다.

3) 백라인(D) 부분을 짧게 커트하여 목이 길어 보이게 하고 체고가 짧아 보이게 한다.

(3) 드워프 타입

체고보다 체장이 긴 체형으로, 몸이 다리에 비해 길다. 드워프 타입의 신체적 단점을 보완하고, 안정적으로 보이게 미용하기 위해서는 다음과 같이 미용을 진행한다.

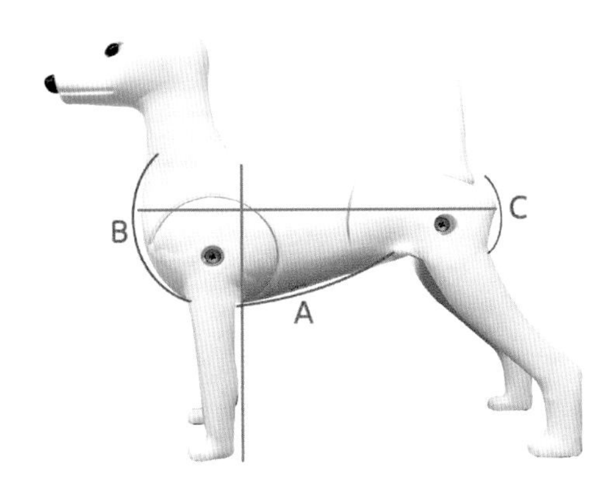

1) 언더라인(A)의 털을 최대한 짧게 커트하여 다리를 길어 보이게 한다.
2) 흉골단(B) 앞부분과 좌골단(C) 뒷부분 털을 최대한 짧게 커트하여 체장이 짧아 보이게 한다.

5) 램클립

램클립은 어린 양의 모습에서 나온 미용스타일로 푸들의 클립 중에서 가장 기본적인 미용방법이다. 체형의 기본인 스퀘어 타입의 형태를 만드는 것이 가장 기본이며, 현재 미용스타일의 대부분은 램클립을 기본에서 변형한 컷들이다. 램클립은 어느 방향에서 보아도 각이 없이 부드러운 라운드 형으로 미용하는 것이 특징이다.

(1) 램클립 명칭

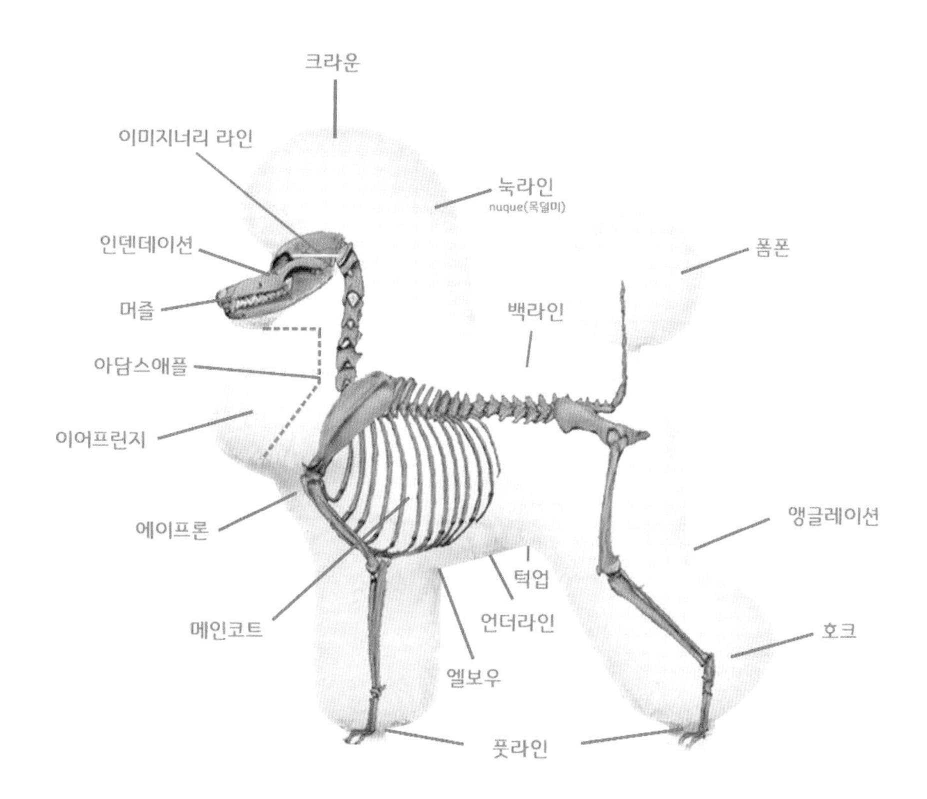

그림 IV - 2 램클립 명칭

V

위그로 램클립 자르기

V / 위그로 램클립 자르기

1 반려견스타일리스트 자격규정

미용을 처음 시작하거나 커트 연습을 하고자 할 때 도그 견체에 위그를 입혀 연습을 한다. 현재 (사)한국애견협회 『국가공인 반려견스타일리스트』 자격증은 평가의 기본인 객관성과 공정성을 기하고 동물복지를 위함에 위그로 시험을 치르고 있다.

1) 국가공인 반려견스타일리스트 자격증이란?

『국가공인 반려견스타일리스트』(구 애견미용사) 자격은 다양한 견종에 대한 능숙한 미용능력, 그리고 미용교육을 할 수 있는 전문가적인 지식과 기술능력 등을 검정하는 것을 직무내용으로 하는 자격으로, 소지자가 산업현장에서 전문적인 역할을 수행할 수 있도록 하는 것을 목표로 하고 있다. NCS(국가직무능력표준)를 활용하여 구축한 자격체계를 통해 표준화된 내용과 기준으로 자격검정을 시행하고 있으며, 2019년 11월 농림축산식품부장관의 공인을 받은 국가공인 민간자격이다.

민간자격의 국가공인제도는 자격기본법 제17조에 의거 국가 외의 법인·단체 또는 개인이 관리·운영하는 민간자격 중에서 사회적 수요에 부응하는 우수 민간자격을 같은 법 제19조에 의거 민간자격관리자의 신청으로 한국직업능력연구원의 장이 민간자격의 필요성, 자격검정의 기준, 관련국가자격과의 호환성 등에 관하여 조사·연구를 하고, 자격정책심의회의 심의를 거쳐 관계 중앙행정기관의 장이 공인*해 주는 제도로서 2021년 6월 현재 42,759개의 민간자격

중 공인을 받은 것은 97개 종목이고, 그중 반려동물 관련 분야의 자격은 반려견스타일리스트 1개 종목이 있다. 또한 자격기본법 제30조(자격취득자에 대한 우대)에 의거 국가 및 지방자치단체, 사업주는 공인자격을 취득한 자를 우대할 수 있도록 하고 있다.

* "공인"이란 자격의 관리·운영 수준이 국가자격과 같거나 비슷한 민간자격을 자격기본법에서 정한 절차에 따라 국가가 인정하는 행위를 말함(자격기본법 제2조)

2) 반려견스타일리스트 자격규정

(1) 시험안내

가. 검정방법 및 합격기준

검정방법	검정시험형태	합격기준
필기시험	5지선다형 객관식	100점 만점에 과목별 40점 이상 취득, 전 과목 평균 60점 이상 취득 필기시험 합격은 합격자 발표일로부터 만 1년간 유효함
실기시험	위그를 이용한 기술시현	100점 만점에 60점 이상 취득

나. 검정과목

필기는 등급별 시험과목이 정해져 있으며, 5지선다형 객관식문제로 총 50문제가 출제된다. 100점 만점에 과목별 40점 이상 취득, 전 과목 평균 60점 이상 취득해야 한다. 필기시험을 합격한 후 실기시험에 응시할 수 있다. 필기시험 합격 유효기간은 만 1년간 유효하다. 필기시험 출제 영역은 애완동물미용 NCS학습모듈에 수록된 내용과 애견미용에 대하여 일반적으로 통용되는 용어·지식 등을 기반으로 출제된다.

실기는 푸들 클립 등급별로 시험과제가 정해져 있다. 3급은 램클립으로 시험과제가 출제되고, 2급은 맨하탄클립, 볼레로맨하탄클립, 소리터리클립, 다이아몬드클립, 더치클립, 피츠버그 더치클립 총 6가지 응용클립에서, 1급은 잉글리쉬새들클립, 컨티넨탈클립, 퍼피클립 총 3가지 쇼클립 중 시험 당일-시험 시작 전 1가지 클립을 등급별로 시험과제로 발표한다. 응시한 수험자는 시험과제에 맞게 기술시현을 하면 된다. 당연히 수험자는 본인이 시험을 볼 등급의 시험과제를 모두 숙지해야 한다.

등급	검정방법	시험과목(분야 또는 영역)	시험방법 및 시험과제
1급	필기	1. 반려견 일반미용3(25) 2. 반려견 고급미용(25)	총 25문항(30분) 5지선다형 객관식
	실기	반려견 쇼미용	기술시현(120분) 1. 잉글리쉬새들클립 2. 컨티넨탈클립 3. 퍼피클립
2급	필기	1. 반려견 일반미용2(25) 2. 반려견 특수미용(25)	총 50문항(60분) 5지선다형 객관식
	실기	반려견 응용미용	기술시현(120분) 1. 맨하탄클립 2. 볼레로맨하탄클립 3. 소리터리클립 4. 다이아몬드클립 5. 더치클립 6. 피츠버그더치클립
3급	필기	1. 반려견 미용관리(20) 2. 반려견 기초미용(10) 3. 반려견 일반미용1(20)	총 50문항(60분) 5지선다형 객관식
	실기	반려견 일반미용	기술시현(120분) 1. 램클립

다. 필기시험 출제영역

애완동물미용 NCS학습모듈에 수록된 내용과 애견미용에 대하여 일반적으로 통용되는 용어·지식 등을 기반으로 출제된다.

✔「NCS학습모듈」 찾기 : www.ncs.go.kr → NCS 및 학습모듈검색 → 분야별 검색 → 24.농림어업 → 02.축산 → 01.축산지원개발 → 06.애완동물미용

3급

시험과목	학습	학습내용(NCS학습모듈)
반려견 미용관리	안전·위생관리	1. 안전 교육하기
		2. 안전 장비 점검하기
		3. 미용 숍 위생 관리하기
		4. 작업자 위생 관리하기
	기자재관리	1. 미용 도구 관리하기
		2. 미용 소모품 관리하기
		3. 미용 장비 유지·보수하기
	고객 상담	1. 고객 응대하기
		2. 고객 관리 차트 작성하기
		3. 애완동물의 상태 확인하기
		4. 스타일 상담하기
		5. 작업 후 고객 상담하기
반려견 기초미용	목욕	1. 빗질하기
		2. 샴푸하기
		3. 린스하기
		4. 드라이하기
	기본미용	1. 미용 도구 활용하는 방법 파악하기
		2. 발톱 관리하기
		3. 귀 관리하기
		4. 기본 클리핑하기
		5. 기초 시저링하기
반려견 일반미용1	일반미용	1. 개체 특성 파악하기
		2. 클리핑하기
		3. 시저링하기
		부록 1. 트리밍 용어

2급

시험과목	학습	학습내용
반려견 일반미용2	일반미용	부록 4. 견체 용어
반려견 특수미용	응용미용	1. 응용 스타일 구상하기
		2. 도구 응용 사용하기
		3. 응용 스타일 완성하기
	염색	1. 염색 준비하기
		2. 염색 작업하기
		3. 염색 마무리하기

1급

시험과목	학습	학습내용
반려견 일반미용3	일반미용	부록 2. 피부와 털
		부록 3. 모색
반려견 고급미용	쇼 미용	1. 품종 표준 미용 파악하기
		2. 테이블 매너 훈련하기
		3. 쇼 미용 커트하기
		4. 쇼 미용 스트리핑하기
		5. 쇼 미용 메이크업하기
	장모관리	1. 장모종 브러싱하기
		2. 장모종 목욕하기
		3. 장모종 드라이하기
		4. 장모종 래핑·밴딩하기

라. 응시자격

공통 : 연령, 학력 제한 없음.

등급	세부내용
1급	2급 자격 취득 후 1년 이상의 실무경력 또는 교육 훈련을 받은 자
2급	3급 자격 취득 후 6개월 이상의 실무경력 또는 교육 훈련을 받은 자
3급	제한 없음

1. 자격 취득일: 해당 자격증 발급일자(합격자 발표일)
2. 지정기간 충족시점
   가) 6개월은 180일, 1년은 365일, 3년은 1,095일로 계산
   나) 「충족시점」이 필기시험 원서접수 기간 중이어야 함
   다) 원서접수 일자 및 제출서류 발급일자는 「충족시점」 이후이어야 함
   라) 기관의 확인서엔 반드시 기관의 직인 날인이 있어야 함

마. 시험결과 확인

보통 시험 응시 후 관련 사이트에서 일주일 안으로 합격 여부를 조회할 수 있다.

(2) 수험자 유의사항

가. 시험 당일 유의사항

	항목	세부내용
공통 사항	1. 신분증 지참	✓ **사용 가능한 신분증(만 18세 이상 성인)** – 주민등록증(분실 시 '주민등록증 발급신청 확인서' 원본) – 운전면허증, 국가자격증, 국가기술자격증, 국가공인민간자격증, 기간 만료 전의 여권 – 모바일 운전면허증의 경우 직접 앱에서 생성된 화면만 유효하게 인정됨 ✓ **사용 가능한 신분증(만 18세 미만)** – 학생증, 청소년증(분실 시 '청소년증 발급신청 확인서' 원본) – 기간 만료 전의 여권 ✓ **응시불가 사례** – 신분증 사본 – 휴대전화로 촬영된 신분증 사진 – 대학생, 대학원생 학생증 – 유효기간이 만료된 신분증 – 이름, 사진, 생년월일, 학교직인 중 어느 하나라도 없는 신분증

	항목	세부내용
공통 사항	2. 수험표 지참	수험표가 없으면 수험자 본인의 시험실 확인이 어렵고 필기시험 답안지에 수험번호 표기 시 잘못 기재할 우려가 있음
	3. 입실시간 준수	시험 시작 전 유의사항과 제반 요령에 대해 설명하고 수험자 확인, 준비물 사전 검사(실기시험)를 함
	4. 감독위원 안내 경청 및 준수	감독위원은 규정에서 정한 내용과 절차에 따라 안내함. 감독위원의 안내사항을 거부하거나 소란을 야기할 경우 향후 응시가 제한될 수 있음
	5. 휴대폰 OFF	시험실 내에서 휴대폰 전원은 반드시 꺼두어야 함
	6. 스마트워치 착용 및 반입금지	녹음, 촬영, 메시지 수발신 등의 기능이 있는 전자기기는 사용하거나 반입할 수 없음
	7. 한시적 적용	코로나 사태가 종식될 때까지 반드시 입실시 발열체크, 손소독제 사용, 마스크 착용을 의무화하고 있음. 또한 페이스실드, 위생장갑 착용을 허용함 (*공인자격관리자에게 문의할 것)
필기	1. 수성 사인펜 지참	컴퓨터용 검은색 수성 사인펜 지참. 수정 테이프는 시험실에서 대여 가능함. 답안카드 작성 시 연하게 표시되어 전산 판독이 불가능할 경우 전적으로 수험자 귀책임
	2. 시험지 반납	다음 해당자는 채점 대상에서 제외되며 3년간 응시할 수 없음 – 퇴실 시 시험지를 감독위원에 반납하지 않은 자 – 시험지를 외부로 유출 또는 기도한 자
	3. 시험 완료자	시험시간 1/2 경과 후 퇴실 가능
실기	1. 위그 이용	평가의 기본인 객관성과 공정성을 기하고 동물복지를 위함
	2. 수험자 유의사항과 준비물 기준 숙지	관련 기준을 항목별로 충분히 숙지해야 함
	3. 기타 유의사항	– 미용도구는 사전에 충분히 충전 – 준비물은 사전 검사 개시 이후엔 수정이나 보완 불가 – 준비물은 수험자가 준비한 것으로 시험감독이 검사한 것만 사용 가능 – 감독위원의 안내 사항을 경청하고 준비물은 사전 검사 전 보완 – 왼손잡이도 오른손잡이와 동일한 방향으로 작업 – 테이블에 암 및 매트 설치 불가 – 의자에 앉아 작업 불가 – 실견을 미용한다는 개념을 갖고 작업

	항목	세부내용
실기	3. 기타 유의사항	– 시험 시작 전과 시험 종료 후 사진 촬영에 협조 – 실격의 경우에도 검정료 환불 불가 – 미용작업 중 테이블 위에 미용도구 보관 금지 – 수험자 확인 후 신분증, 수험표를 미용테이블이나 바구니에 보관 금지 – 미용작업에 필요한 것 이외의 물건은 별도 장소에 보관 – 시험실에 반입하는 모든 물품(가방류 및 소지품 포함)에 소속, 이름 및 이를 의미하는 로고 등 표시 금지

나. 시험 준비물 기준

가) 위그 및 견체모형

① 위그(시험실 입실 전 브러싱 완료)와 견체모형은 모두 수험자가 지참하고 시험실에 입실. 위그의 체결 방식은 단추, 걸이, 벨크로 등 제한 없음

② 위그(귀, 꼬리털, 체결 부위 포함)와 견체모형, 꼬리뼈는 모두 하얀색에 어떠한 패턴, 표시, 표기, 부착물, 훼손, 변형 금지

③ 견체모형(꼬리뼈 포함)은 하얀색의 딱딱한 재질에 모든 다리 부위가 움직일 수 있어야 하고 부착물, 표시, 표기가 없어야 하며 훼손 또는 변형 금지

✓ 구매 시점이나 방법(인쇄, 부착 등)에 관계없이 일체의 표시나 부착물 금지(예: 제조업체명, 상표명, 로고 등)

④ 【선택】 배의 벨크로 부분을 꿰맬 필요가 있을 경우 하얀색 실만 사용

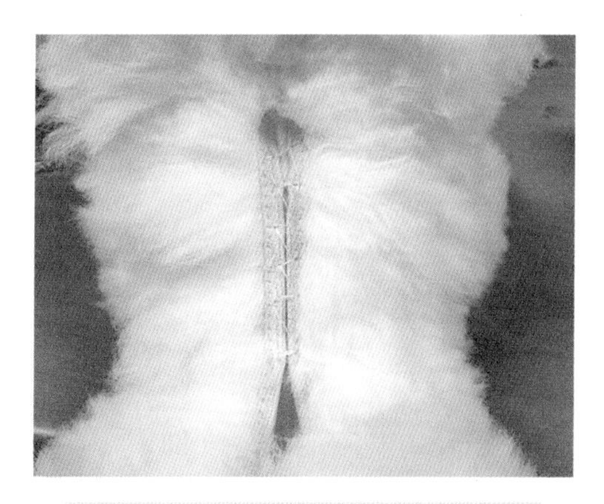

그림 V - 1 배 아랫부분을 실로 꿰맨 경우

⑤ 시험실의 테이블에서 위그의 머리는 수험자의 오른손 방향에 위치

그림 V - 2 견체 머리 위치

출처: 국가공인 반려견스타일리스트 자격검정-수험자유의사항-위그 및 견체 기준

나) 털 길이

① 털 길이는 잡아당김 없이 자연 상태에서의 최소 길이를 말함

② 1급: 머즐, 셋업부위, 메인코트는 13cm 이상, 기타 부위는 7cm 이상이어야 함

③ 2급, 3급: 모두 7cm 이상이어야 함

등급	시험과목	해당 클립	털 길이(cm)	
			머즐, 셋업 부위, 메인 코트	기타 부위
1급	쇼미용	잉글리쉬새들클립, 컨티넨탈클립, 퍼피클립	13	7
2급	응용미용	맨하탄클립, 볼레로맨하탄클립, 소리터리클립, 다이아몬드클립, 더치클립, 피츠버그더치클립	7	7
3급	일반미용	램클립	7	7

다) 눈, 코, 꼬리 및 꼬리털

① 눈, 코, 꼬리 및 꼬리털은 모두 준비해서 입실해야 함

✔ 눈, 코는 중복 준비 가능하나 꼬리, 꼬리털은 중복 준비 불가능함
✔ (선택) 눈, 코 장착 시 글루건이나 본드 사용 가능

② 눈은 아몬드형, 코는 입술이 없는 검은색만 허용

③ 꼬리털은 견체에 검은색 밴드로 고정하고, 작업은 견체에 부착 후 시작

그림 V - 3 꼬리 밴드 고정

✔ 꼬리털은 견체에 탈부착이 수시로 가능하나 미용작업 시에는 반드시 견체에 부착한 후 작업해야 한다.

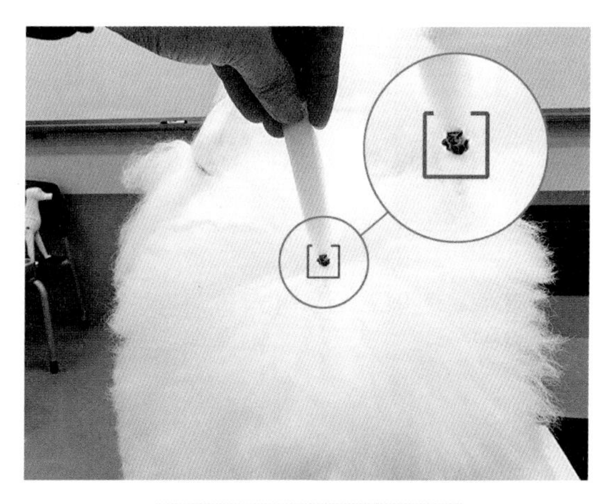

그림 V - 4 꼬리 밴드 위치

✔ (선택) 꼬리 위치 표시: 해당 부위 털을 1 x 1cm 이내의 크기로 밴딩(검은색)

라) 귀털과 밴딩

① 다음과 같이 사전에 준비하여 시험실에 입실

- 양 갈래로 묶는 것만 허용(땋거나 위로 묶거나 코반 등 사용 금지)
- 양쪽 귀를 따로 밴딩
- 밴딩은 검은색만 허용

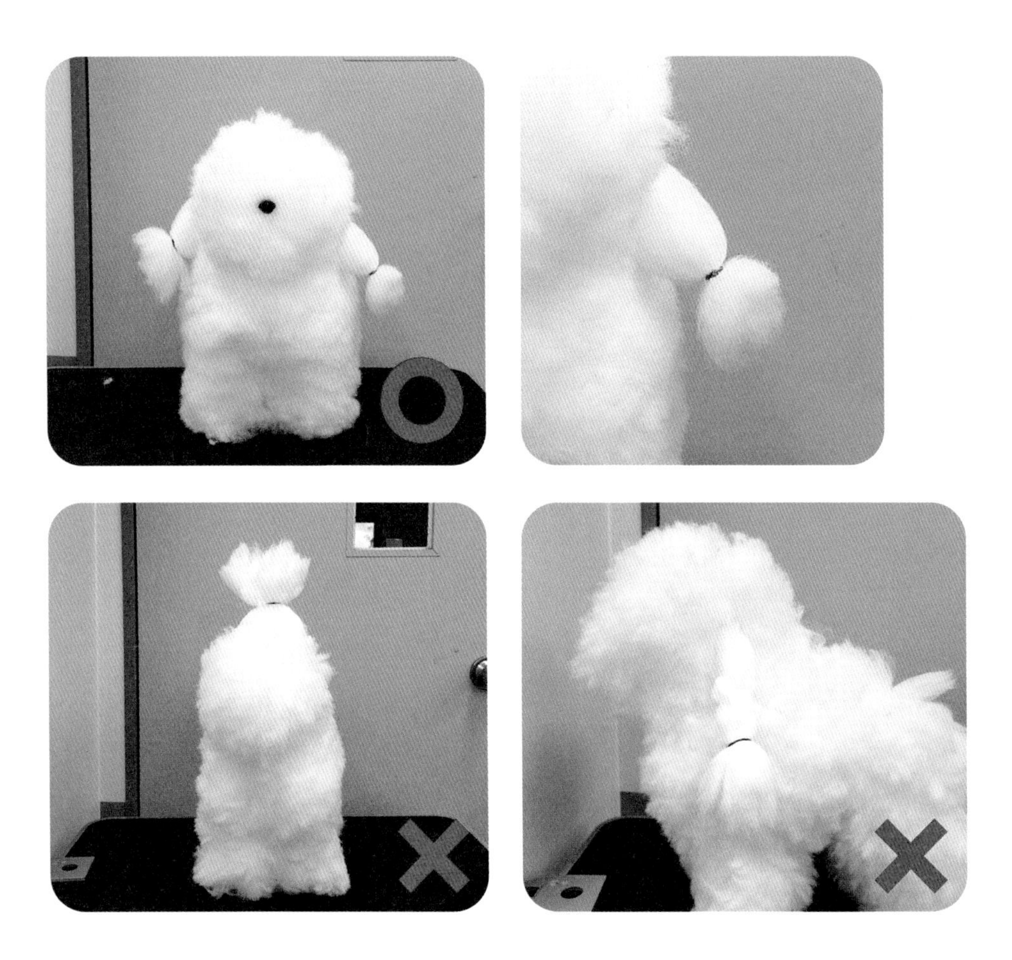

✔ 시험 시작 후 귀의 털을 머리 위로 밴딩으로 묶어 작업 가능하다.

마) 쇼 미용은 셋업 부위의 털을 한 개로 밴딩(이미지너리 라인의 구분은 패턴 표시로 간주될 수 있으므로 눈이 가려지도록 밴딩)

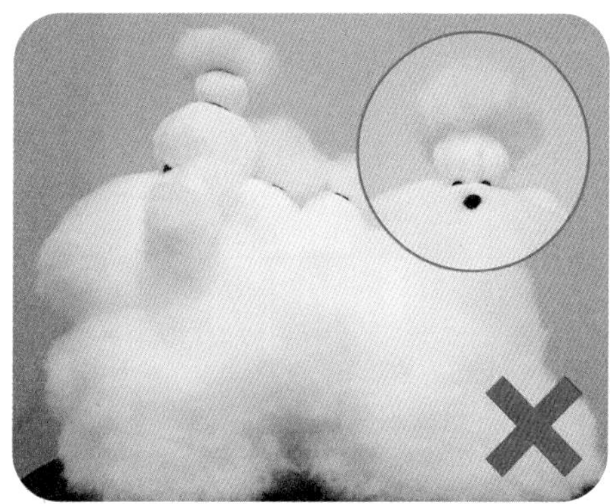

바) 발과 다리

① 모든 다리 부위의 털은 견체의 발목 부위에 검은색 밴드로 고정

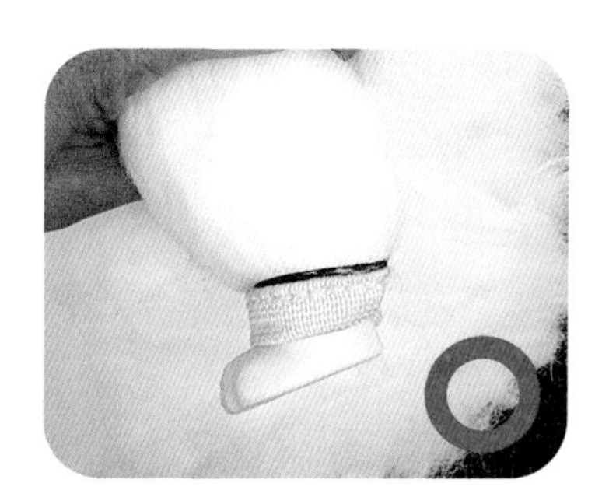
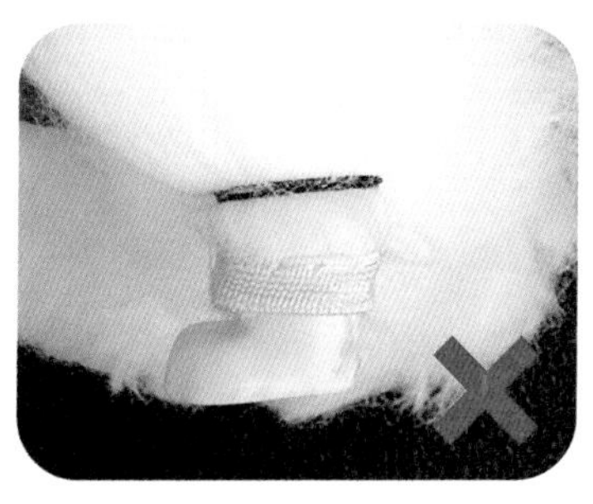
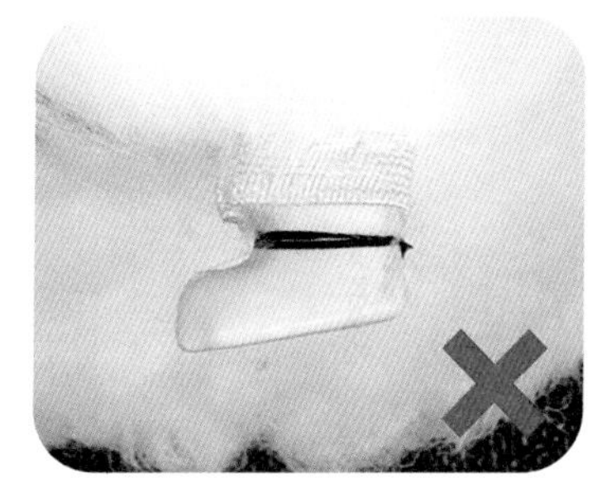

그림 V - 5 발목 부위 밴드 고정

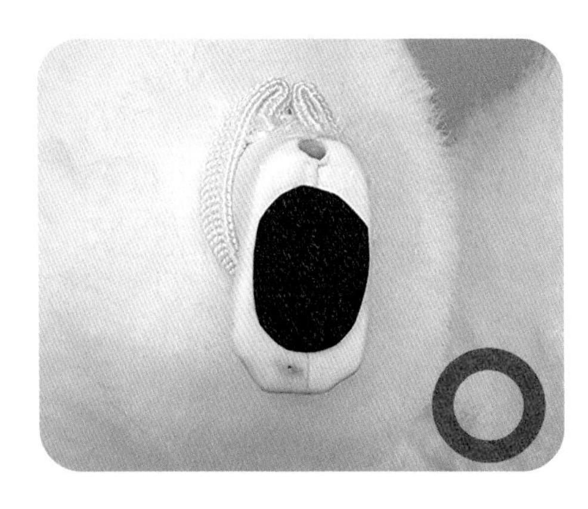
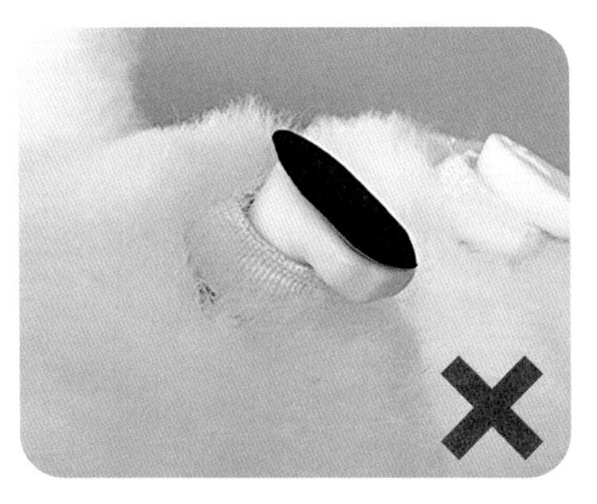

그림 V - 6 발바닥 패드 부착

✓ (선택) 수평 유지 등 필요시 총 3개 이하의 발바닥 부위에 발바닥보다 작은 크기로 검은색 패드 부착

사) 밴드

모델견용 모든 밴드는 실견에 통상적으로 사용하는 재질의 검은색

다. 미용도구 기준

1) 미용도구

① 시판 상태 그대로 사용(단, 상표나 스티커, 테이프 등은 입실 전 제거)

② 3급은 블런트 가위만 사용(길이, 색상, 폭 제한 없음)

③ 사전에 충분히 충전(시험 중 전기시설 이용 금지)

✓ (선택)

- 가위의 부착물: 고무링만 허용(색상 제한 없음)
- 몸에 착용하는 가위집: 검은색이고 표기·무늬·모양이 없어야 함(예: 프린트, 엠보싱, 오려내기 등)

2) 바구니

미용도구를 바구니에 담아 입실한다.

① 모양이나 무늬가 없는 하얀색(손잡이, 받침 부위 등 일체 하얀색이어야 하고 바구니의 구멍으로 모양, 무늬 표현 또는 스마일·하트·곰돌이·강아지 등의 모양이 없어야 함)

② 규격(cm): 사각형 가로 30~35, 세로 20~25, 높이 5~10

③ 상표·스티커 부착이나 이름 등 모든 표기 금지

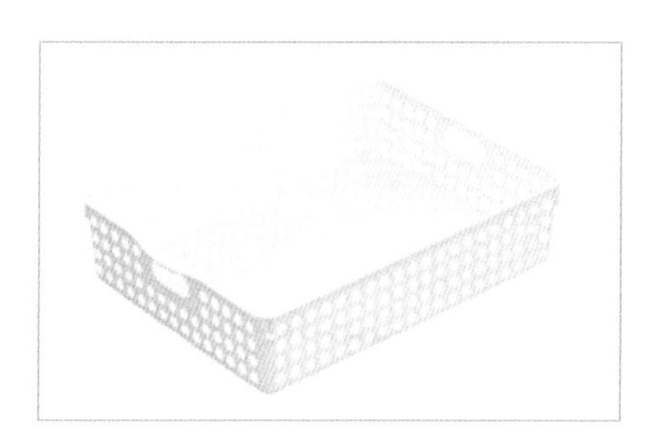

그림 Ⅴ - 7 시험용 바구니

라. 복장기준

(1) 가운

① 색상: 무늬가 없는 검은색

② 소재: 털이 붙지 않는 것(중량·조직·두께 제한 없음)

③ 모양: 상의와 긴 바지(사이즈, 디자인, 카라, 소매, 주머니, 체결방식에 제한 없음)

④ 기타

- 표시 등 가림용 테이프 부착, 헝겊 덧대기 금지
- 가운 외부에 무늬 표시·큐빅·마크·태그 등 금지
- 가운 위에 다른 옷 착용 금지

⑤ 가운 안에 입은 옷

- 검은색이어야 하며 디자인, 소재 등 제한 없음
- 무늬가 있거나 표식, 큐빅 등 금지

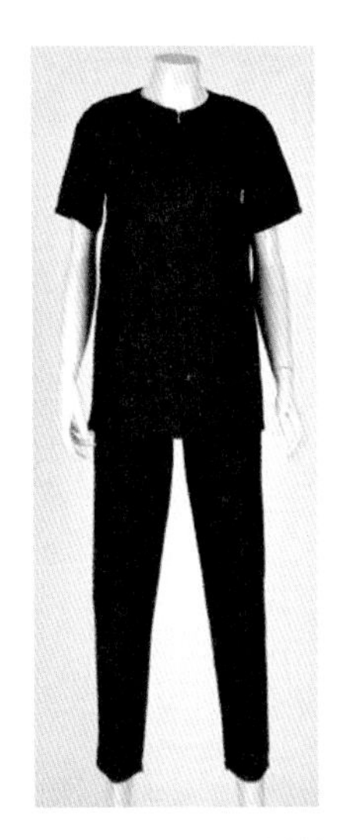

그림 V - 8 시험용 가운

(2) 액세서리 등

① 액세서리

- 귀걸이, 목걸이, 반지, 팔찌, 피어싱 등 모든 유형 금지
- 헤어핀, 머리끈: 리본, 무늬, 장식 등이 없는 검정색만 허용

② 손톱: 매니큐어, 네일아트 금지

③ 모자, 두건 착용 금지

④ 밴드: 몸에 부착한 밴드는 모두 살색

⑤ 가운 밖으로 노출되는 문신은 작업 중에도 보이지 않도록 가려야 함. 긴소매(가운, 가운 안에 입은 옷 무관), 검은색 토시, 살색 밴드 이용

※ 【선택】

- 시계, 전자기기: 녹음, 촬영, 통신 등의 기능이 있는 것은 금지
- 마스크: 하얀색(재질, 모양 제한 없음)

반려견스타일리스트 수험자 복장 기준

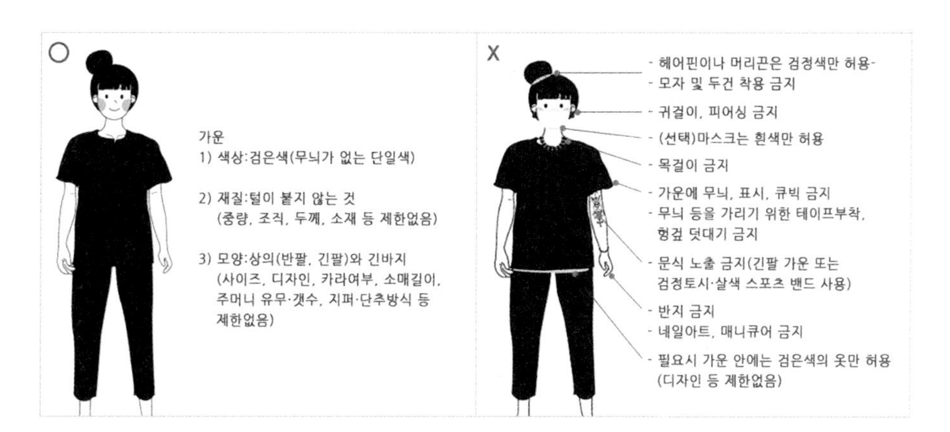

마. 실기 작업기준

1. 준비물

① 사전 검사 개시 이후엔 수정·보완 금지

✔ 사전 검사 전 수험자규정, 준비물규정 등 안내방송이 나올 때 본인이 준비한 것 중 틀린 부분이나 애매한 부분이 있으면 즉시 수정 또는 가져온 가방 속에 넣는 것이 좋다.

② 수험자가 준비한 것으로 시험감독이 검사한 것만 사용 가능

✔ 사전 검사 후에는 새로 가져오거나 교체 등을 할 수 없다.

2. 테이블에 암·매트 설치 및 의자에 앉아 작업 금지

3. 실견을 미용한다는 개념으로 작업

4. 미용작업 중 테이블 위에 미용도구 보관 금지

✔ 콤 외에는 테이블 위에 올려놓지 않도록 한다.

마. 실기 채점 제외 및 감점 기준

준비물 기준을 준수하여 시험에 임하야 하며, 준수하지 않았을 경우에는 채점 대상에서 제외 또는 감점을 받을 수 있음을 인지하고 있어야 한다.

(1) 수험자 준비물 기준은 다음과 같이 요약된다.

① 색상

가) 검은색: 복장, 머리끈, 눈·코, 몸에 착용하는 가위집, 위그용 밴드

나) 하얀색: 위그, 견체, 바구니, 마스크

다) 살색: 몸에 부착한 밴드

② 무늬, 표기, 부착물 금지

③ 머리끈·헤어핀 외 다른 액세서리 착용 금지

④ 선택 표기 부분은 선택한 수험자에게만 적용

⑤ 시험실에 반입하는 모든 물품(가방류 및 소지품 포함)에는 소속 이름 등 표기 금지

(2) 다음의 경우에는 득점과 관계없이 채점 대상에서 제외 및 당해 과제를 0점으로 처리

1. 위그

가) 색상이 하얀색이 아닌 경우

나) 사전 작업한 흔적이나 부위 표시가 있는 경우

다) 이름, 단체명, 이니셜을 새김, 표기, 부착한 경우

마) 털 길이가 기준에 미달하는 경우

✔ 이니셜은 알파벳, 자음, 모음, 숫자 등 문자, 숫자 모두 포함

2. 견체 및 눈, 코, 꼬리

가) 견체(꼬리뼈 포함)가 하얀색이 아닌 경우

나) 눈·코가 검은색이 아닌 경우

다) 이름, 단체명, 이니셜을 새김, 표기, 부착한 경우

라) 눈, 코, 꼬리뼈, 꼬리털 중 한 개라도 누락한 경우

3. 복장

가) 가운을 착용하지 않은 경우(털이 붙는 재질도 미착용으로 간주)

나) 색상이 검은색이 아닌 경우

다) 이름, 단체명, 이니셜을 표시, 부착한 경우

4. 액세서리

가) 녹음, 촬영, 통신 중 한 가지라도 가능한 시계, 전자기기를 착용·보유한 경우

나) 이름, 단체명, 이니셜을 새김, 표기, 부착한 경우

5. 미용도구

가) 이름, 단체명, 이니셜을 새김, 표기, 부착한 경우

6. 미용작업

가) 시험 도중 시험실을 무단으로 이탈한 경우

나) 작업 중 수험자가 상처를 입은 경우

다) 작업 중 위그가 찢어진 경우

라) 작업 중 견체가 파손된 경우

마) 패턴을 이용하여 작업한 경우(길이가 표시된 도구를 이용하여 작업하는 등)

바) 시험과제와 다른 클립을 작업한 경우

사) 3급 수험자가 블런트 가위를 사용하지 않은 경우

아) 실견이라면 할 수 없는 방식으로 모델견을 취급 또는 미용작업을 한 경우

자) 작업 중 작업하지 않는 손이 5회 이상 모델견을 보정하지 않은 경우

차) 작업 중 모델견 발 3개 이상이 테이블 바닥으로부터 5회 이상 떨어진 경우

카) 작업 중 모델견 머리 방향을 바꾸거나 견체를 심하게 이동 또는 필요 이상으로 견체를 들어 올림이 3회 이상인 경우

타) 작업 중 모델견이 테이블에서 3회 이상 넘어진 경우

파) 모델견이 테이블에서 바닥으로 2회 이상 떨어진 경우

하) 다른 수험자의 도움을 받거나 다른 수험자의 시험을 방해한 경우

7. 기타

가) 준비물 사전 검사 시 신분증, 수험표를 미용 테이블이나 도구함에 보관한 경우

✔ 신분증, 수험표 확인 후 가져온 가방에 넣어 시험실 밖에 보관해야 한다.

3) 유형별 감점 사항

구분	번호	유형	감점
위그 견체 꼬리 (털)	1	✓ 사전 검사시 위그에 찢어진 부분이 있음	10
	2	✓ 체결 부위(벨크로,단추,후크 등)가 하얀색이 아님 ✓ 벨크로 부분을 하얀색 실이 아닌 것으로 꿰맴 ✓ 사전 검사시 2개 이상 제시함 ✓ 사전 검사시 파손되거나 훼손된 것이 있음	10
		※ 새김, 표기, 부착물이 있음	10
	3	✓ 밴드가 검정색이 아님 ✓ 귀, 발, 꼬리 부위 밴딩이 한 개라도 누락됨	10
	4	✓ 발바닥 부착물이 검정색이 아니거나 4개임 ✓ 발바닥에 벨크로(찍찍이)나 접착력이 있는 패드 부착 ✓ 발바닥이나 부착물 바닥에 접착력이 있는 물질을 바름	10
	5	✓ 꼬리위치 표시 방식이 기준과 다름	10
	6	✓ (1급,사범) 셋업 부위 털 밴딩이 기준과 다름	10
눈•코	1	✓ 모양이 다름	10
복장	1	※ 가운에 표시, 부착물이 있음	10
	2	✓ 가운 중 일부가 털이 붙는 재질임 ✓ 가운안에 입은 옷이 검정색이 아님	10
	3	✓ 가운이 상의와 긴바지 형태가 아님 ✓ 가운 외부에 의류를 착용함	10
액세서리	1	✓ 귀걸이, 목걸이, 반지, 팔찌, 피어싱 등을 착용함	10
	2	✓ 헤어핀이나 머리끈에 장식이 있거나 검정색이 아님 ✓ 모자나 두건 등을 착용함	10
	3	✓ 손톱에 매니큐어, 네일아트 등이 있음	10
	4	✓ 마스크 색상이 하얀색이 아님	10
	5	✓ 가운 외부로 문신이 노출됨	10
	6	✓ 몸에 부착한 밴드가 살색이 아님 ✓ 착용한 토시가 검정색이 아님	10
	7	✓ 최종 시험종료 선언 이전에 휴대폰•시계•전자기기 울림	10
	8	※ 새김, 표기, 부착물이 있음	10
미용도구	1	※ 새김, 표기, 부착물이 있음	10
	2	✓ 몸에 착용하는 가위집이 검정색이 아님/표시나 모양이 있음	10
	3	✓ (바구니)지참하지 않음/하얀색이 아님/규격이 상이함/표시나 모양이 있음	10
미용작업	1	✓ 귀 밴드를 완전히 제거하지 않고 귀를 컷트함	10
	2	✓ 작업 종료 선언 이후에 미용작업•손질함	10
	3	✓ 작업 중 작업하지 않는 손이 모델견을 보정하지 않음	1/회
	4	✓ 작업 중 모델견 발 3개가 동시에 테이블에서 떨어짐	1/회
	5	✓ 작업 중 모델견 머리 방향이 바뀜/견체를 심하게 이동/필요이상으로 견체를 들어 올림	1/회
	6	✓ 작업 중 모델견이 바닥으로 떨어짐	1/회
	7	✓ 작업 중 모델견이 테이블에서 넘어짐	1/회

(주) 1. 미용작업을 제외한 모든 사항은 감독위원의 준비물 검사 시 판정
2. 감점은 유형군별로 해당 갯수, 크기, 형태에 관계 없이 일괄 적용
※ 새김, 표기, 부착물이 이름•소속을 유추할 수 있는 것은 채점대상 제외

4) 자주 하는 Q&A

미용작업 기준에 관한 Q&A

Q 퇴실 선언 이전에 휴대폰의 벨소리나 진동음이 울리는 경우 어떻게 하나요?

A 몸에 지니고 있는 경우 채점 대상에서 제외되고 몸에 지니지 않은 경우 감점입니다.

Q 미용작업 중 스프레이를 사용해도 되나요?

A 3급과 2급은 사용하면 안되며 1급, 사범은 가능합니다.

Q 가위의 적절한 진행방향이란 무엇인가요?

A 가위 끝이 견체의 피부로 향하는 방향은 적절치 않은 것으로 판단합니다.

Q 발을 들어 올릴 때나 발이나 다리를 잡아야 될 경우를 제외하곤 작업 시 머즐만 잡아야 하나요?

A 실견을 미용한다고 가정했을 때 안전하게 보정했다고 판단되는 부위라면 머즐이 아니라도 상관없습니다(예: 털만 살짝 잡는 경우, 손가락만 대고 있는 경우).

Q 꼬리를 견체에 꽂을 때 도구를 사용해도 되나요?

A 꼬리를 꽂을 시에는 밴드(밴드로 꼬리 위치를 표시해왔다면)를 완전히 제거하고 필요하면 겸자나 꼬리빗(가위는 안됨)을 이용하는 것은 무방합니다.

Q 꼬리는 꼭 마무리할 때만 꽂아야 하나요?

A 미용작업 시간 중 꼬리는 횟수에 관계없이 견체에 탈부착이 가능합니다. 다만 미용작업할 때와 최종 채점 시에는 반드시 꼬리가 견체에 부착되어 있어야 합니다.

Q 시험이 종료되었는데, 꼬리를 견체에 꽂지 못했어요. 어떻게 되나요?

A 부착되어 있지 않은 경우 해당 부위와 관련된 점수는 0점 처리되며 다만 꼬리를 테이블 위에 올려두고 함께 점검받아야 되는데, 꼬리견체와 꼬리털을 제시하지 못할 경우(꼬리 분실) 채점대상에서 제외되며 당해 과제를 0점으로 처리합니다.

Q 귀털 커트 시 작업하지 않는 손으로 귀를 잡고 있어도 되나요?

A 작업을 위해 불가피한 경우에만 허용합니다(귀털 커트 시에는 귀를 잡는 것이 가능하나 그 외는 귀를 잡은 상태에서 다른 곳을 작업하면 안 된다).

Q 귀털 커트 시 밴드를 제거해야 하나요?

A 밴드가 털에 붙어있지 않도록 반드시 완전히 제거한 후 귀털을 커트해야 하며, 미용가위가 아닌 밴드 커팅용 가위로 밴드를 절단해야 한다.

Q 시험 시작 전 준비과정 중에 실수로 수험자가 상처를 입은 경우 실격되나요?

A 시험 시작 전 다친 부위가 있다면 감독위원에게 알려야 하며, 시험 시작 후에 작업 중 다치게 되면 실격 처리가 됩니다.

Q 감점 시 시험감독 위원이 알려주나요?

A 시험현장에서 감점 사유가 발견되면 수험자에게 알려드립니다.

Q 실격자는 퇴실해야 하나요?

A 실격 시 퇴실이 원칙이나 수험자가 원할 경우 미용작업은 계속할 수 있으며 다만 채점 대상에선 제외됩니다. 퇴실을 원할 경우 다른 수험자에게 방해가 되지 않도록 유의해 나가야 합니다.

위그 및 견체 기준에 관한 Q&A

Q 위그 등 시험용품 준비 시 다른 수험자의 도움을 받거나 빌려 사용할 수 있나요?

A 시험실에서 다른 수험자와 대화하거나 도움을 주고받는 것은 절대 금지하고 있습니다. 준비물 또한 반드시 수험자 본인이 준비한 것만 사용해야 합니다.

Q '선택사항'이란 무엇인가요?

A 수험자 유의사항에 '선택사항'이라고 표시된 것은 수험자가 필요하거나 원할 경우에 한해서 적용되는 사항이며 이를 적용할 경우 반드시 기준에 따라야 합니다. 따라서 필요가 없거나 원하지 않는 수험자에겐 해당되지 않습니다.

Q 시험시간은 어떻게 되나요?

A 기술시현을 위한 미용작업 시간은 3급, 2급, 1급 모두 2시간입니다. 그러나 검정관리상 시험시간이라고 하면 시험 시작(미용작업 개시) 선언 시각부터 최종 채점이 완료되어 퇴실 선언 시각까지를 의미하며 시험 시작 전 사전 설명시간 등을 포함하면 대략 3시간 30분 정도 소요됩니다.

Q 꼬리, 꼬리털은 여러 개 가지고 시험실에 들어가도 되나요?

A 꼬리, 꼬리털은 1개만 가지고 입실할 수 있으며 사전 점검 시 바구니 안에 담아 점검받습니다. 실수로 여분을 가지고 왔다면 다른 짐과 함께 정해진 장소에 보관해야 합니다.

Q 눈, 코는 여러 개 가지고 시험실에 들어가도 되나요?

A 수험자가 예기치 않은 분실 등을 염려하여 원할 경우 눈과 코는 여러 개를 가지고 시험실에

입실할 수 있습니다. 다만 사전 점검 시 제시하여 점검받은 눈과 코만 시험에서 사용할 수 있으니 여유분은 미용바구니에 같이 넣어 점검받아야 합니다. 또한 시험 시작 이후 퇴실 선언 시까지 견체에 눈, 코가 내내 장착되어 있어야 합니다. 작업 중 견체에서 떨어져 나오는 경우가 있는데 당황하지 말고 다시 장착하면 됩니다. 사전 점검 시 눈과 코가 장착된 것을 확인하였다 하더라도 최종 채점 시 장착되어 있지 않다면 채점 대상에서 제외되며 당해 과제를 0점으로 처리합니다.

Q 최종 채점 시 발목 밴드나 꼬리 밴드가 빠진 경우 실격 처리하나요?

A 밴드는 사전 점검시 확인을 했기 때문에 최종 채점 단계에서는 별도로 확인하지 않습니다.

복장기준에 관한 Q&A

Q 문신은 어떻게 관리해야 하나요?

A 외부로 노출되지 않는 것이 기준입니다. 문신의 양상에 따라 가운 안에 옷, 검정색 토시, 살색 밴드(문신이 비치면 안됨)를 이용하여 확실히 가려야 합니다. 퇴실 선언 이전에 움직임으로 인해 노출되거나 밴드 등이 떨어지지 않도록 유의해야 합니다.

Q 사전 점검 시 가운에 가려졌던 문신이 작업 중에나 최종 채점을 종료하고 퇴실 선언 이전에 가운 밖으로 드러난 경우 어떻게 되나요?

A 감점 처리합니다. 상황에 따라 부득이한 경우 수험자에게 공지하지 않고 발생시간과 문신의 위치 등을 자세히 기재하여 처리합니다.

Q 작업복의 소재가 반려견 미용에 적합한지는 어떻게 판별하나요?

A 털이 붙지 않는 재질로 통상적으로 작업가운으로 착용하는 복장이면 됩니다.

Q 검정색 올인원 형식의 작업복을 착용해도 되나요?

A 착용 가능합니다. 다만 복장의 기준이 검은색 상의와 긴바지(반바지X)로 원피스 형태의 착용은 허용되지 않습니다.

Q 가운에 단추, 지퍼, 주머니가 있어도 되나요?

A 됩니다. 위치, 개수 등 규정하고 있지 않습니다.

Q 가운에 붙은 작은 마크는 허용되나요?

A 상표, 사이즈 표시 등 어떠한 마크도 없어야 합니다.

미용도구 기준에 관한 Q&A

Q 콤의 기준은 어떻게 되나요?

A 브랜드, 크기, 굵기, 두께, 간격, 색깔 등에 제한이 없습니다. 다만 이름, 단체명, 이니셜을 새김, 표기, 부착하면 절대 안 되며, 제품에 인쇄된 것이 아닌 모든 부착물은 반드시 제거해야 합니다.

Q 휴대용 가위집(벨트/어깨용)은 검은색이면 다 무엇이든 허용되나요?

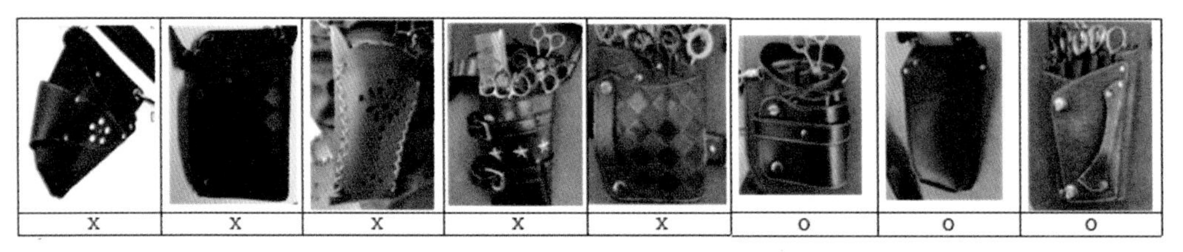

A 무늬가 없는 검은색만 허용합니다. 검은색이라 하더라도 구멍이나 격자 등으로 무늬가 있는 것을 사용하시면 안 됩니다.

Q 가위의 색깔에 대한 규제가 있나요?

A 없습니다. 색깔 외에 제조사, 길이, 폭, 두께 등에 제한이 없으며 시판 상태 그대로 사용해야 합니다. 3급은 블런트 가위만 사용할 수 있습니다.

Q 시험장 안에서 준비물 검사 전 유의사항 설명 시 수험자가 도구에 붙어있는 스티커를 제거해도 되나요?

A 가능합니다. 시험실에서 기준에 대해 설명하고 필요시 수정, 보완하도록 시간도 안배하고 있습니다. 준비물 검사 시작 이후엔 더 이상의 수정, 보완은 불가능합니다.

Q 도구에 부착된 품질보증을 위한 부착물은 허용하나요?

A 미용도구에 바로 인쇄된 것만 허용하며 부착물은 반드시 제거해야 하며, 부착물의 일부분이 남아 있는 것도 안 됩니다(홀로그램·규격·제품명·이름·소속 등 제품에 붙어있는 부착물(스티커)X). 그러나 완전히 제거 후 접착제가 남아 있거나 자국이 있는 것은 무방합니다.

Q 미용도구의 각인·새김에 대해선 어떻게 판단하나요?

A 구매 시부터 새김이 있더라도 특정인을 대상으로 판매하거나 사용하게 할 목적으로 제작된 제품은 절대 사용하면 안 됩니다(예: 교육기관이 소속 학생용으로 별도 제작, 제공한 것).

출처: 한국애견협회 국가공인 반려견스타일리스트 자격검정 http://ps.kkc.or.kr/main/main.html

② 위그 준비하기

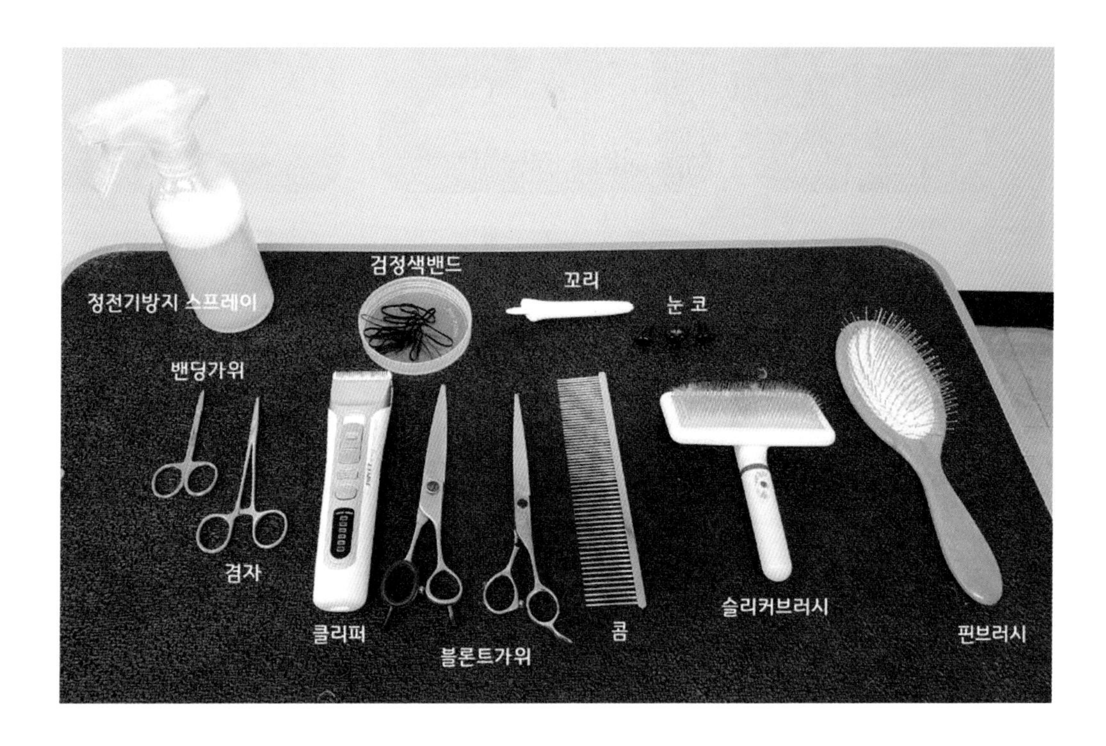

준비물 : 견체, 꼬리, 위그(전체 털, 꼬리털), 눈, 코, 슬리커브러시, 핀브러시, 콤, 겸자, 고무줄 7개, 정전기 방지 스프레이, 블런트 가위, 밴딩가위

1) 위그 풀기

① 포장지를 뜯어 전체 털, 꼬리털이 있는지 확인한다.
② 위그의 귀 위치, 털이나 피부에 색상이 있는지 확인한다. 확인될 시 지워야 한다.
✔ 위그를 뒤집어 보도록 한다.

③ 다리 끝부분부터 위로 올라가며 피모 끝부터 바깥쪽으로 브러싱을 한다. 이때 사진과 같이 잡은 상태에서 아래로 조금씩 털을 끄집어 내면서 브러싱해준다.

✓ 브러싱 순서는 정해지지 않았으나 보통 다리부터 시작한다.

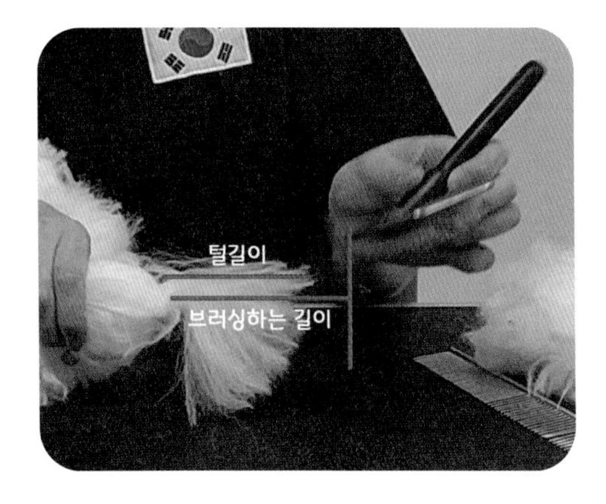

✓ 브러시가 털 길이보다 바깥으로 나가야 한다.

④ 어느 정도 풍성해진 털이 확보가 되면 중간중간 콤을 사용하여 털이 잘 풀렸는지 확인을 하고 털을 정리해준다. 코밍을 하는 중 콤에 엉킨 부분이 있으면 다시 슬리커브러시로 브러싱한다.

✔ 정전기가 발생하면 정전기 방지 스프레이를 뿌려주면서 브러싱한다(섬유유연제와 물을 희석해서 뿌려도 된다).

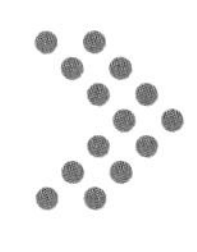

⑤ 귀털은 핀브러시를 이용하여 털을 브러싱한다.

✔ 귀털은 길기 때문에 쉽게 엉켜서 브러싱한 후 바로 검정밴드로 묶어준다.

2) 견체에 위그 입히기

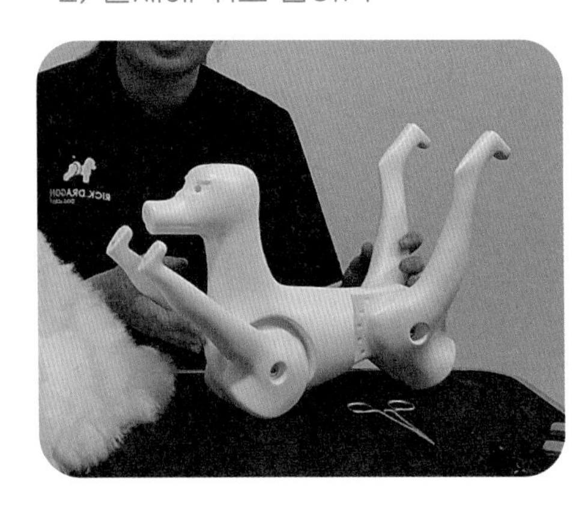

① 사진과 같이 견체 4개의 발바닥이 위를 향하게 올려준다.

② 손을 위그 얼굴 쪽에 넣은 후 견체 얼굴 쪽에 위그 얼굴 쪽을 가져다 대고 손을 빼면서 주둥이 부분을 끼운다.

③ 후두부를 뒤로 잡아당겨 머리가 들어가게 끼운 후 귀 양쪽을 왔다 갔다 하며 위그가 견체에 밀착되도록 하고, 귀 위치를 잡아준다.

 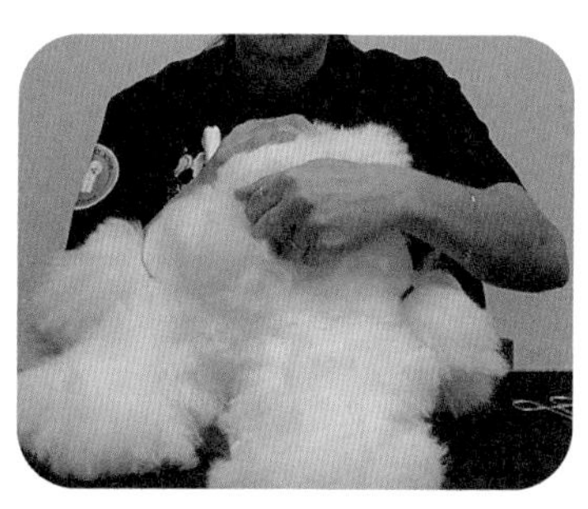

④ 주둥이 코 부분이 덜렁거리지 않도록 주둥이를 잡아 비틀며 위그와 코 부분에 공간이 없도록 밀착시킨다.

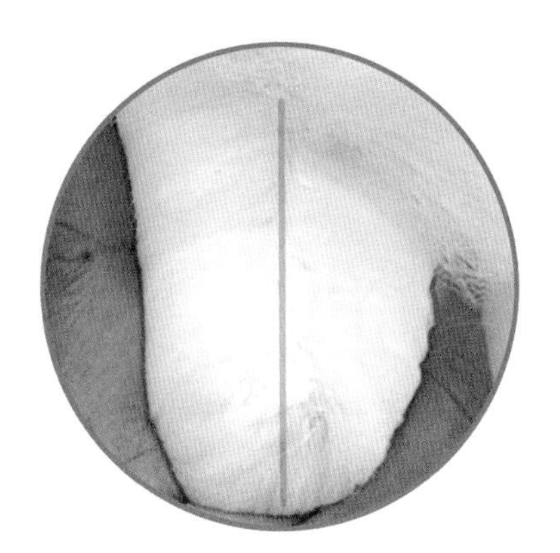

⑤ 콧등 위의 봉제선이 중앙에 오도록 맞춘다.

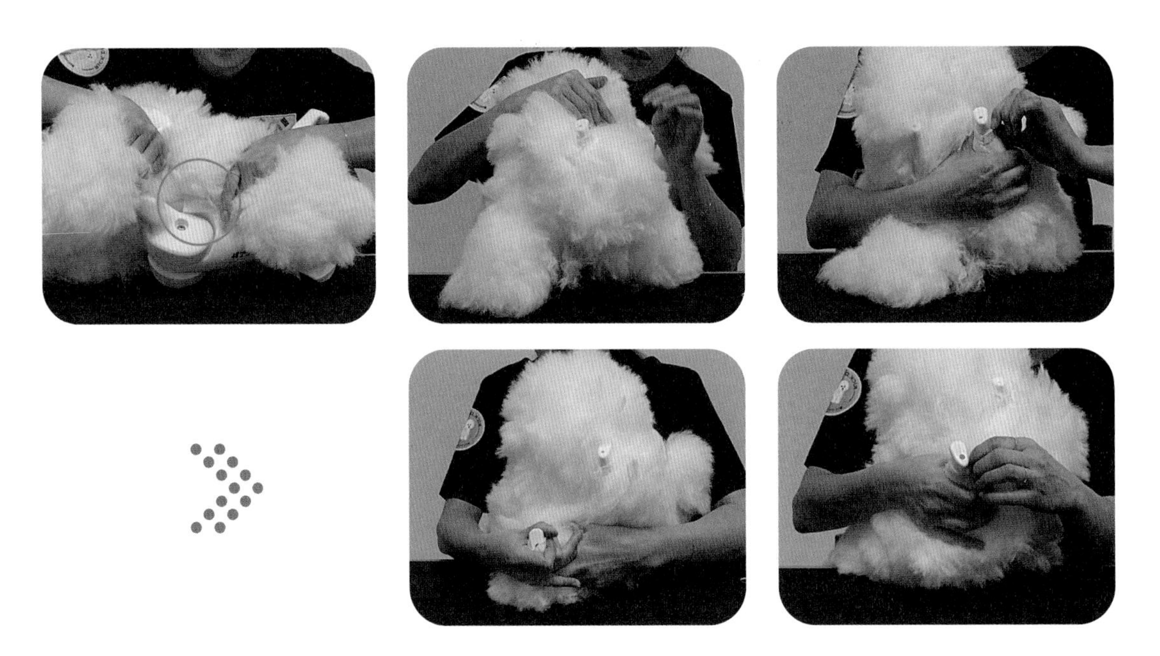

⑥ 앞발을 끼우기 전에 견체 양 옆구리 쪽에 벨크로가 위치해 있는지 확인한 후 견체의 발등이 나올 수 있도록 앞발을 끼운다.

✔ 발목 고무밴드가 말려들어가 있다면 끄집어 내준다.

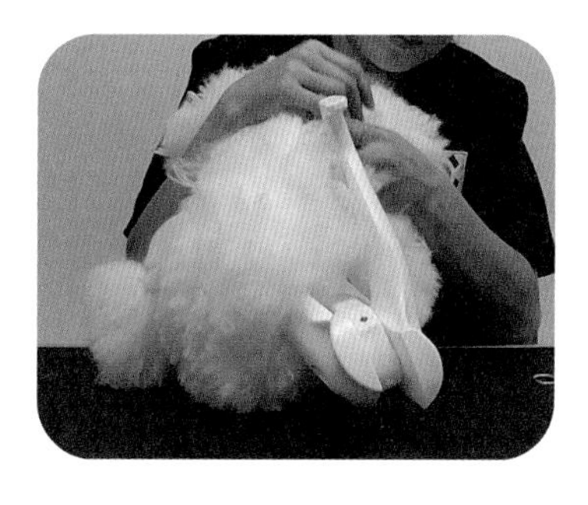

⑦ 견체의 발등이 나올 수 있도록 뒷발을 끼운다.

⑧ 앞발 먼저 한발씩 아래로 내리고, 뒷발도 한발씩 내린다.

✔ 작은 힘에도 발이 내려와야 하나 그 이상의 힘을 줬는데도 발이 내려가지 않는다면, 그 즉시 발을 내리는 것을 멈추고 앞발, 뒷발의 위치가 바뀌었을 수 있으니 확인해보는 것이 좋다. 확인하는 방법은 배 아래의 벨크로 부분이 양쪽 중앙 배 부분에 위치하였는지 확인하고, 만약 앞발 사이와 뒷발 사이에 벨크로 부분이 있다면 발 위치가 서로 바뀌어서 위그가 끼워진 것이기 때문에 다시 견체에

서 위그를 제거한 후 처음부터 순서대로 끼운다.

머리-앞다리-뒷다리 순으로 위그를 견체에 끼우고, 앞다리-뒷다리 순서로 다리를 아래로 내려 정확하게 세운다.

⑨ 견체를 정자세로 바로 세운다.

3) 귀, 다리, 꼬리 밴드로 묶기

① 귀 살 부분 아래에 검정밴드를 이용하여 양쪽을 각각 한 갈래로 묶는다.

✔ 땋거나 위로 묶거나 코반 등 사용 금지(처음 브러싱 시 귀 밴딩을 하였다면 따로 할 필요는 없다)

② 다리 사이의 봉제선이 다리 안쪽 중앙에 올 수 있도록 위치를 조정해준다.

③ 밴드 감을 때 털이 끼지 않도록 왼손으로 발목 털을 위로 올려서 잡은 후 앞다리 발목, 뒷다리 발목을 검은색 밴드를 이용하여 위그 발끝의 고무밴드 바로 위에 위그가 움직이지 않도록 여러 번 감아 묶어준다.

✔ 밴드가 중간에 끊어질 것을 예상하여 2개씩 감아주는 것이 좋다.

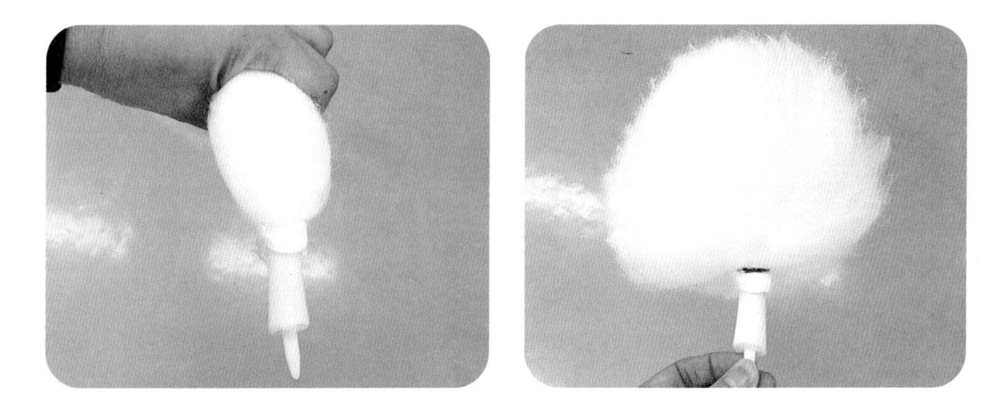

④ 꼬리에 꼬리털을 끼운 후 털이 끼지 않도록 털을 위로 올려서 잡은 후 꼬리털이 빠지지 않도록 검은색 밴드로 여러 번 감아 묶어준다.

4) 눈, 코 끼우기

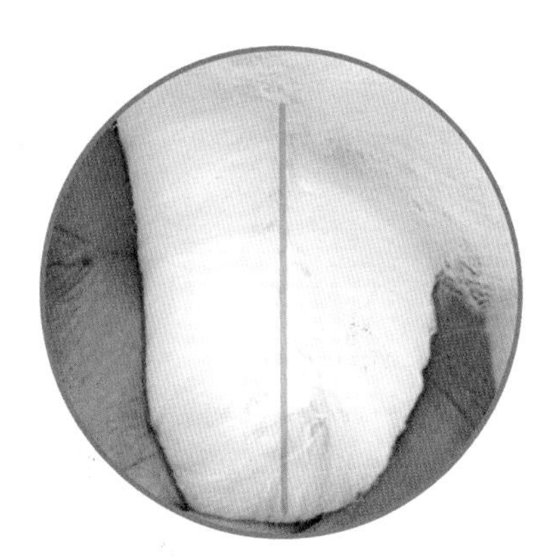

① 콧등 위의 봉제선이 중앙에 오도록 맞춘다.

② 견체 코 구멍을 찾아 겸자를 이용해서 코 구멍을 뚫은 후 코를 끼운다.

③ 눈을 끼우기 전에 양쪽 귀 위치의 밸런스를 확인한다.

 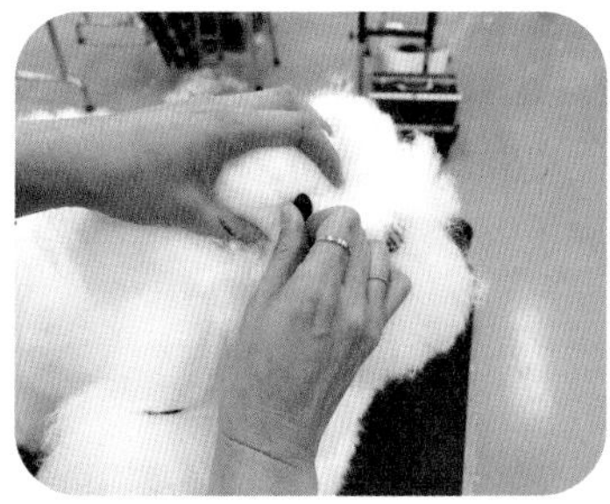 

④ 견체의 눈 구멍을 찾아 겸자를 이용해서 구멍을 뚫은 후 눈을 끼운다. 잘 들어가지 않으면 돌려가면서 끼우거나 핀브러시 손잡이 부분을 이용하여 눌러서 끼운다.

✓ 코와 눈이 덜렁거릴 때

- 코와 눈을 끼웠는데, 빠진다거나 덜렁거리면 구멍 옆의 털을 조금 당겨와서 같이 끼운다.
- 실리콘을 이용하여 고정시킨다. 단, 분리과정이 다소 어려울 수 있다.

5) 꼬리 위치 표시하기(선택)

① 견체 꼬리 구멍을 찾는다.

 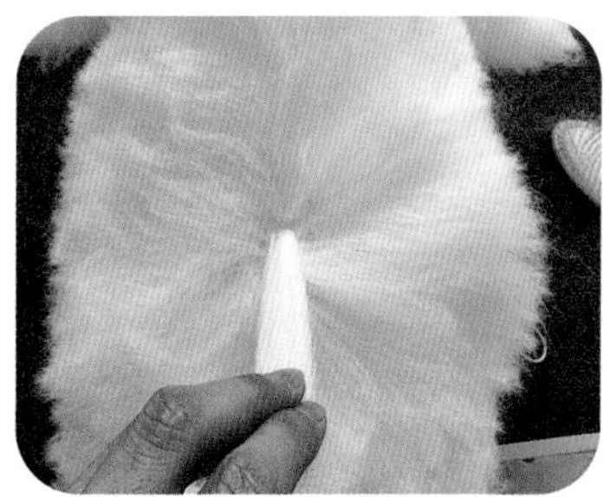 

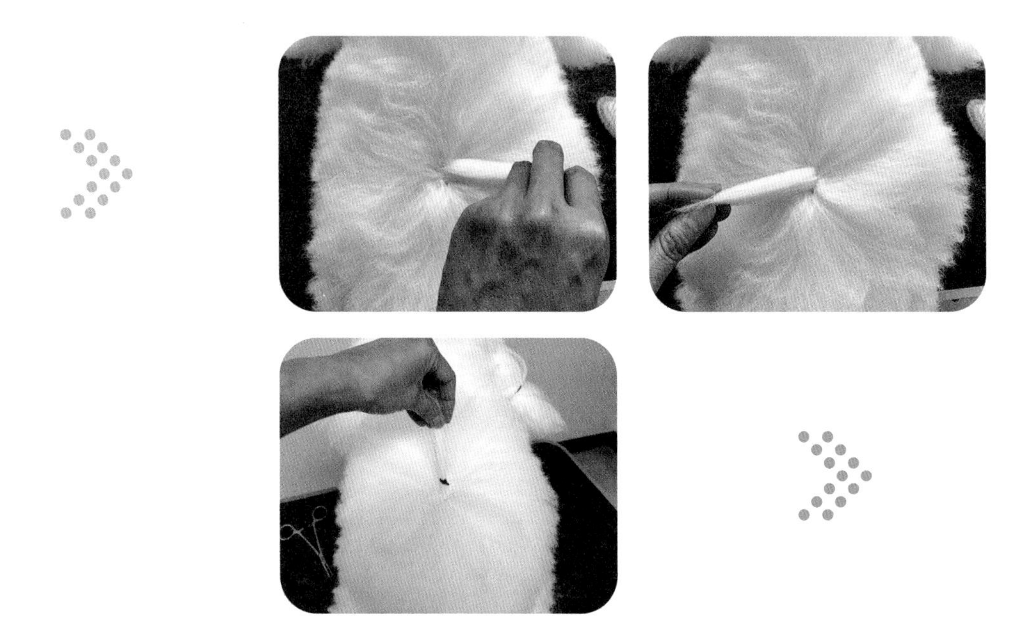

② 구멍을 중심으로 1 x 1cm의 털을 검정밴드로 묶어 꼬리 위치를 표시한다.
✔ 꼬리 위치 표시는 필수가 아닌 선택이다.

6) 배 아랫부분 고정시키기

배 아랫부분을 고정시키는 방법은 두 가지가 있다. 고정 방법은 다음과 같다.

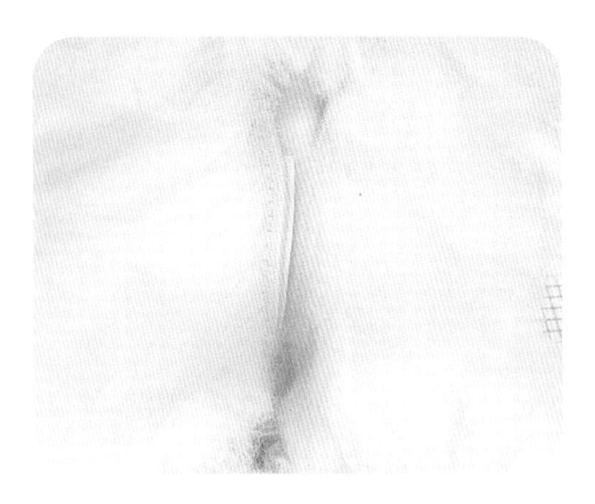

첫 번째, 배 부분 양쪽 옆 벨크로 부분을 붙여 몸통 위그가 움직이지 않게 고정시킨다.

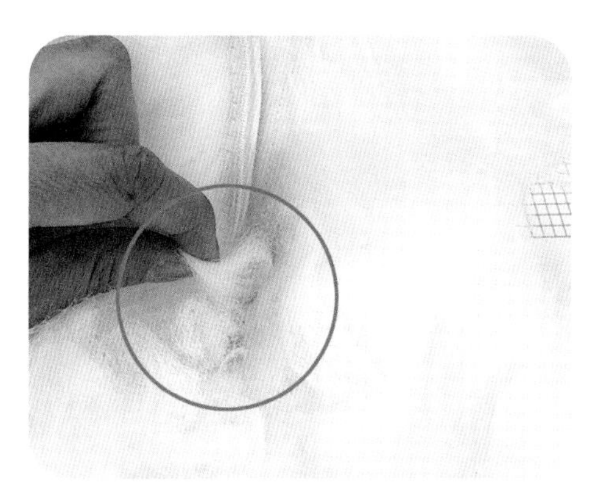
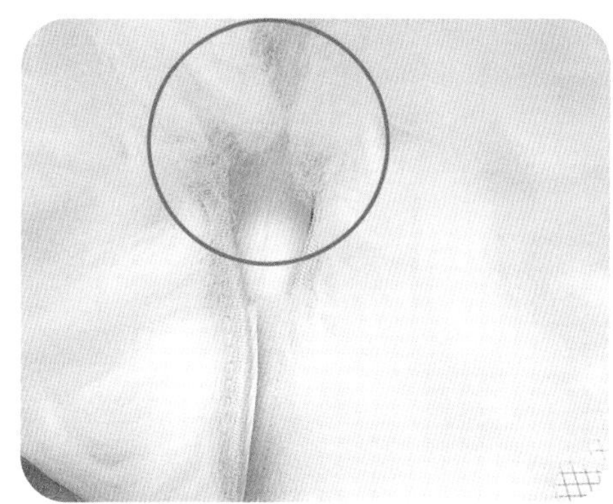
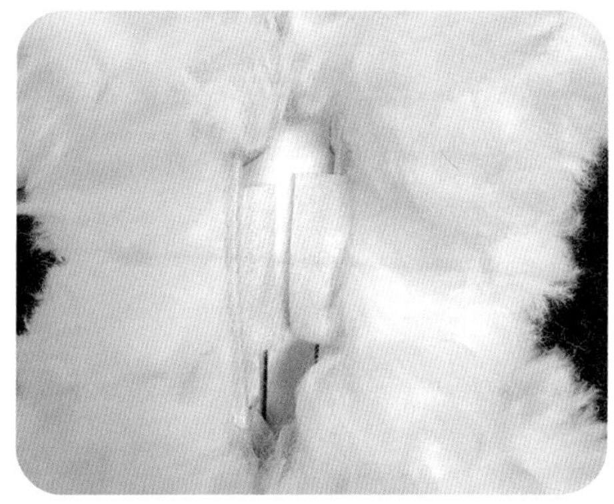

장점. 간편하다.

단점. 1. 배 안쪽으로 털이 말려들어가는 경우가 생긴다.

2. 벨크로 부분이 잘 떨어진다.

두 번째, 하얀색 실로 배 부분을 벌어지지 않게 꿰맨다.

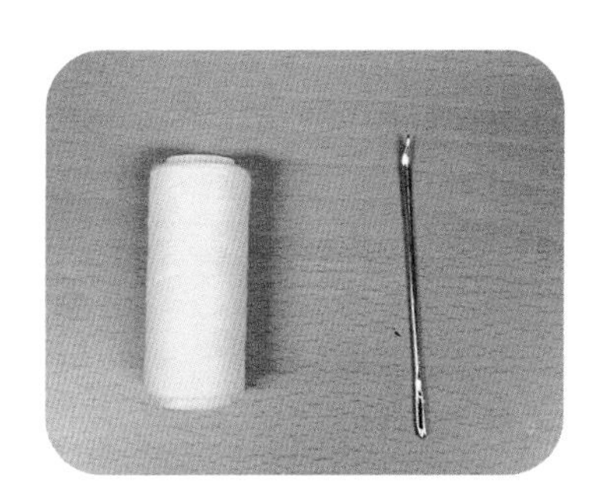
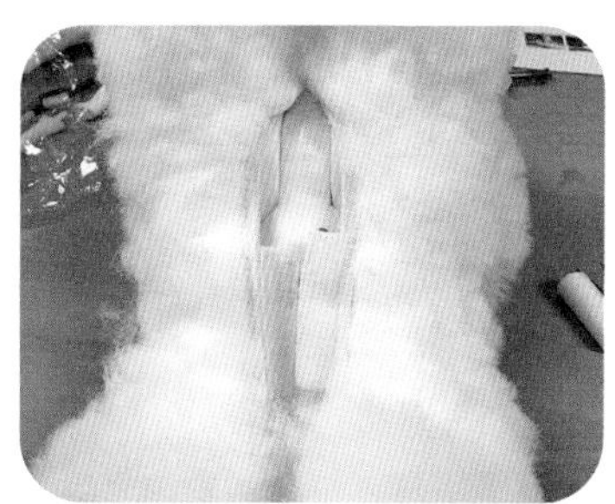

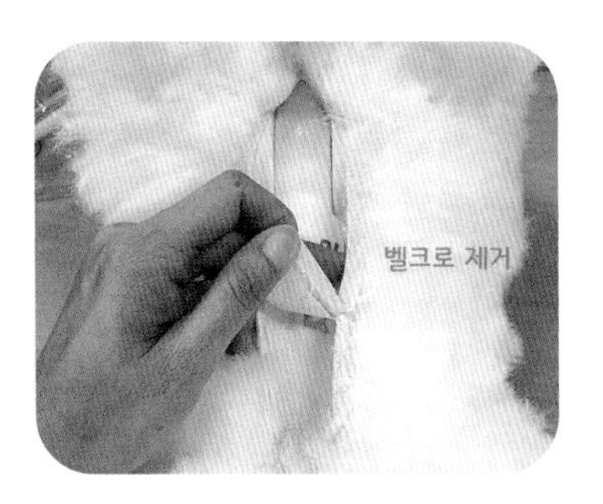

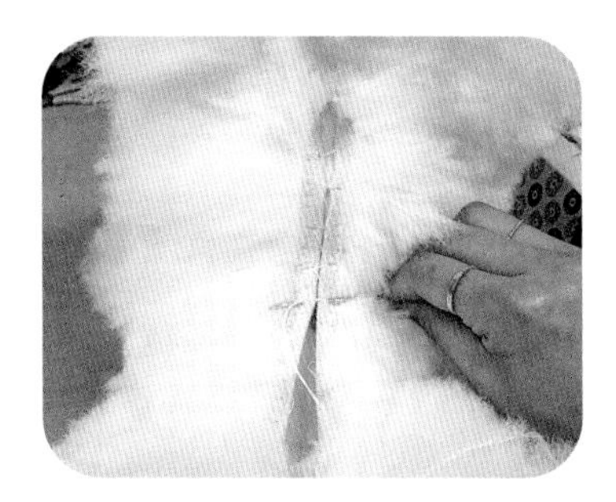

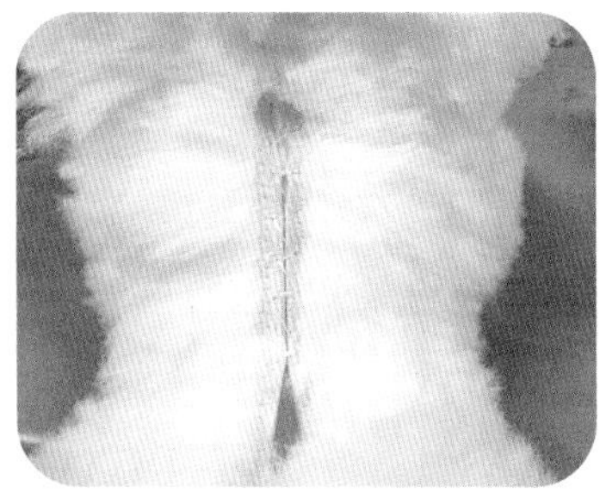

장점. 1. 배 안쪽으로 털이 말려들어가지 않는다.

2. 배 부분이 벌어지지 않는다.

단점. 1. 실과 바늘을 준비해야 한다.

2. 실로 꿰매는 시간이 소요된다.

7) 브러싱 마무리하기

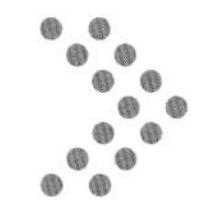

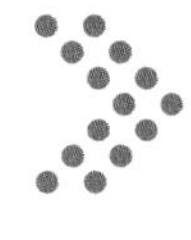

① 몸통의 형태에 맞게 털을 90도로 세운다고 생각하고 피부 안쪽부터 바깥으로 털을 끄집어 내는 것처럼 털을 세운다.
② 콤으로 밑에서 위로 올라가며 코밍한다.
③ 발바닥이나 배 부분, 목 등 털이 말려들어갔는지 확인하며 코밍한다.
④ 시간을 충분히 사용하여 전체적으로 아주 꼼꼼히 코밍한다.
⑤ 털 길이가 7cm가 되는지 확인한다.
✔ 브러싱 마무리 단계에서 제대로 브러싱이 되지 않으면 램클립 커트가 들어갔을 때 모양이 잘 나오지 않을뿐더러 작업 시간이 많이 소요된다. 시간이 걸리더라도 충분히 코밍을 하는 것이 중요하다.

③ 램클립 작업하기

가. 위그 준비하기

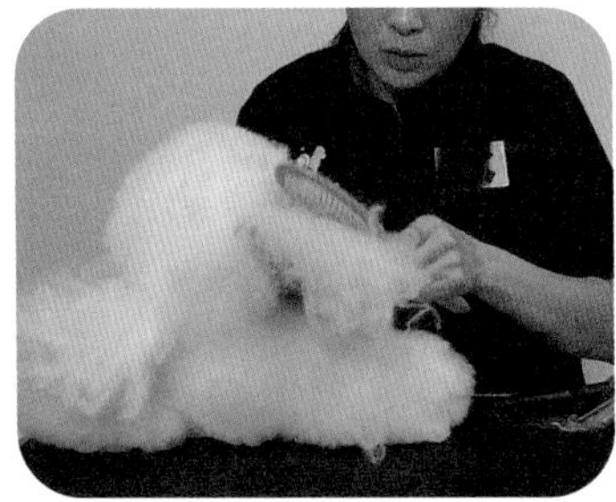

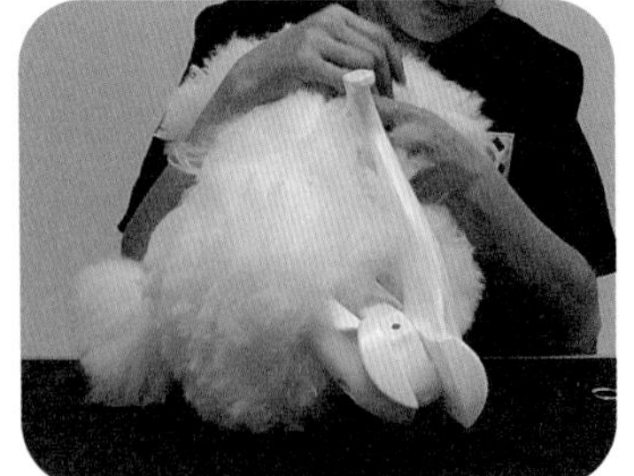

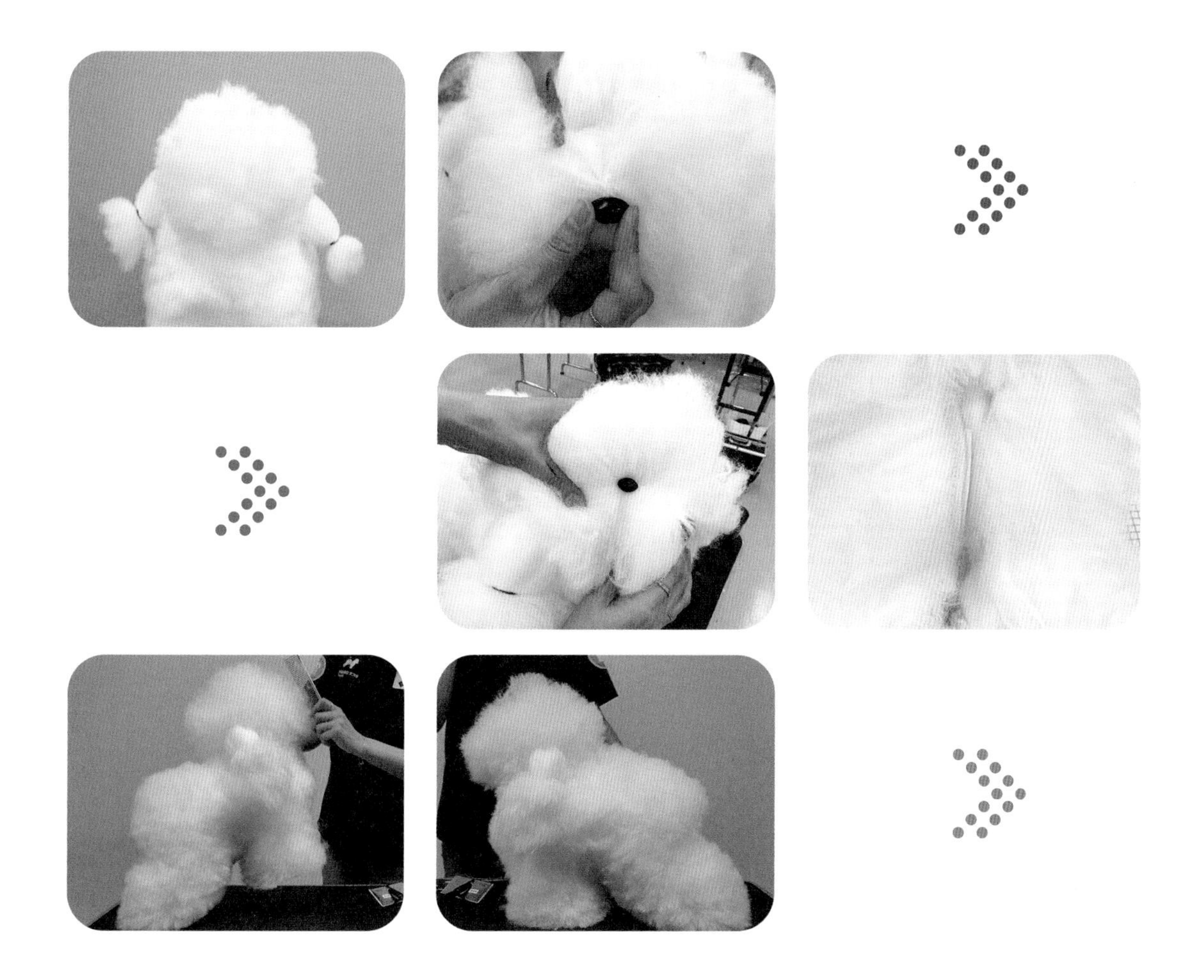

① 위그를 브러싱한다.
② 위그를 견체에 입힌다.
③ 양쪽 귀와 네 발목, 꼬리를 고무줄로 밴딩한다.
④ 눈, 코를 끼운다.
⑤ 배 부분을 벨크로로 붙이거나 하얀색 실로 꿰맨다.
⑥ 콤으로 브러싱을 마무리한다.
⑦ 견체를 정자세로 바로 세운다.

나. 초벌작업하기

반려견스타일리스트 3급은 시험시간 총 2시간 중 초벌작업 1시간, 재벌작업 1시간으로 정해져 있다. 초벌작업의 경우 작업순서에 따라 작업하고, 1시간의 초벌작업 시간이 지나면 시험감독관이 초벌작업에 대한 채점을 진행한다. 단, 1시간 이전에 초벌작업이 완료되면, 시험감독관에게 이 사실을 알리고 초벌작업에 대한 채점을 요청한다. 초벌작업에 대한 채점이 종료되면 순서에 상관없이 남은 시간 동안 재벌작업을 한다.

✔ 초벌작업 중 순서에 어긋나면 감점이 되니 순서를 정확히 지키며 작업한다.
✔ 블런트 가위만 사용 가능하며, 가위 길이, 두께는 제한이 없다.

1) 초벌작업 순서

초벌작업은 1시간 이내에 마쳐야 하며 아래 순서대로 1회 작업한다.

항목	내용
클리핑	얼굴, 넥라인 클리핑
풋라인	좌측 뒷발부터 시계 반대 방향 - 좌측 뒷발, 우측 뒷발, 우측 앞발, 좌측 앞발(순서대로 진행)
넥라인 털	넥라인 과도한 털 제거
체장 체고	체장 체고 설정
좌골	좌골각 30도 설정
파팅라인	파팅라인 설정
후구	좌측과 우측 바깥쪽 – 안쪽 – 비절 아래 – 앵귤레이션 – 풋라인 각도 – 측면, 안쪽 각(순서대로 진행)
파팅라인	파팅라인 블랜딩
전구	견갑, 상완 부위, 앞가슴(순서 상관없음)
앞다리	앞다리 앞쪽, 바깥쪽, 안쪽(순서 상관없음)
좌측 옆부분	앞다리 뒷부분, 언더라인, 턱업, 몸통(순서 상관없음)
우측 옆부분	앞다리 뒷부분, 언더라인, 턱업, 몸통(순서 상관없음)
머리	앞, 양옆 이미지너리 라인
목	귀 구분 선, 목, 탑라인, 백라인
귀	밴딩 제거, 귀 커트

(1) 얼굴, 목 부분 클리핑하기

준비물: 클리퍼, 콤, 꼬리빗

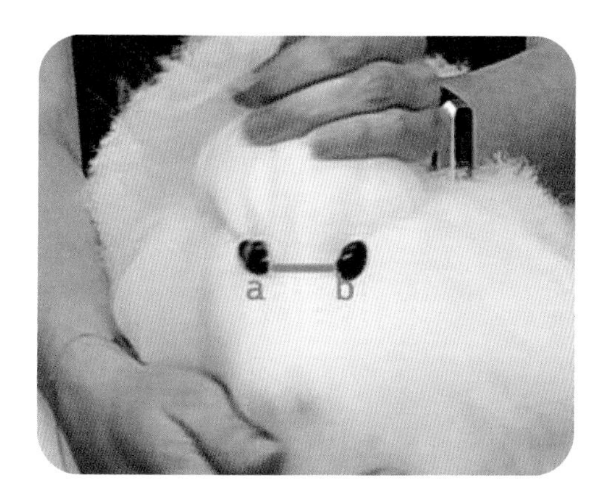

① 눈(a)과 눈(b) 사이를 일직선으로 이은 이미지너리 라인을 설정한다.

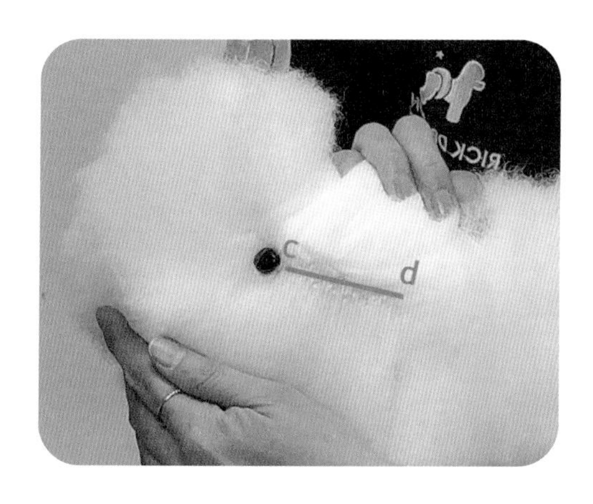

② 눈꼬리(c)에서 귀(d) 시작 부분까지 일직선으로 이은 이미지너리 라인을 설정한다.

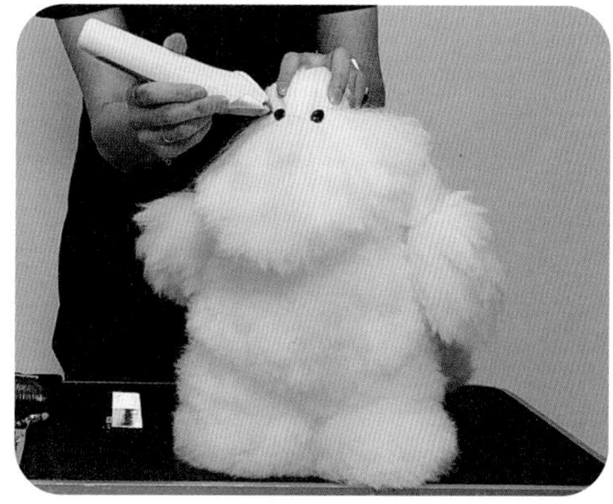

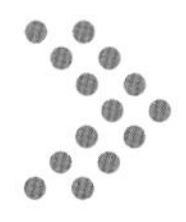

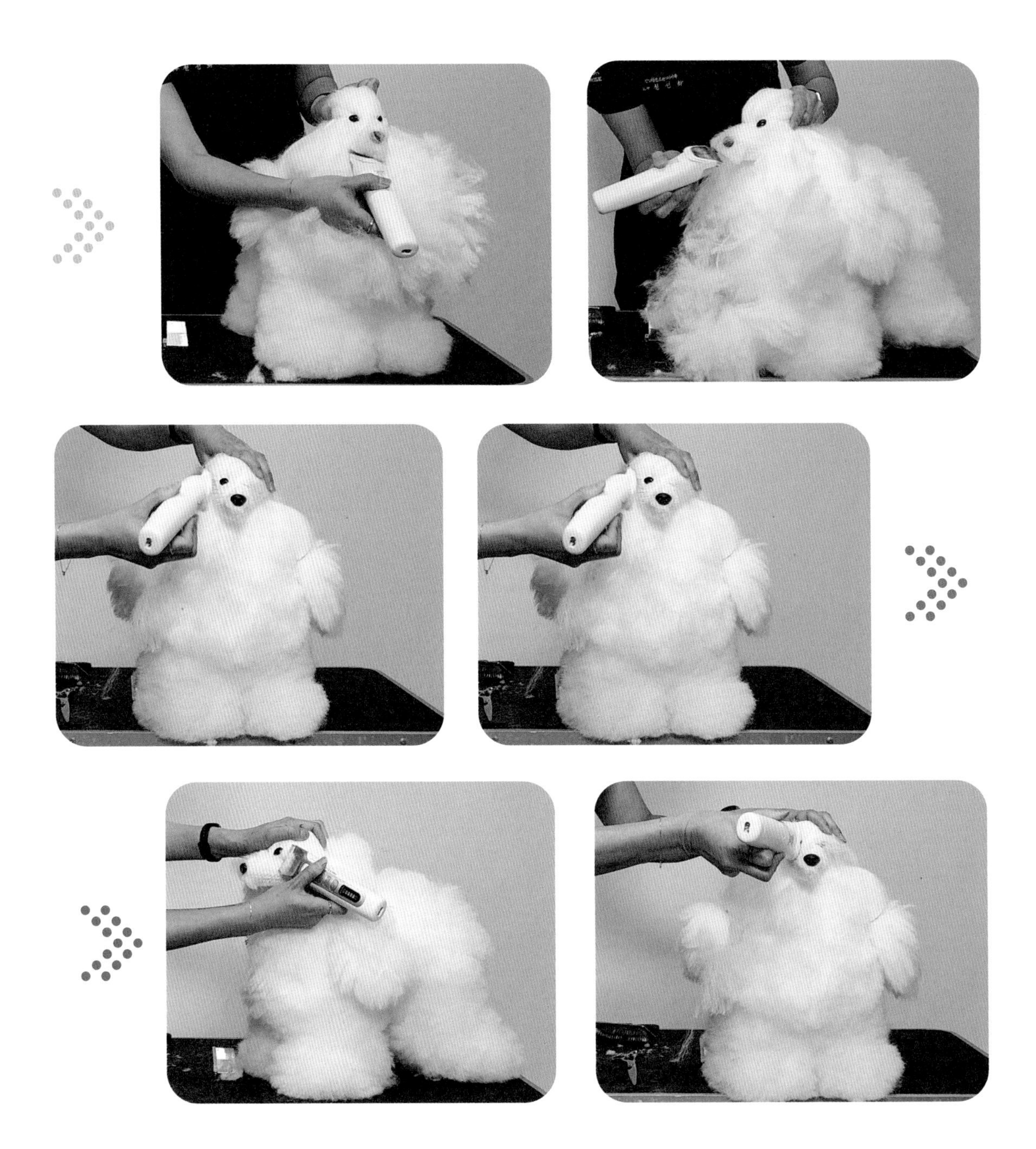

③ ①-②의 이미지너리 라인을 따라 머즐 전체 클리핑한다.

✔ 처음 클리핑 시 깔끔하게 하려고 하기보다 털을 걷어낸다는 느낌으로 너무 짧지 않은 클리핑 날로 머즐 전체를 부드럽게 클리핑한다.

④ 목 시작에서(턱 바로 아래) 3~3.5cm 밑 선을 아담스애플의 위치(e)로 설정한다.

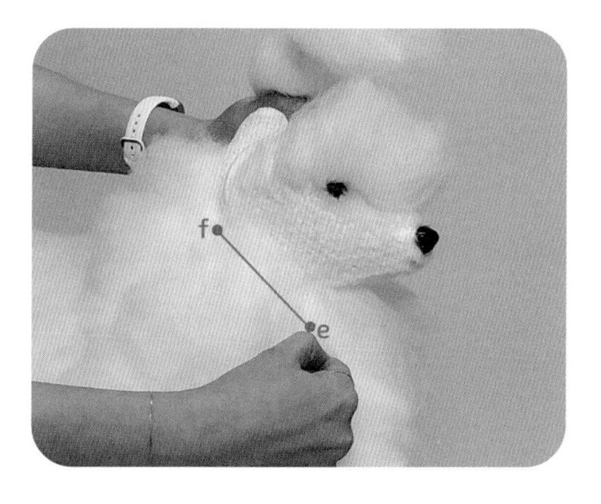

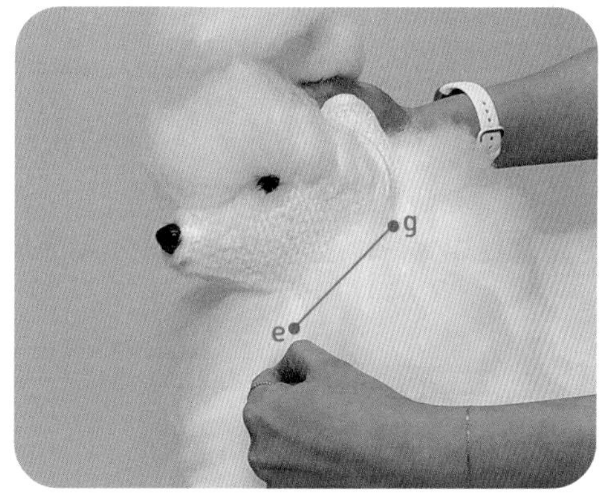

⑤ 오른쪽 귀 끝(f)-(e), 왼쪽 귀 끝(g)-(e)의 이미지너리 라인을 설정한다.

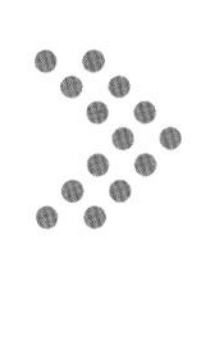

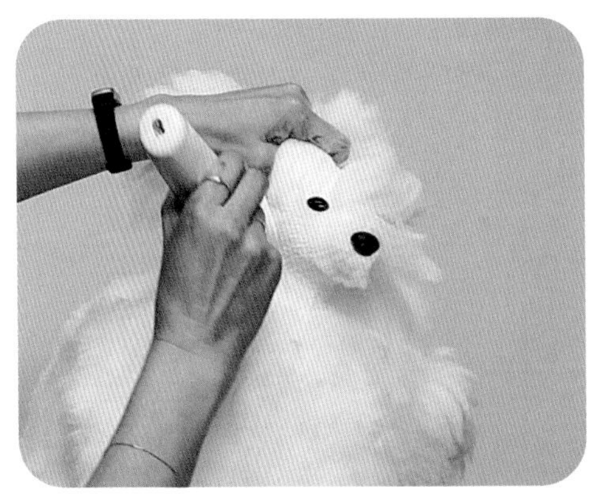
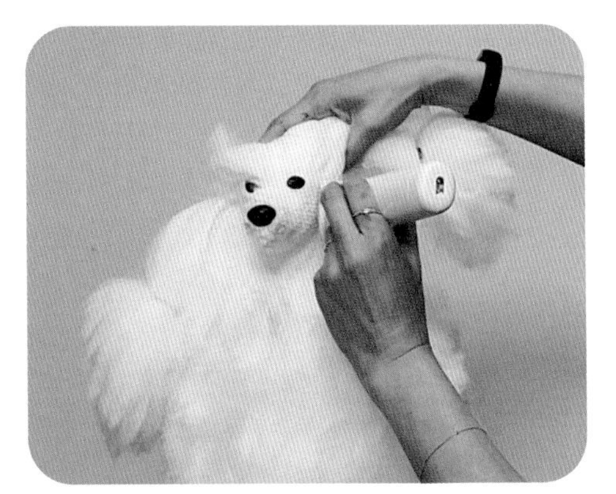

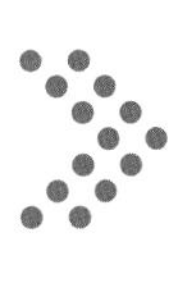

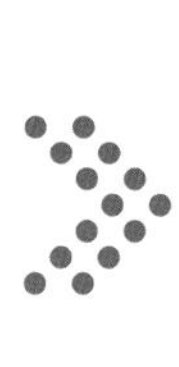

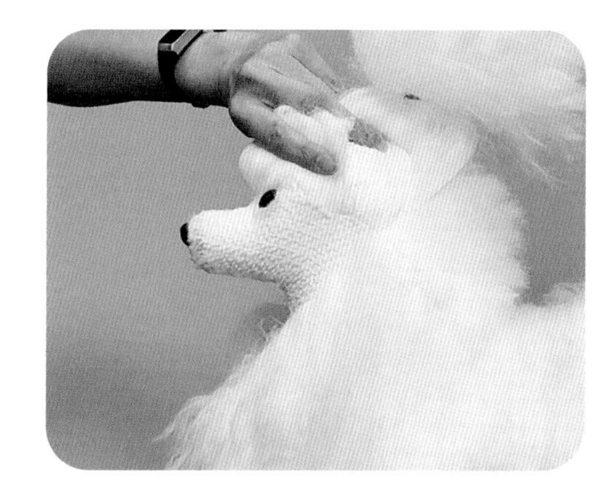

⑥ f-e, g-e의 이미지너리 라인대로 V자로 클리핑한다. 클리핑 시 설정해놓은 이미지너리 라인 V자를 넘어가지 않도록 조심한다.

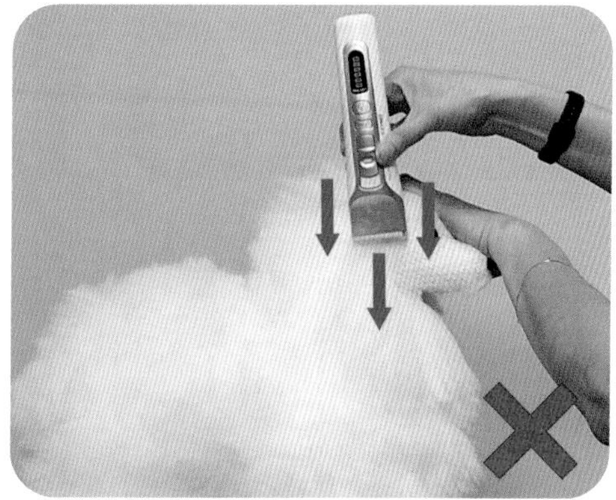

✔ 옆 목선 클리핑 시 V자 라인대로 클리핑을 사선으로 해야 하며, 아래로 일직선으로 클리핑 시 원하는 넥라인이 나오지 않는다.
✔ 클리핑 및 시저링 후 나오는 털은 테이블 위나 바닥에 쌓아놓지 않고, 테이블 옆에 붙여놓은 비닐봉투에 즉시 넣는다.
✔ 콤 외에 다 쓴 도구는 테이블 위에 올려놓지 말고, 바구니에 즉시 보관한다. 콤은 테이블 위에 올려놓을 수 있지만 그 외 미용도구를 테이블 위에 올려놓으면 감점의 요인이 된다.

(2) 풋라인 자르기

준비물: 블런트 가위, 콤

순서: 좌측 뒷발부터 시계 반대 방향 - 좌측 뒷발, 우측 뒷발, 우측 앞발, 좌측 앞발(순서대로 진행)

① 콤으로 발목 털을 아래로 빗어 내린다.

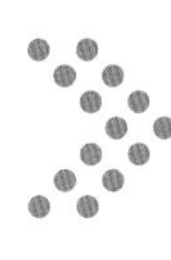

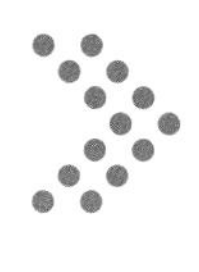

② 좌측 뒷발부터 가위로 발등까지 보이게 일직선으로 자른다.

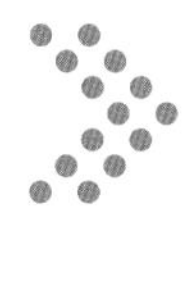

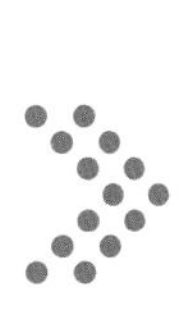

③ 먼저 자른 좌측 뒷발 풋라인에 맞춰 우측 뒷발 풋라인도 일직선으로 커트한다.

✔ 작업 외 손은 머즐을 잡아 보정한 후 풋라인을 자를 때 두 다리 이상이 바닥에 있도록 자세를 취해 준다.

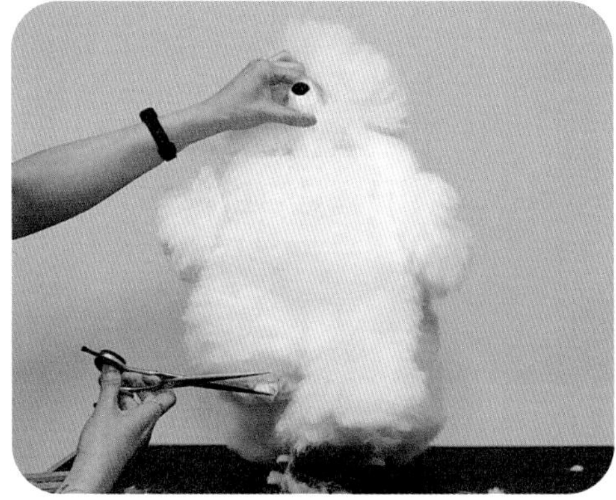

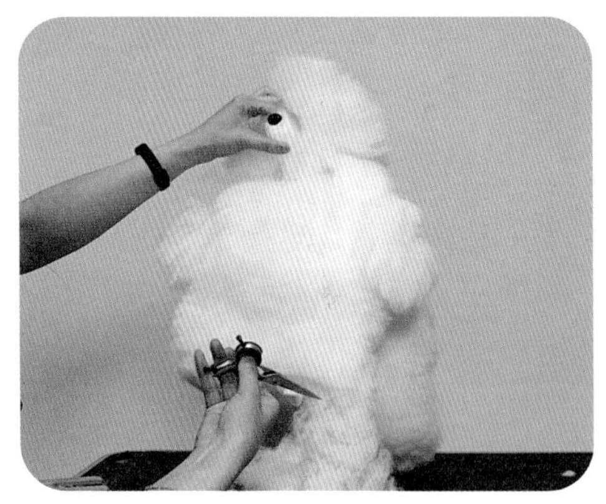

④ 우측 앞발 또한 발등까지 보이게 일직선으로 풋라인을 자르고, 우측 앞발 풋라인에 맞춰 좌측 앞발 도 풋라인을 일직선으로 커트한다.

✔ 머즐을 머리 뒤쪽으로 당겨 앞발을 살짝 들어 올려 풋라인을 작업하면 용이하다.

✔ 네 발이 공중에 있거나 뒷발의 발바닥이 보일 정도로 앞발을 너무 들어 올리면 감점 사항 중 '작업 중 모델견 발 3개 이상이 테이블 바닥으로부터 떨어진 경우'에 해당되어 감점이 될 수 있다.

(3) 넥라인 과도한 털 제거하기

① 넥라인 부분을 코밍하여 털을 세운다.

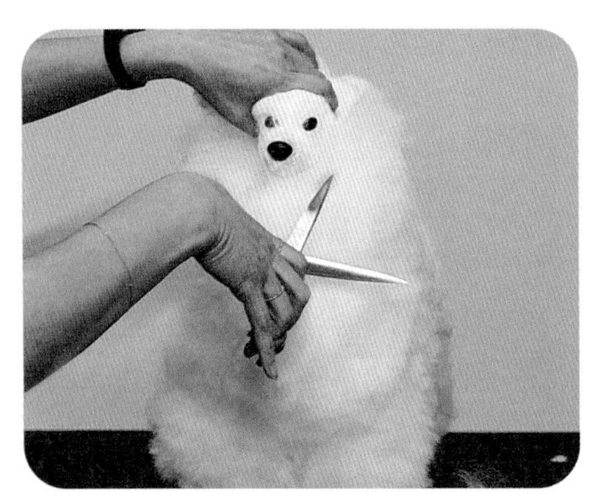

② 넥라인의 클리핑 부분 커트 시 우측 넥라인 털은 왼쪽 방향으로 커트한다.

③ 좌측 넥라인 털은 오른쪽 방향으로 커트한다.

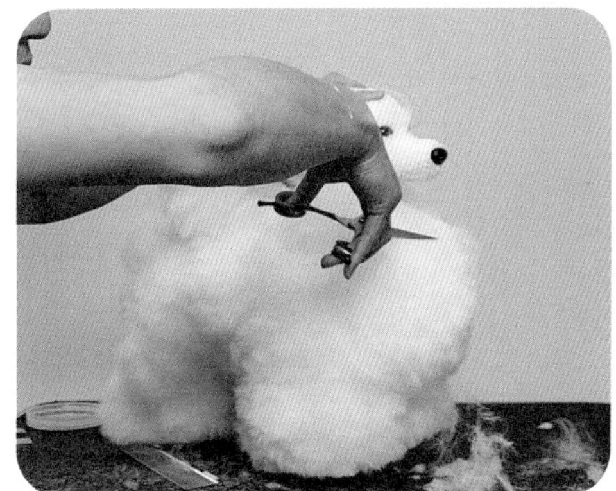

④ 앞가슴 쪽(넥라인 아래) 털을 커트한다.

✔ 넥라인 커트 시 45도 각도로 커트하면 체장 커트 시 용이하다.

✔ 가위 끝이 견체를 향하게 커트를 하면 감점이 될 수 있으니 주의해야 한다.

(4) 체장·체고 설정하기

(가) 체장 설정하기

① 앞가슴 코밍 후 수직으로 커트하여 체장 앞부분을 설정한다.

✔ 앞가슴의 털 길이는 주둥이의 1/2 지점에서 아래로 일직선으로 커트한다.

② 엉덩이 뒤쪽(좌골단) 코밍 후 수직으로 커트하여 체장 뒷부분을 설정한다.

✓ 작업 시 사용할 콤의 핀 길이를 측정해 놓아야 털의 길이를 측정할 때 용이하다.

✔ 좌골단에서 1.5~2cm 정도의 털의 위치를 정하고 등(b)과 비절(a) 사이의 1/2 지점(c)까지 수직으로 커트한다. c지점을 턱업 기준으로 잡아도 무방하다.

(나) 체고 설정하기

① 등 뒤쪽 코밍 후 수평으로 체고를 설정한다.

✔ 등 높이는 1.5~2cm 정도의 털을 남긴다.
✔ 깊이는 턱업의 위치까지 털을 커트한다(또는 체장의 1/3 지점).

(5) 좌골각 30도 설정하기

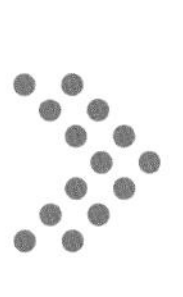

① 후두 쪽 체장 체고 엉덩이 'ㄱ' 부분을 좌골 30° 각도로 커트한다.

✔ 'ㄱ' 부분의 각을 없앤다는 느낌으로 커트한다.

(6) 파팅라인 설정하기

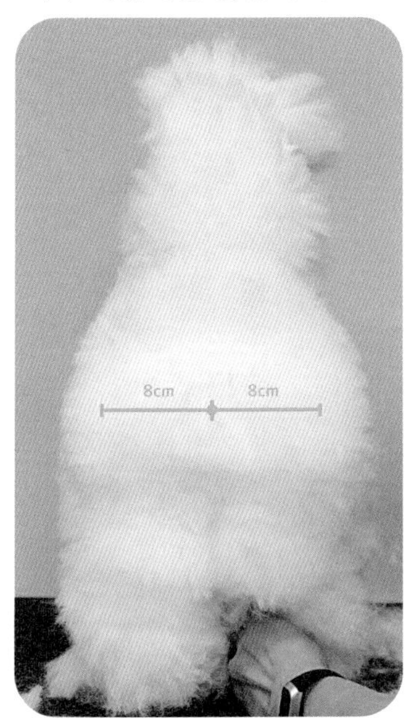

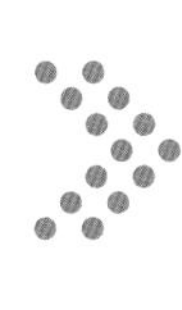

① 엉덩이 옆구리, 위쪽 털을 코밍한다.

② 파팅라인은 체장의 1/3 지점으로 설정한 후 꼬리를 중심으로 각 왼쪽, 오른쪽으로 8cm 지점에서 수직으로 턱업까지 일직선으로 커팅한다.

③ 허리 쪽이 들어가게끔 대칭을 맞추어 좌·우 파팅라인을 자른다.

✔ 허리 쪽으로 가위를 10~15° 정도 꺾어서 일직선으로 커팅한다.

✔ 허리는 턱업 기준으로 잡으면 적당하다.

④ 위에서 보면 사다리꼴 모양이 나온다.

(7) 후구 자르기

(가) 뒷다리 커팅

순서: 뒷다리 좌측·우측 바깥쪽 → 양다리 안쪽 → 비절 아래 → 앵귤레이션 → 풋라인 각도 → 측면·안쪽각

(a) 뒷다리 측면 털 자르기

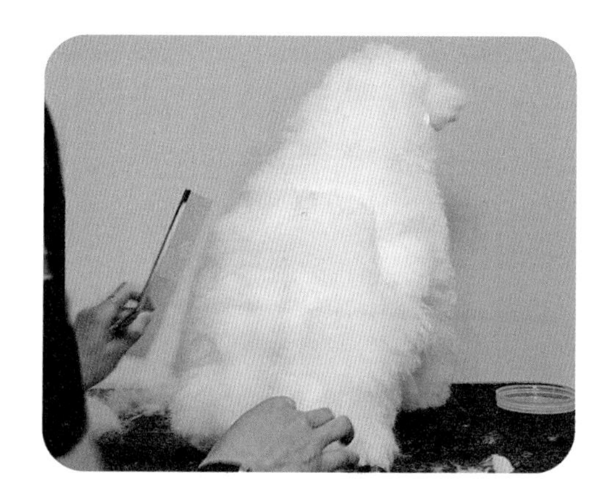

① 뒷다리 왼쪽 측면을 아래에서 위로 털을 세우면서 코밍한다.

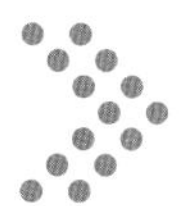

② 아래쪽이 약간 넓은 H자형으로 왼쪽 측면을 커트한다.

✔ 왼쪽 다리(뼈)를 중심으로 바깥쪽, 안쪽 털이 1:1이 되도록 자른다고 생각하고 커팅한다.
✔ 다리 굵기는 8~9cm가 적당하다.

③ 뒷다리 오른쪽 측면을 아래에서 위로 털을 세우면서 코밍한다.

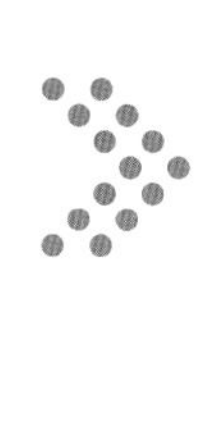

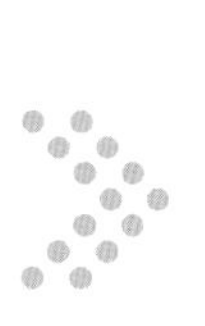

④ 아래쪽이 약간 넓은 H자형으로 오른쪽 측면을 커트한다.

✔ 오른쪽 다리를 중심으로 바깥쪽, 안쪽 털이 1:1이 되도록 자른다고 생각하고 커트한다.

✔ 왼쪽, 오른쪽 측면이 대칭이 되도록 자른다.

(b) 안쪽 털 자르기

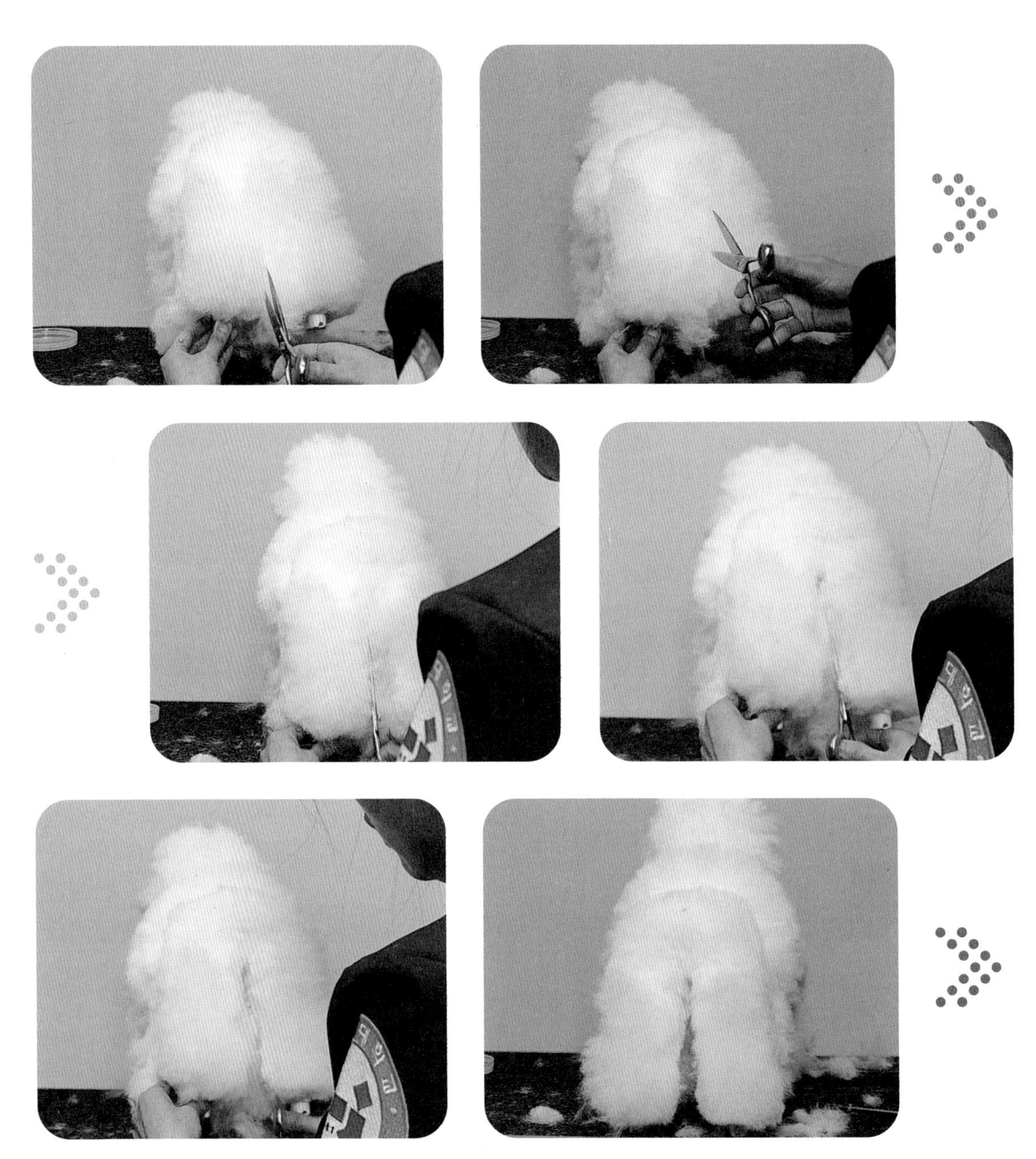

① 다리 사이 안쪽 털을 아래에서 위로 털을 세우면서 코밍한다.
② 다리 사이의 빈 공간이 2~2.5cm 정도 될 수 있도록 위에서 아래로 일직선으로 커트한다.

③ 윗부분 털(생식기)은 가위를 눕힌 상태에서 커트한다(실견처럼 다리를 옆으로 올리거나 클리퍼로 밀 수 없기 때문에 가위를 눕혀서 털을 자르는 것이므로 실견 미용 시에는 절대 하면 안 된다. 위그를 자를 때만 이 방법을 써야 한다).

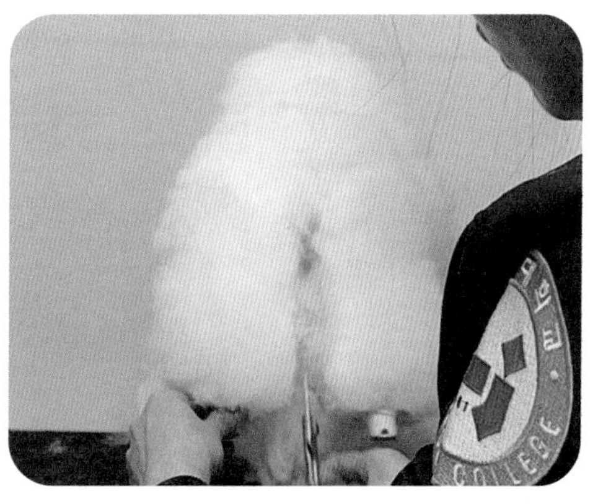

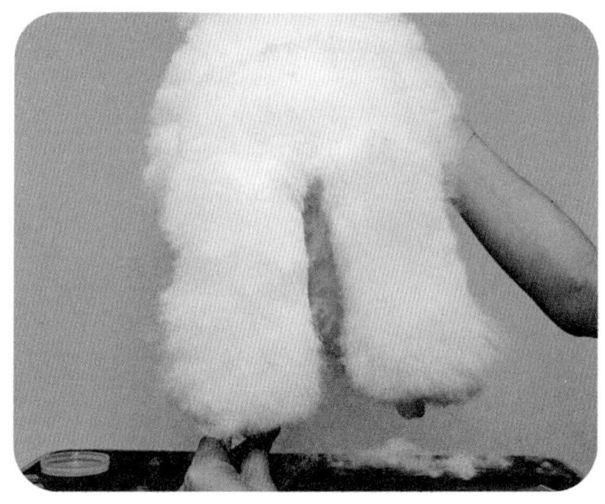

✔ 안쪽 털의 a부분을 확실히 제거해야만 다리 사이의 공간이 깔끔하게 확보된다.

✔ 안쪽 털은 한 번에 제거하기가 힘들다. 여러 번 반복하며 커트한다.

✔ 각 다리(뼈)를 중심으로 바깥쪽 털과 안쪽 털이 한쪽으로 치우치지 않고 1:1이 될 수 있도록 유의하며 커트한다. 이때 다리 굵기는 8~9cm가 적당하다.

(c) 비절 아래 털 자르기

① 왼쪽, 오른쪽 뒷다리 비절 아랫부분을 코밍한 후 털끝에서 1cm 정도 가량만 일직선으로 커트한다.

✔ 과하게 털을 자르면 뒷다리 풋라인 각도가 나오지 않고, 앵귤레이션 연결이 자연스럽지 않다. 실수를 많이 하는 부분이니 유의해서 커트한다.

(d) 앵귤레이션

① 왼쪽 다리 비절 아래의 털을 자른 윗부분(b)에서 체장의 엉덩이 뒷부분을 커트한 아랫부분(a) 1/2 지점(c)을 설정한다.

② 가위 끝이 b-c로 향하게 하여 사선으로 커트한다.

③ a지점에서 c지점까지 곡선을 그리며 커트하면서 b지점까지 자연스럽게 연결되도록 커트한다.
✔ a에서 b지점까지 한 번에 곡선을 그리며 커트해도 된다.

④ 오른쪽 다리 앵귤레이션도 같은 방법으로 커트한다.

(e) 뒷다리 풋라인

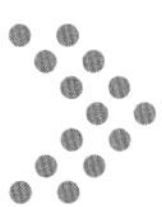

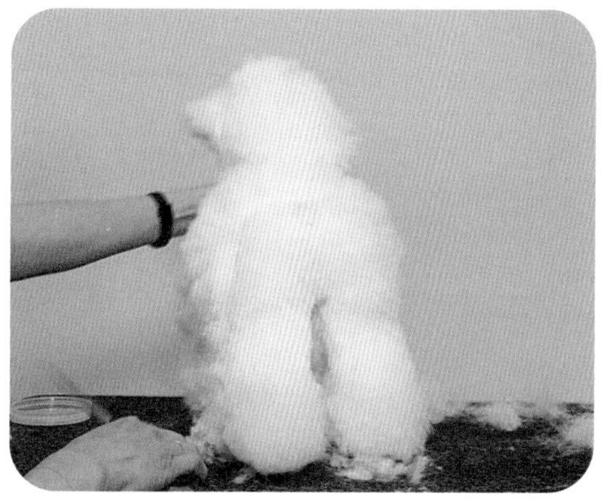

① 왼쪽 다리 비절 아랫부분을 지면에서 45도 커트한 후 발등이 보이게 풋라인을 바깥쪽, 뒤쪽, 안쪽의 각을 둥글게 라운딩하며 커트한다.

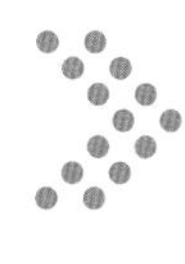

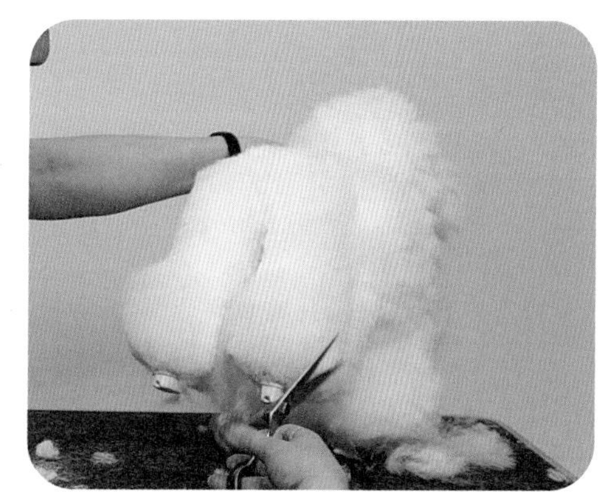

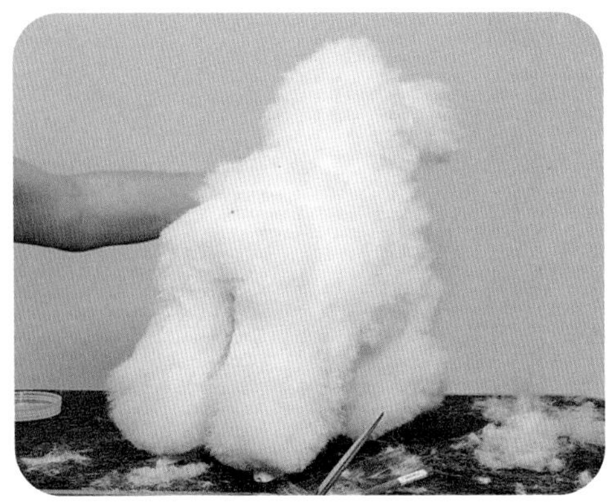

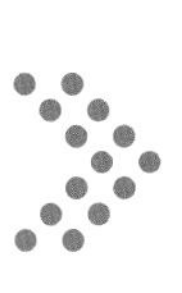

② 오른쪽 다리 비절 아랫부분을 지면에서 45도 커트한 후 발등이 보이게 풋라인을 바깥쪽, 뒤쪽, 안쪽의 각을 둥글게 라운딩하며 커트한다.

(8) 몸통 파팅라인 블렌딩

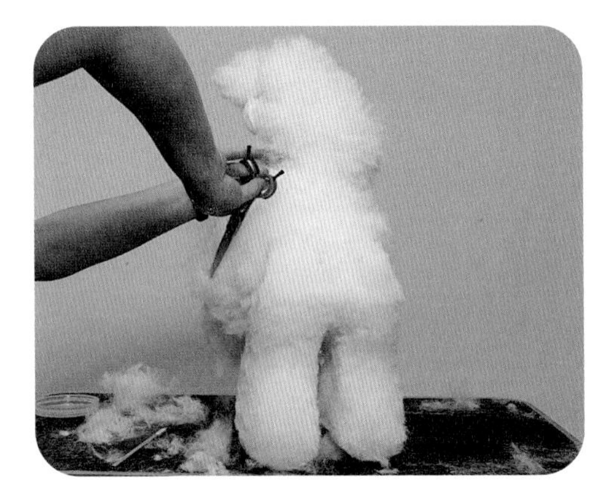

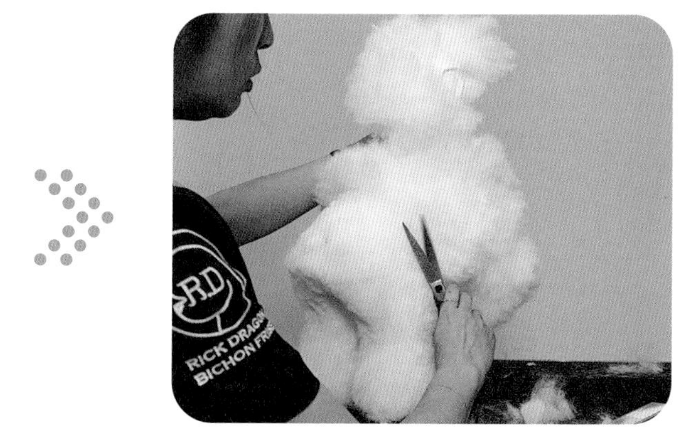

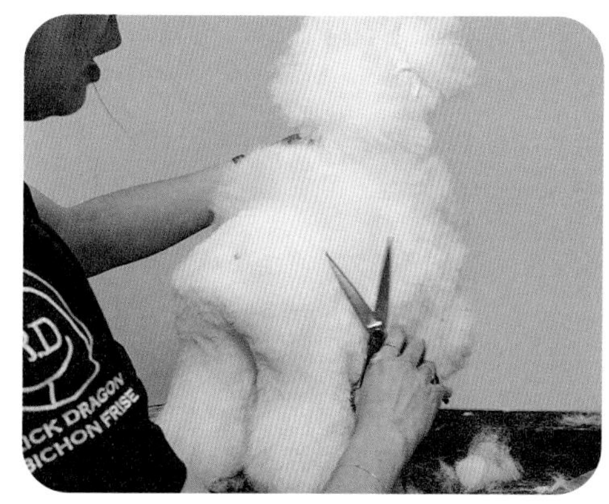

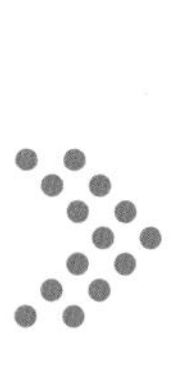

① 파팅라인의 허리 털들이 후구 쪽으로 넘어오는 위쪽, 양옆쪽 털들을 커트한다.

(9) 전구 자르기

(가) 가슴, 앞다리 앞쪽 털 자르기

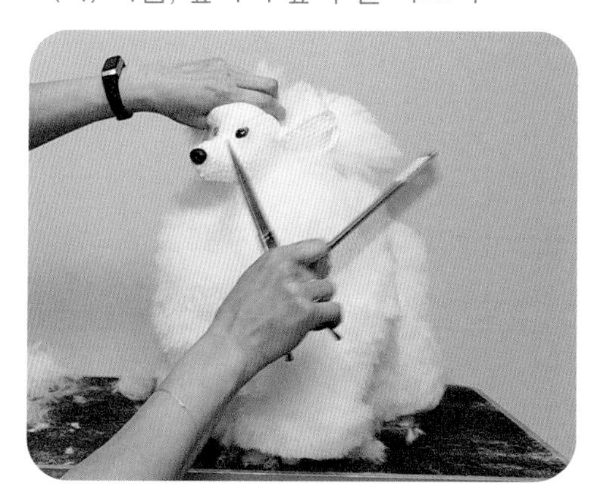

① 앞가슴을 코밍한다.
② 흉골단을 설정한다.

흉골단 위치를 정하는 방법

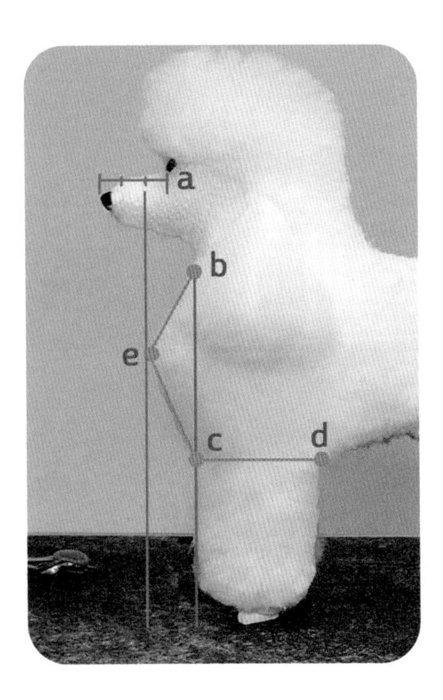

b지점(아담스애플)이 정해지면 세로직선을 내리고, d지점(엘보)에서 앞다리 앞쪽으로 가로직선을 그으면 c지점이 정해지고, b와 c를 1:1로 나누면 흉골단(e) 위치가 정해진다.

③ 왼쪽 견갑 부분에서 흉골단(e)까지 45°로 커트한다.

④ 왼쪽 상완골을 표현하기 위해 흉골단(e)에서 c까지 45°로 커트한다.

⑤ c지점에서 지면까지 수직으로 커트한다.

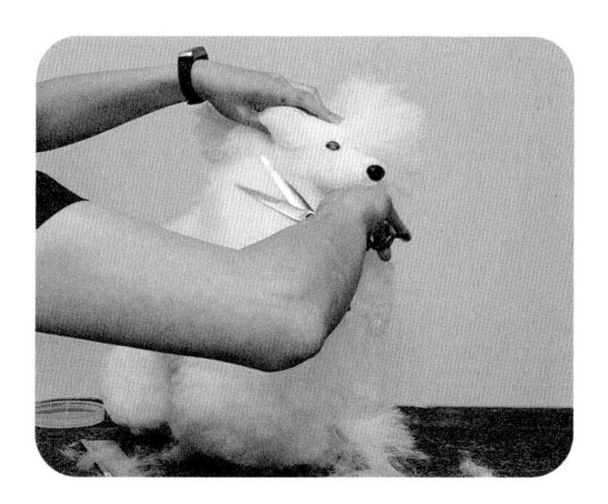

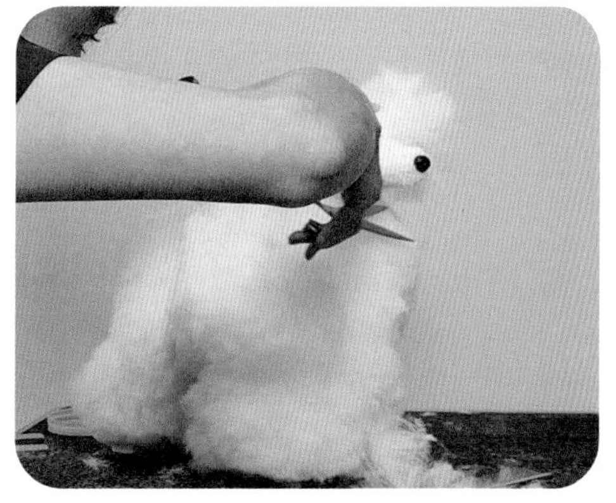

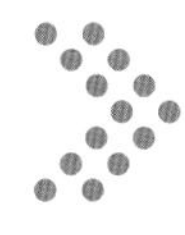

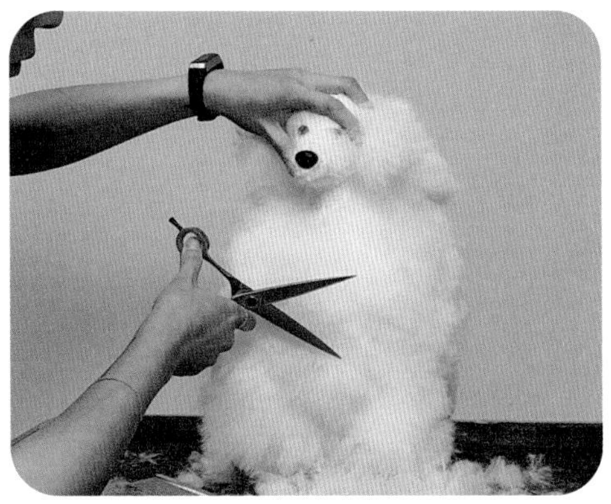

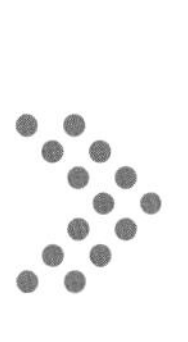

⑥ 오른쪽 견갑 부분에서 흉골단까지 45° 커트하고, 오른쪽 상완골을 표현하기 위해 흉골단에서 c까지 45° 커트한다.

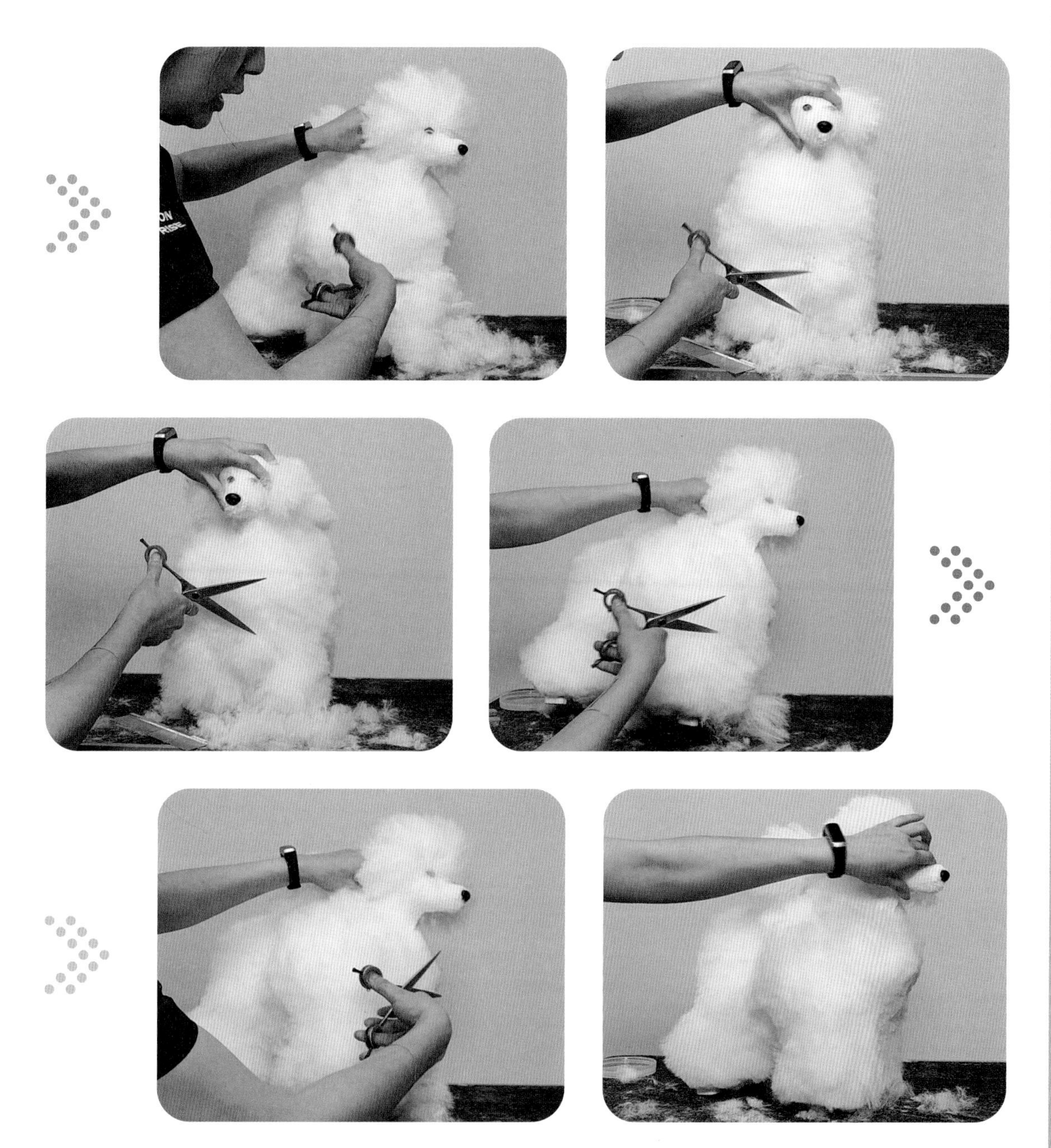

⑦ c지점에서 지면까지 수직으로 커트한 후 앞가슴이 둥근 형태가 되도록 라운딩하며 부드럽게 커트한다.

(나) 앞다리 바깥쪽 털 자르기

① 우측 어깨는 흉골단 경계선(a)까지 사선으로 커트 한다.

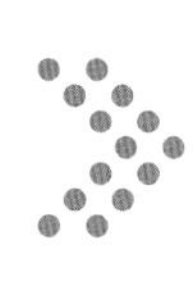

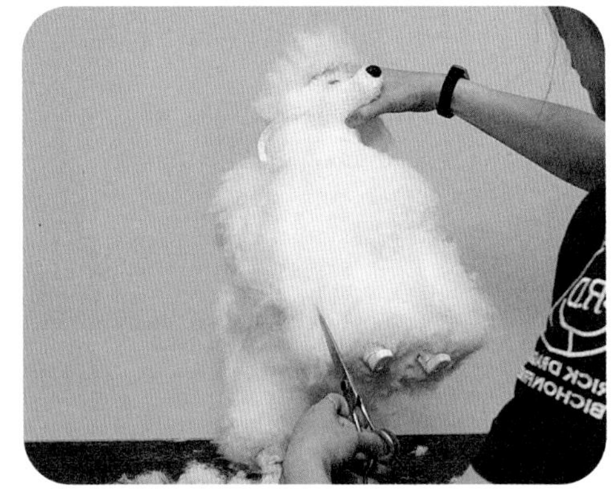

② 오른쪽 다리 측면은 오른쪽 다리뼈(b)를 중심으로 왼쪽, 오른쪽의 대칭을 이루며 (a)경계선에서 지면까지 위에서 아래로 수직으로 커트한다.

✔ 다리 폭은 7~7.5cm 정도가 적당하다.

③ 좌측 어깨는 흉골단 경계선(c)까지 사선으로 커트한다.

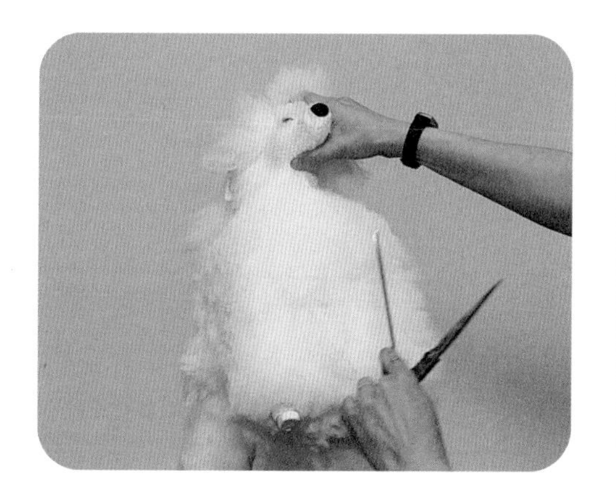

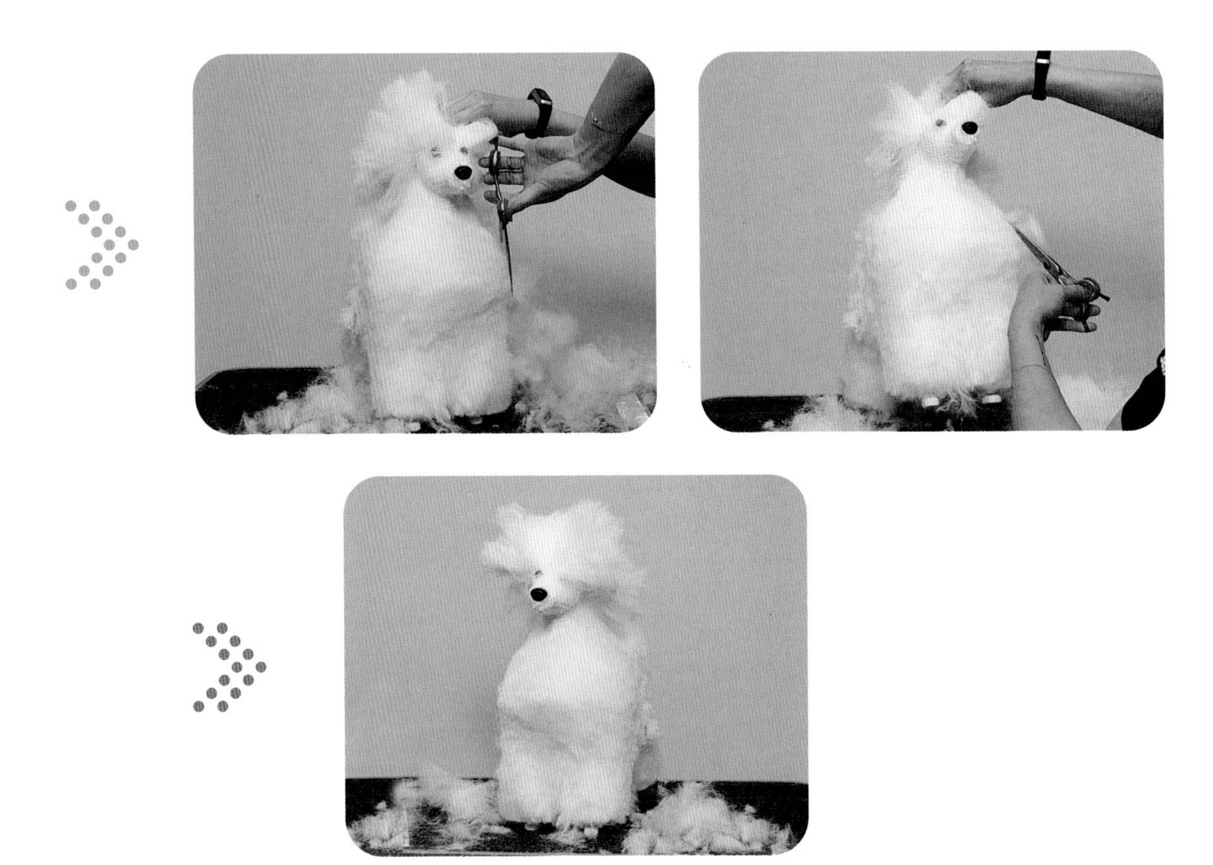

④ 왼쪽 다리 측면은 왼쪽 다리뼈(d)를 중심으로 왼쪽, 오른쪽의 대칭을 이루며 (c)경계선에서 지면까지 위에서 아래로 수직으로 커트한다.

(다) 앞다리 안쪽 털 자르기

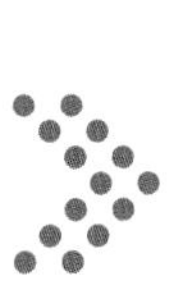

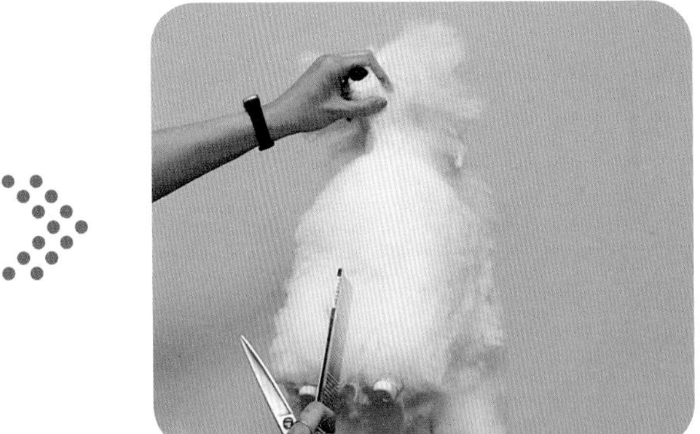

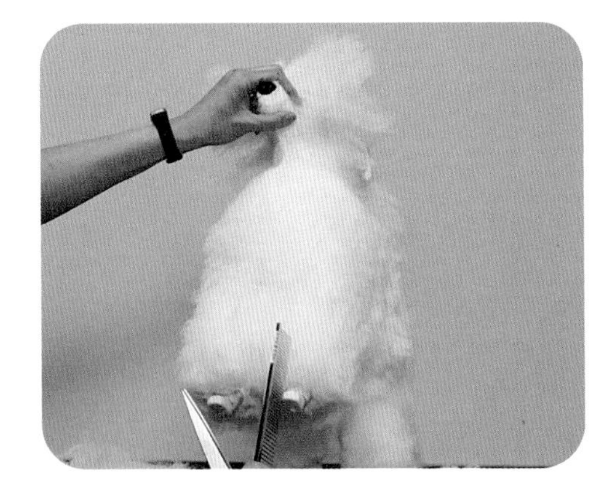

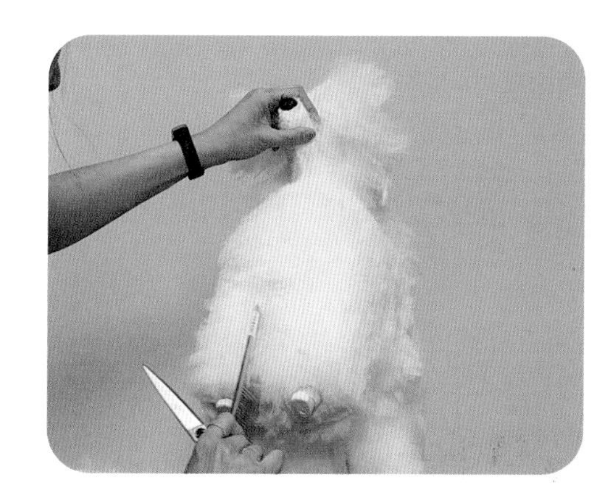

① 다리 사이 안쪽 털을 아래에서 위로 털을 세우면서 코밍한다.

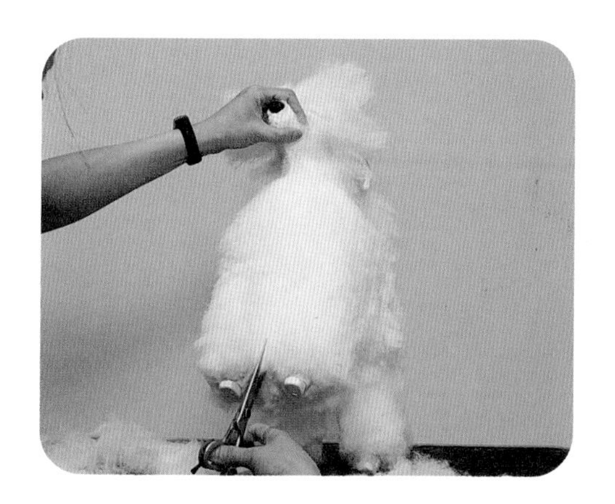

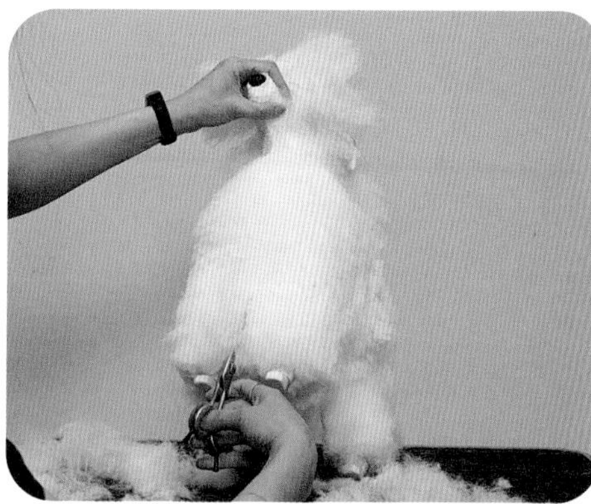

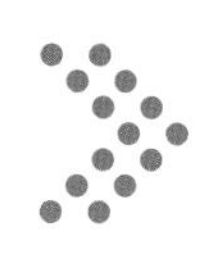

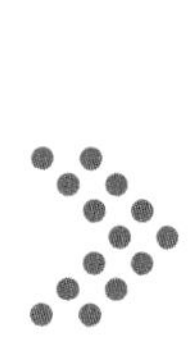

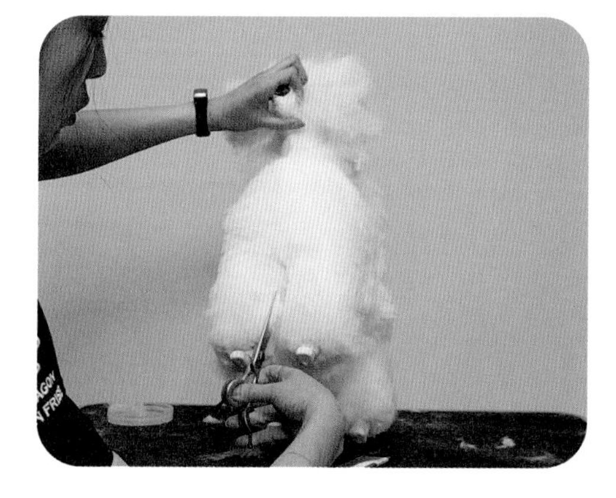

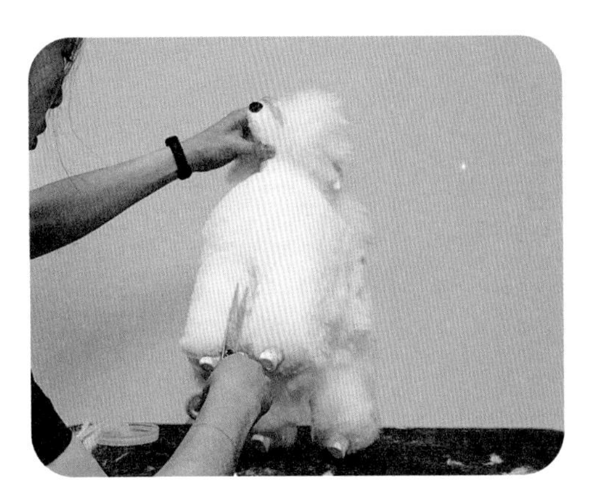

② 양다리 사이의 빈 공간이 1~1.5cm 정도 될 수 있도록 위에서 아래로 일직선으로 커트한다.

③ 다리 사이 윗부분은 가위를 눕힌 상태에서 커트한다.

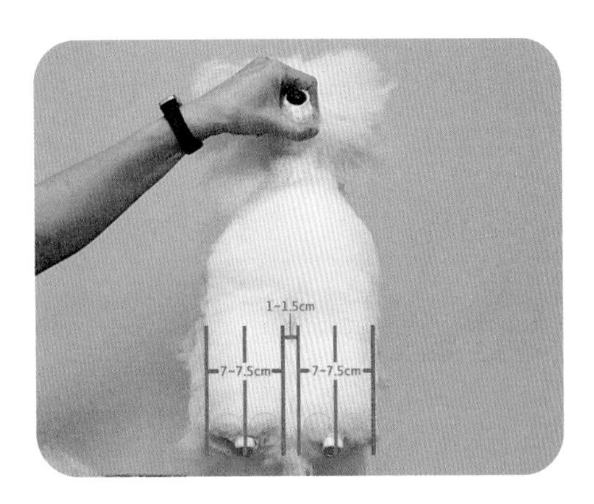

✓ 각 다리(뼈)를 중심으로 바깥쪽 털과 안쪽 털이 한쪽으로 치우치지 않고 1:1이 될 수 있도록 유의하며 커트한다. 이때 다리 굵기는 7~7.5cm가 적당하다.

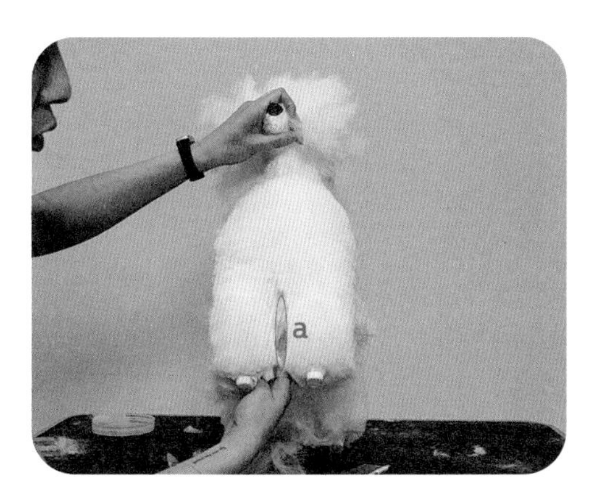

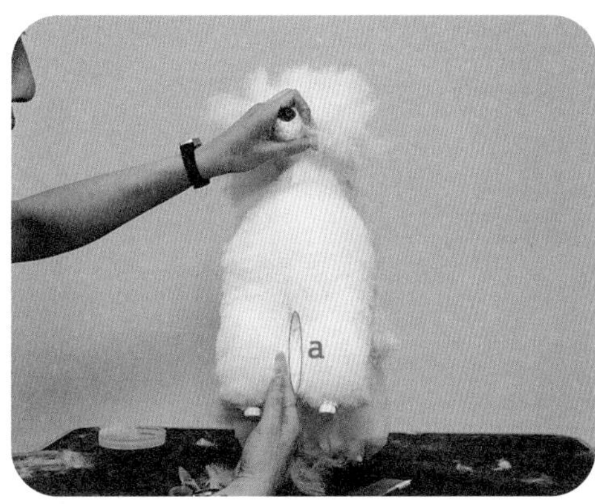

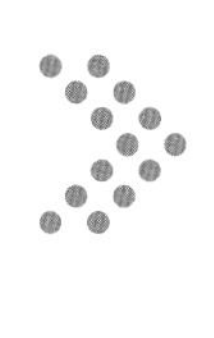

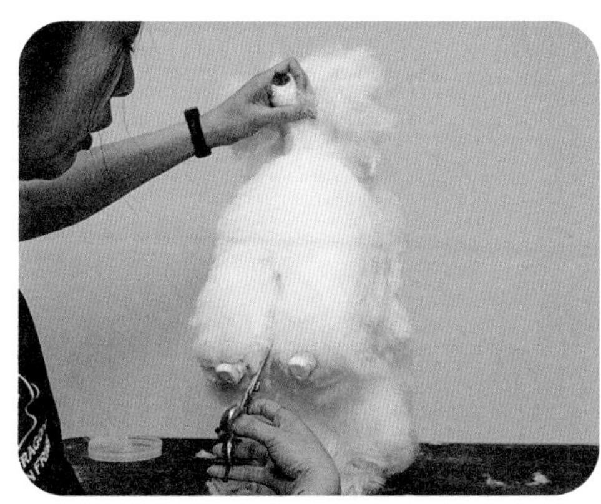

✔ 안쪽 털의 a부분을 확실히 제거해야만 다리 사이의 공간이 깔끔하게 확보된다.

✔ 안쪽 털의 제거는 한 번에 제거하기가 힘들다. 여러 번 반복하며 커트한다.

(라) 왼쪽, 오른쪽 앞다리 풋라인

① 다리 아래쪽을 코밍한다.

② 오른쪽 다리의 모서리 부위를 일정하게 둥글게 커트한다.

✔ 발등과 발목 경계선이 보이도록 커트한다.

✔ 풋라인 각도는 10~15° 정도가 적당하다.

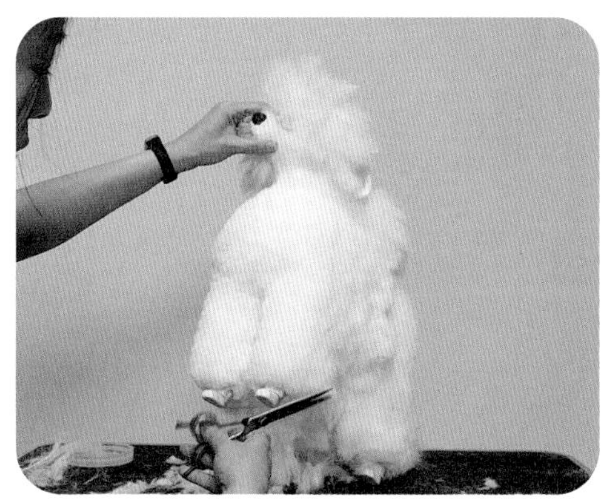

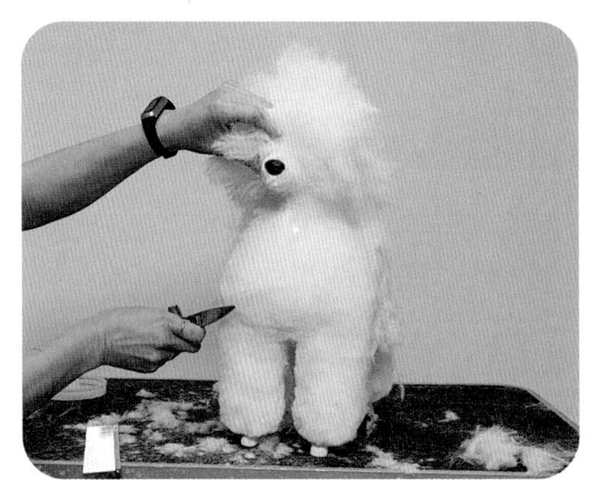

③ 왼쪽 다리의 모서리 부위를 일정하게 둥글게 커트한다.

(10) 중구 옆부분 자르기

(가) 앞다리 뒤쪽 털 자르기

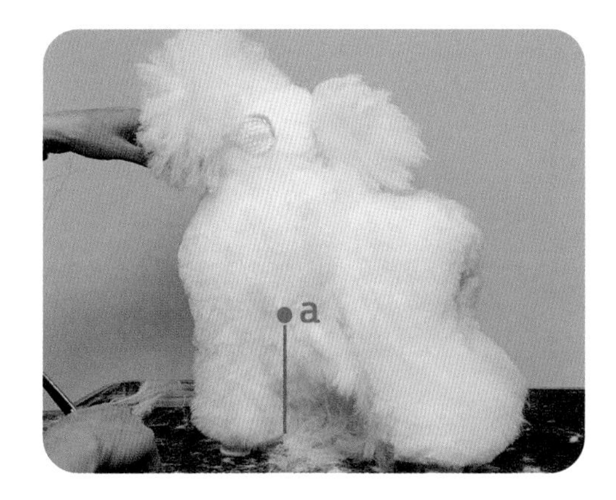

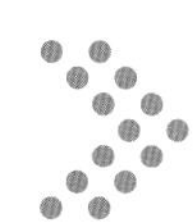

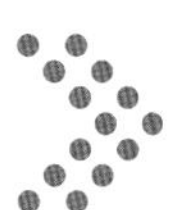

① 엘보우(a) 지점을 확인한 후 수직으로 커팅한다.

✔ 앞다리 옆 폭이 7.5~8cm인 걸 생각해서 앞다리 뼈를 중심으로 앞쪽 3.5cm, 뒤쪽 3.5cm 남기고 앞다리 뒤쪽 털을 수직으로 커팅한다.

(나) 언더라인 자르기

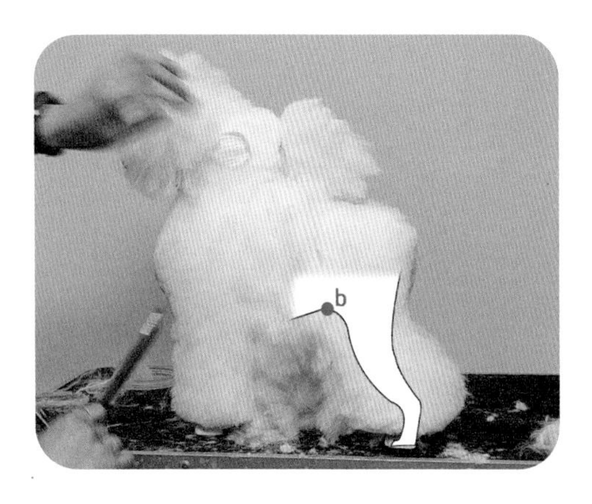

① 턱업(b) 지점을 확인한다.

a
b

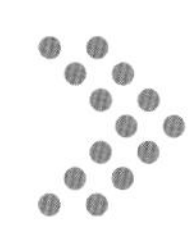

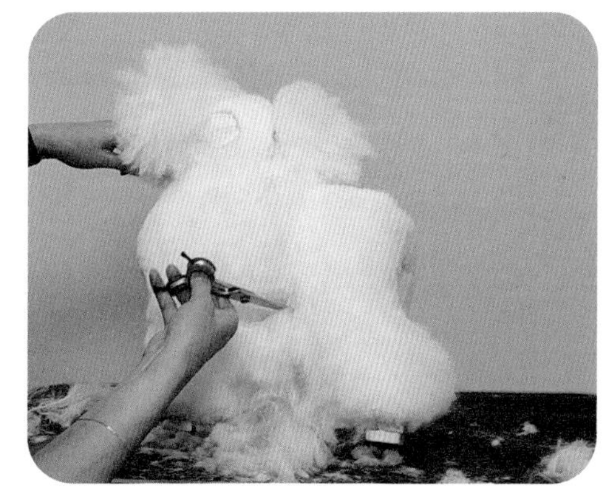

② 엘보우(a)에서 턱업(b) 지점까지 사선으로 커트한다.

✔ 각도는 15° 정도가 적당하다.

(다) 뒷다리 앞털 자르기

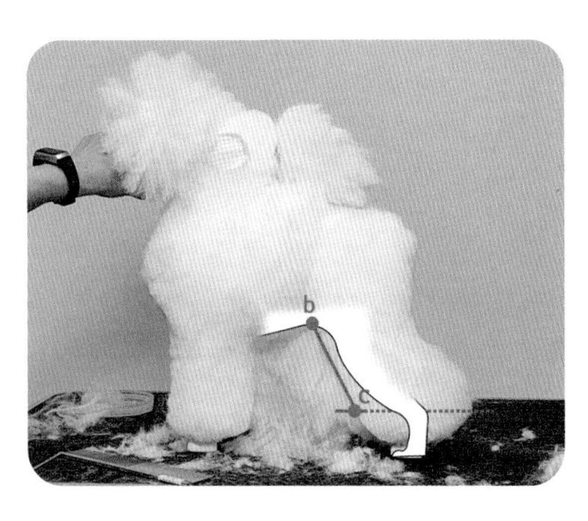

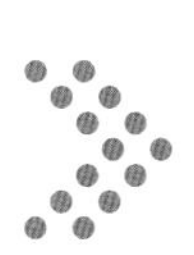

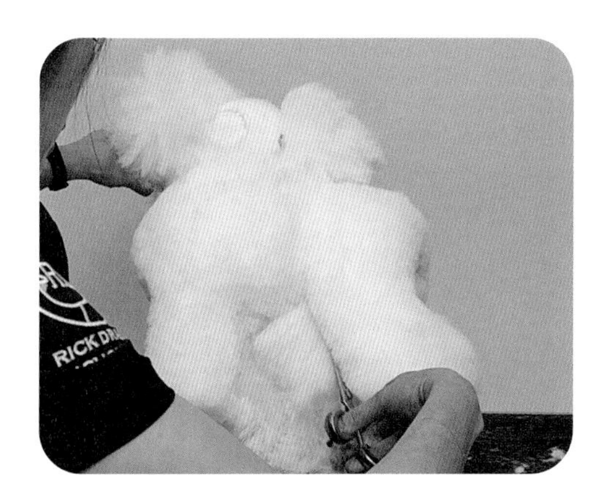

① 턱업(b)에서 c지점까지 사선으로 커트한다.

✔ c지점은 호크를 기준으로 잡으면 된다.

✔ 다리 굵기가 일정하게 커트한다.

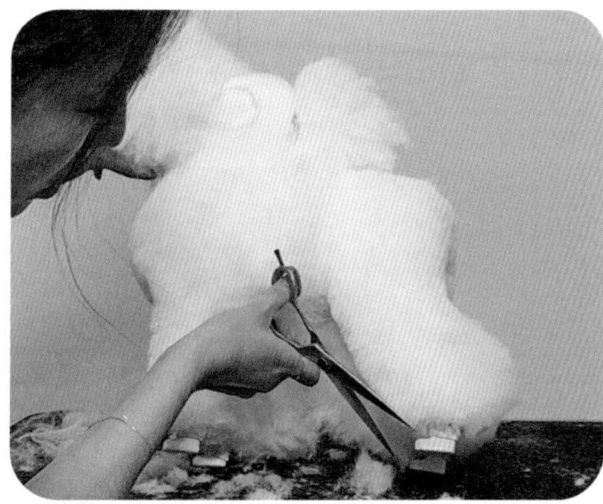

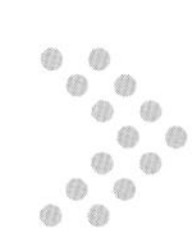

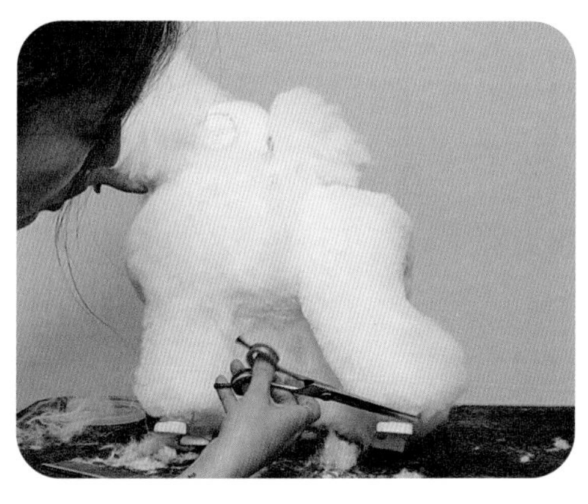

② c지점에서 패드까지 라운드를 그리며 커트한다.

(라) 왼쪽, 오른쪽 앞다리 풋라인

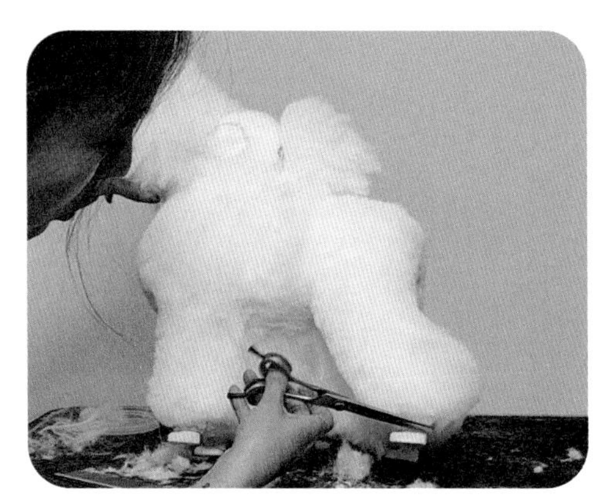

① 뒤꿈치 풋라인 각도는 45°이다.
② 양쪽 뒷다리의 풋라인을 라운드를 그리며 커트한다.

(11) 옆구리 쪽 털 자르기

① 좌측 옆부분 털을 코밍한다.

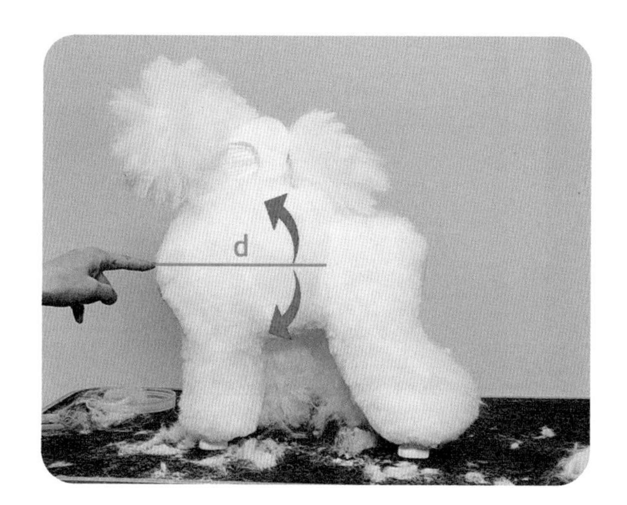
d

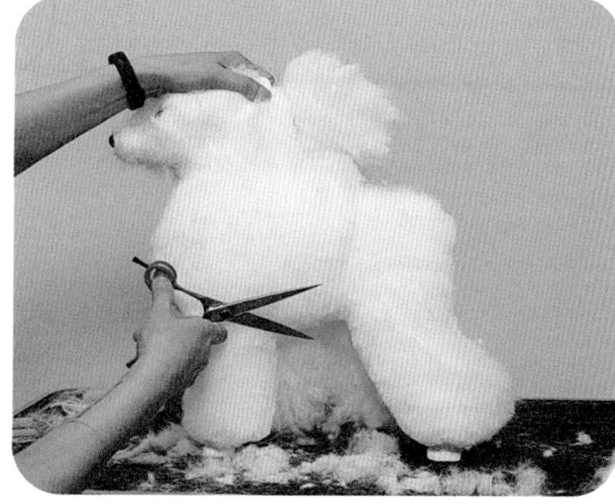

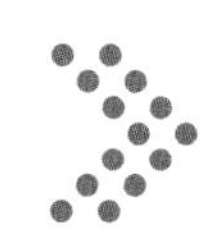

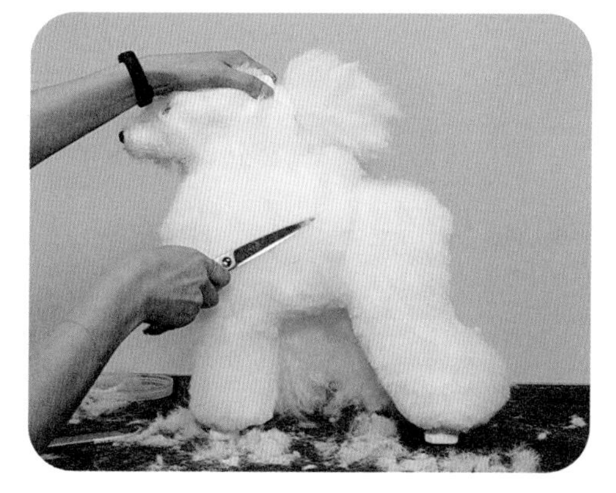

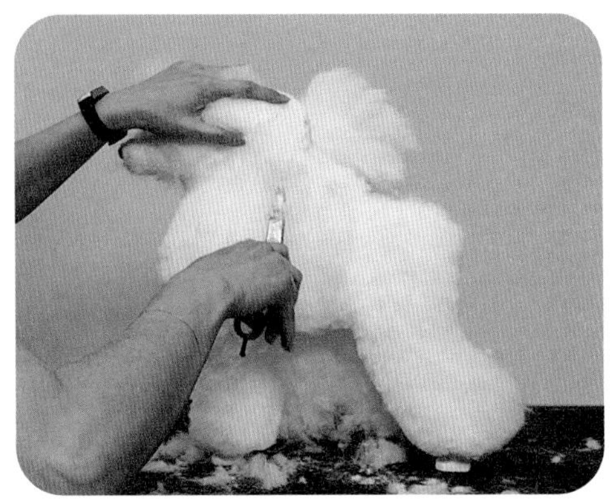

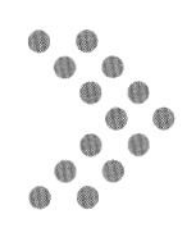

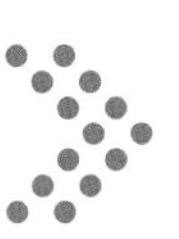

② 흉골단을 중심으로 옆구리 일직선의 최고 지점(d)을 설정한 후 아래로 둥글게 커트하고, 위로 둥글게 커트한다.

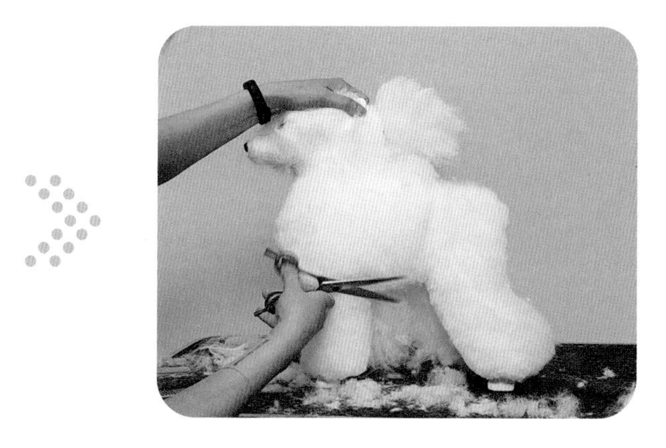

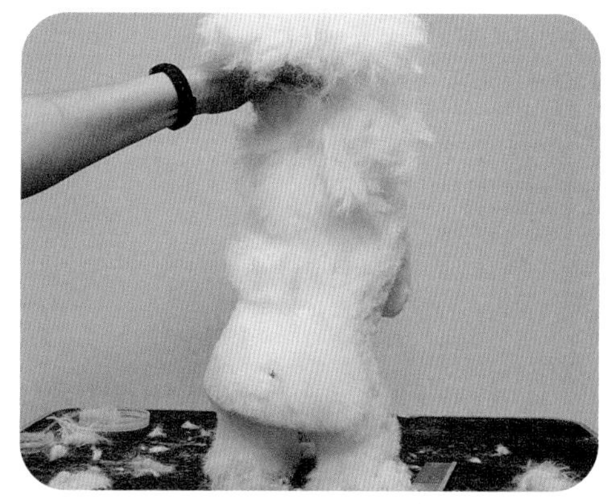

③ 커트 시 허리라인 쪽은 살짝 들어가게 커트하여 위에서 봤을 때 땅콩모양처럼 되어야 한다.

✔ 허리라인의 폭은 약 12~13cm 정도이다.

(12) 두상 털 자르기

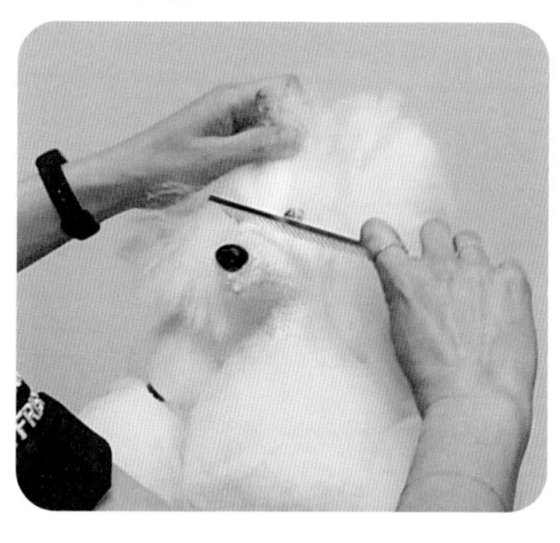

① 스탑 부분부터 위로 코밍하며 전체적으로 털을 세운다.

② 스탑 부분에서 45˚로 커트한다.

③ 왼쪽 귀 라인을 분리한 후 45°로 커트한다.

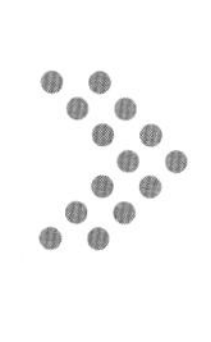

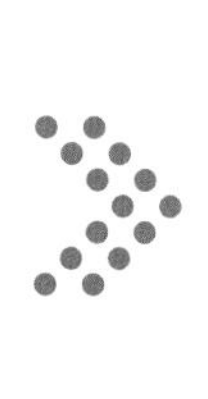

④ 오른쪽 귀 라인을 분리한 후 45°로 커트한다.

✔ 커트 시 귀가 잘리지 않도록 주의한다.

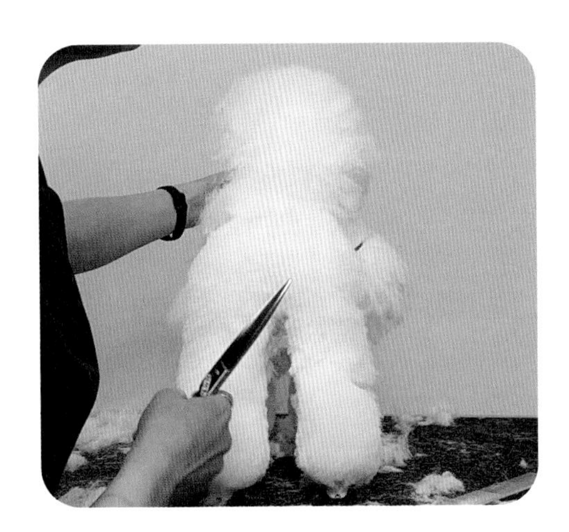

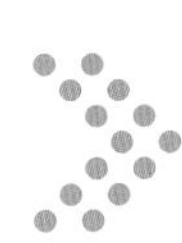

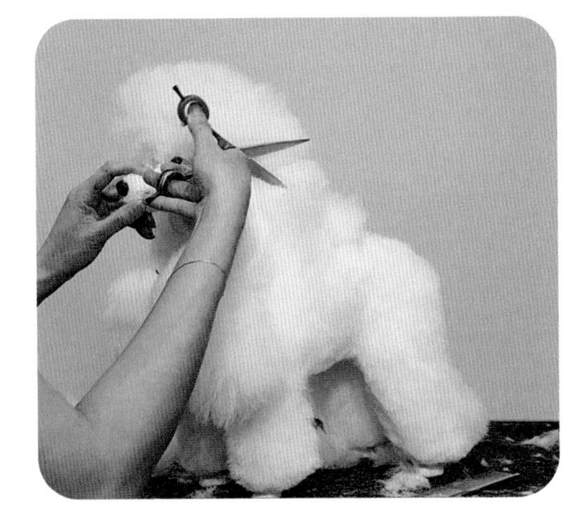

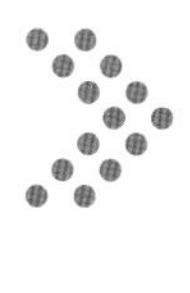

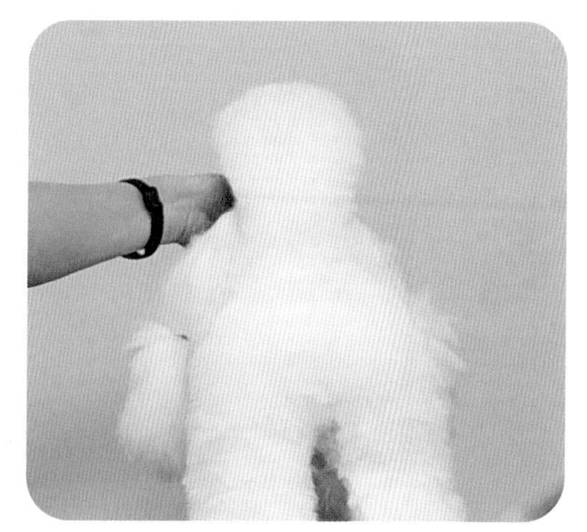

✓ 양쪽 크라운을 커트할 때 가위가 넥라인 밖으로 나가게 커트한다. 후두부를 표현할 때 자연스러운 넥라인을 만드는 데 용이하기 때문이다.

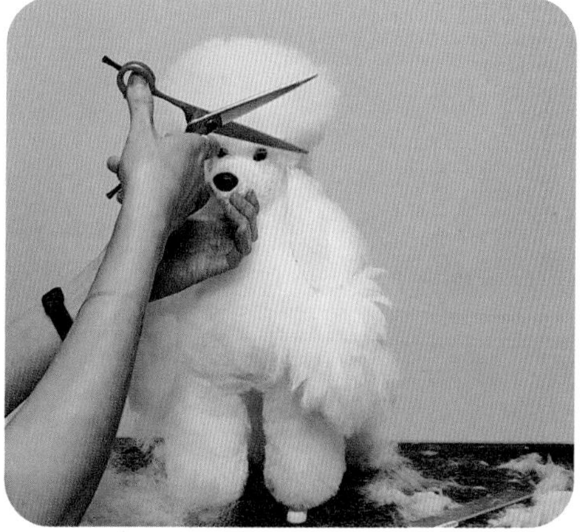

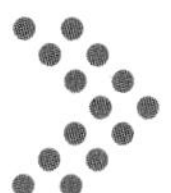

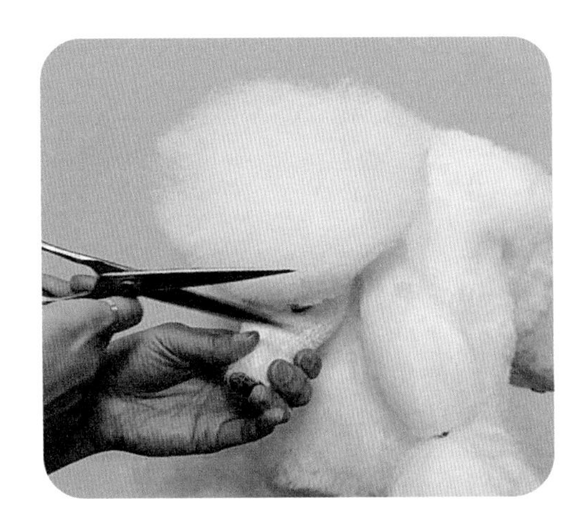
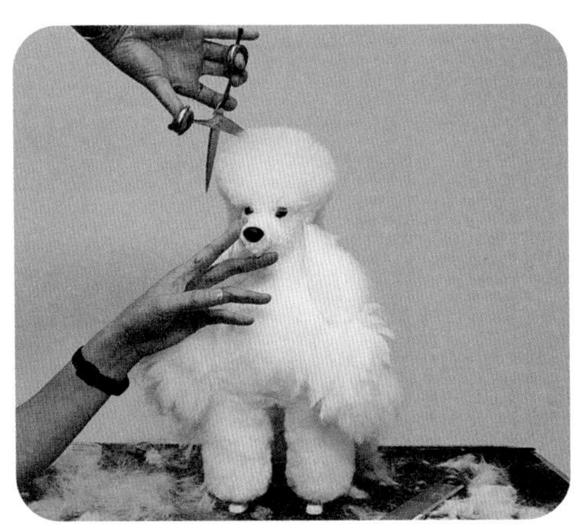
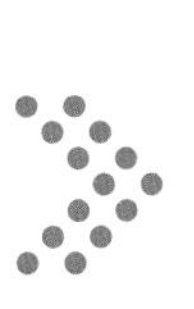

⑤ 크라운의 각진 부분을 둥근 모양으로 커팅한다.

(13) 귀 구분 선, 목, 탑라인, 백라인 자르기

(가) 귀 구분 선, 목털 자르기

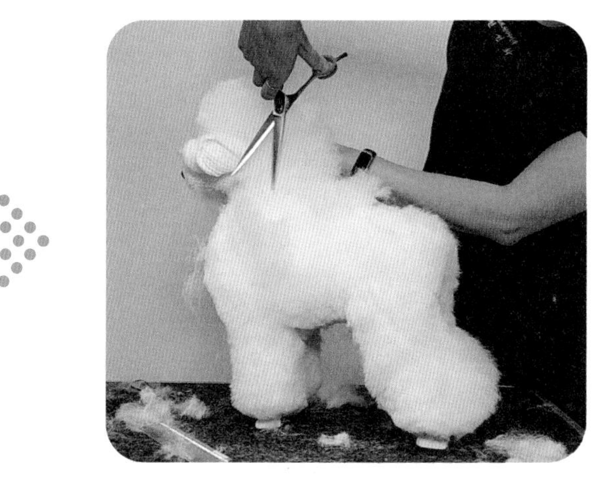

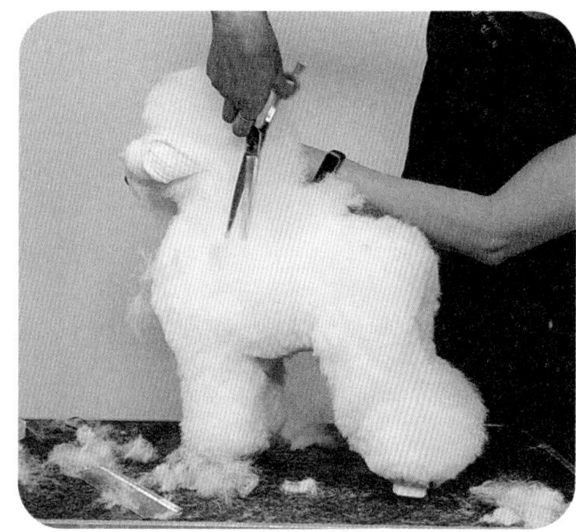

① 왼쪽 귀를 들어 올려 후두부 옆면에 곡선을 만들며 커트한다.

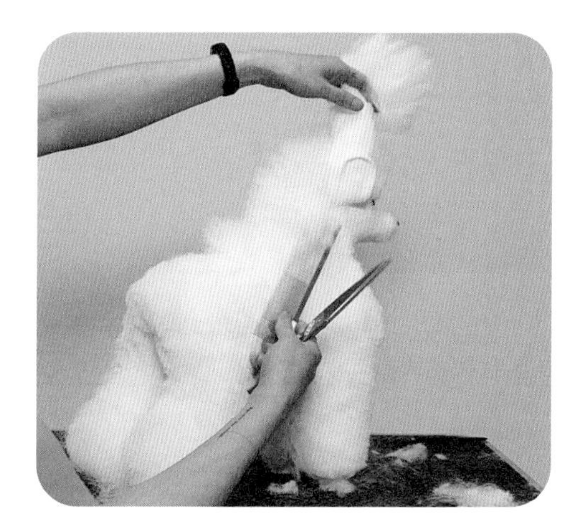

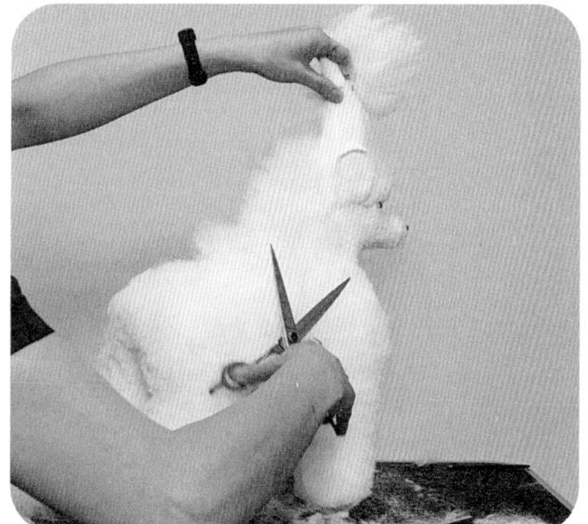

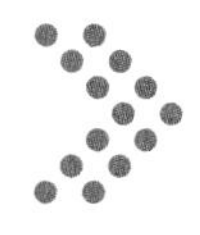

② 동일한 방법으로 오른쪽 후두부 옆면을 커트한다.

(나) 탑라인, 백라인 자르기

① 꼬리 앞부분부터 기갑부 전(b)까지 일직선으로 커트한다.

② 앞다리 뒤쪽보다 조금 나오고, 뒷다리 앞쪽 라인과 연결이 되게 후두부 위쪽에서 기갑부 전(a)까지 일직선으로 커트한다.

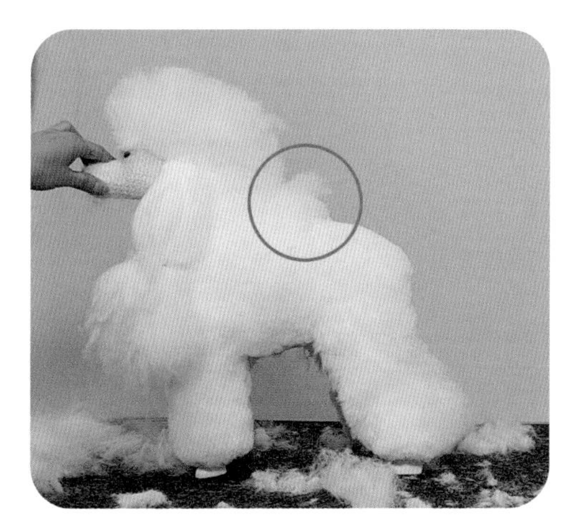

③ a와 b 사이에 있는 털들은 서로 자연스럽게 연결되도록 곡선을 그리며 커트한다.

④ 넥라인 양옆, 뒤쪽, 크라운 등 자연스럽게 연결되도록 둥글게 커트한다.

(14) 귀걸이 자르기

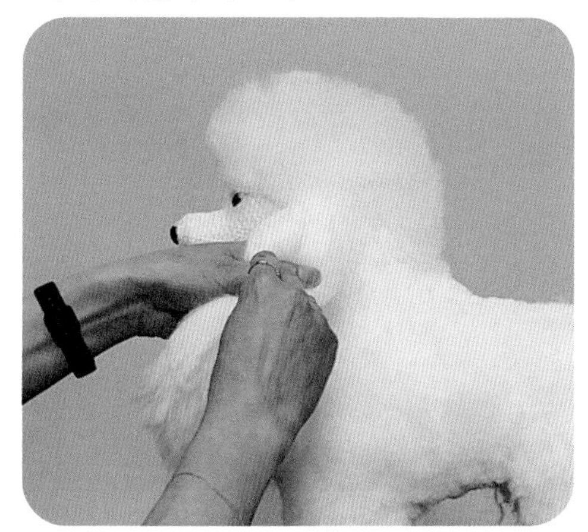

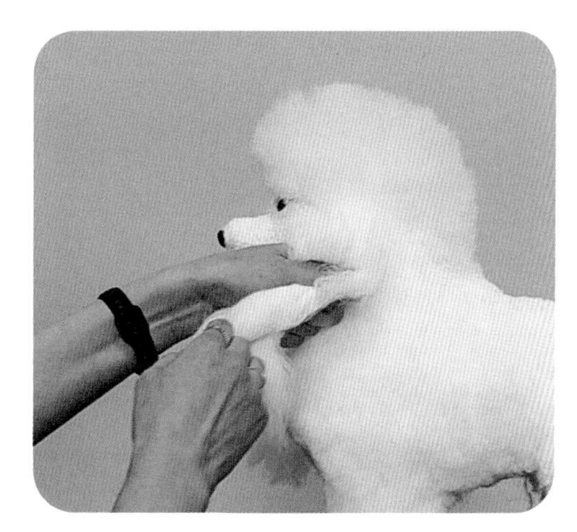

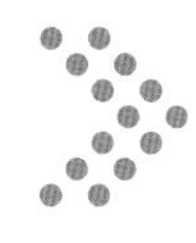

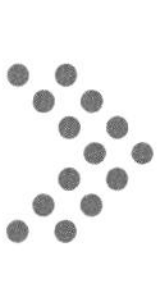

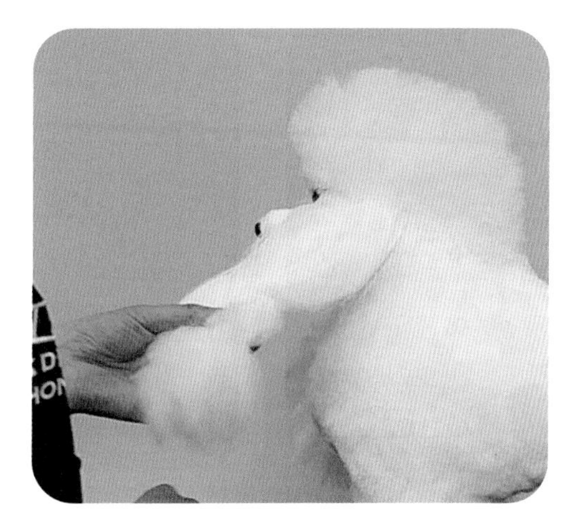

① 귀 밴딩을 손으로 풀거나, 밴딩 커팅 가위로 밴드를 자른다.

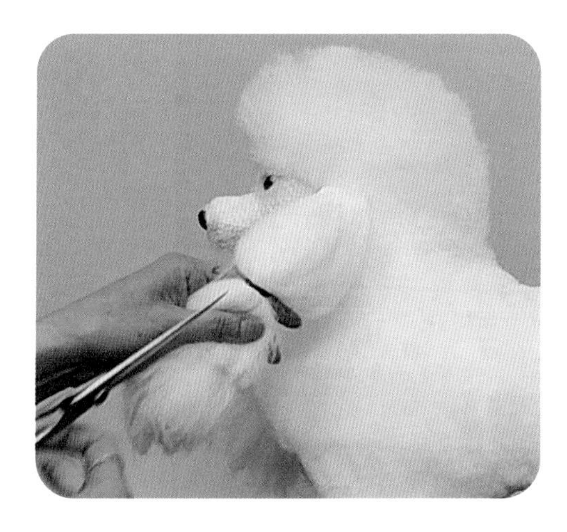

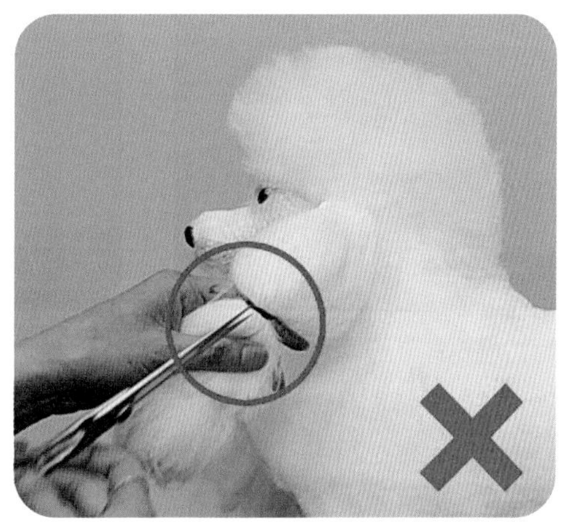

✔ 절대 시저링하는 블런트 가위로 밴드를 커팅하지 않는다. 감점의 요인이 된다.

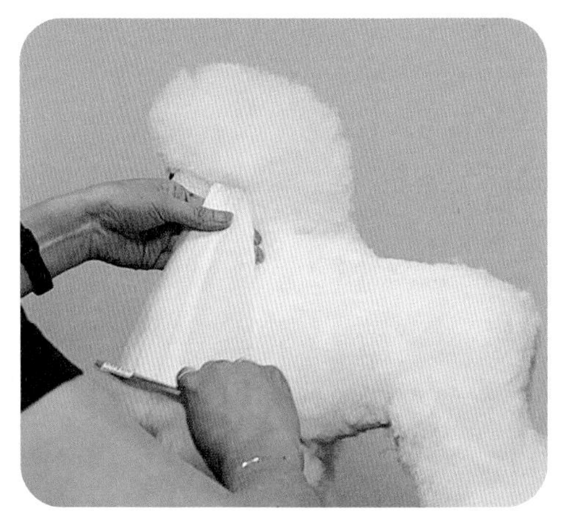

② 밴딩 자국이 있는 귀털을 브러싱한다.

✔ 귀 커팅을 위해 귀 브러싱 작업이나 귀 커팅 시 작업하지 않는 손은 귀를 잡아도 된다.

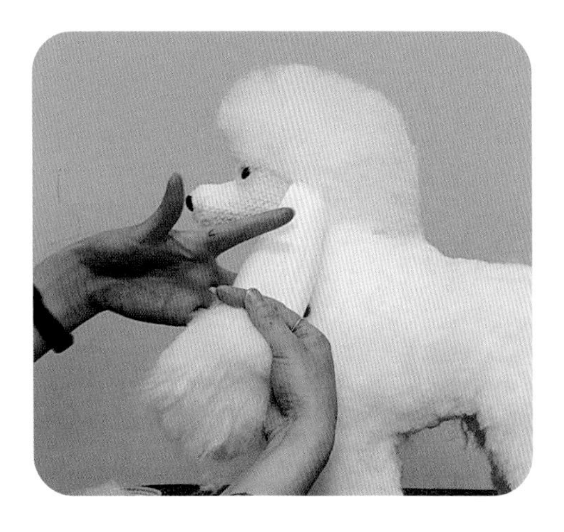

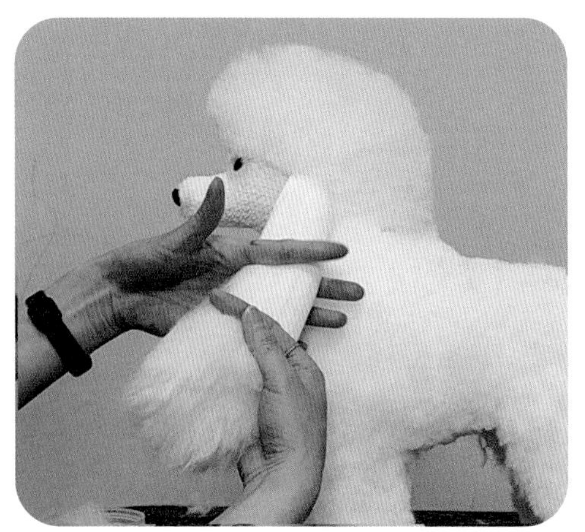

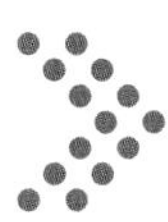

③ 귀털을 검지와 중지 사이에 놓고 아래로 내려 귀 끝을 잡은 후 흉골단 지점에서 둥글게 커팅한다.

✔ 귀 커팅시 귀를 위로 들거나 옆으로 든 상태에서 커팅하지 않는다.

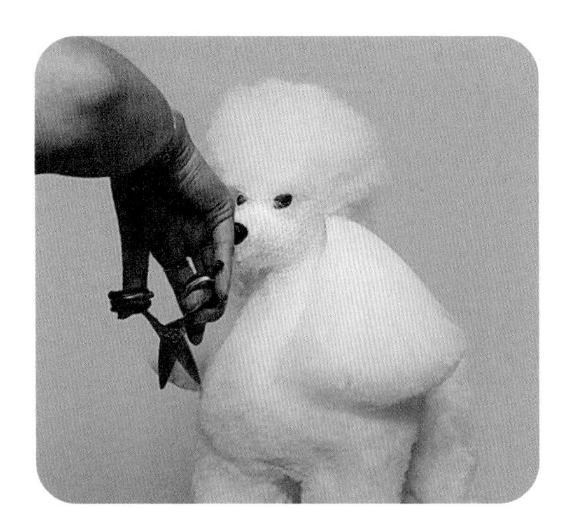

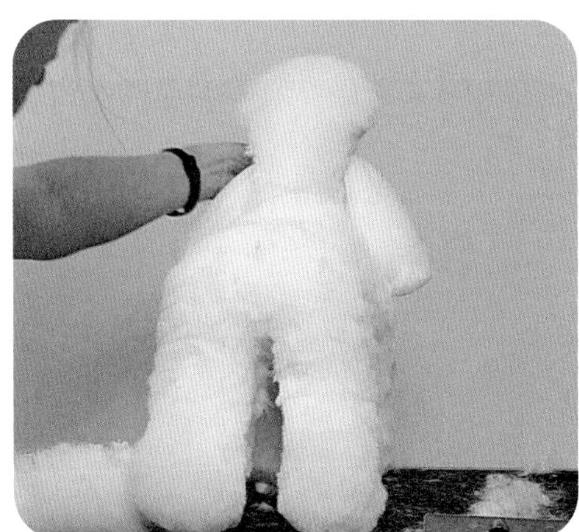

④ 커팅한 양쪽 귀털의 밸런스를 확인한다.

(15) 초벌 마무리

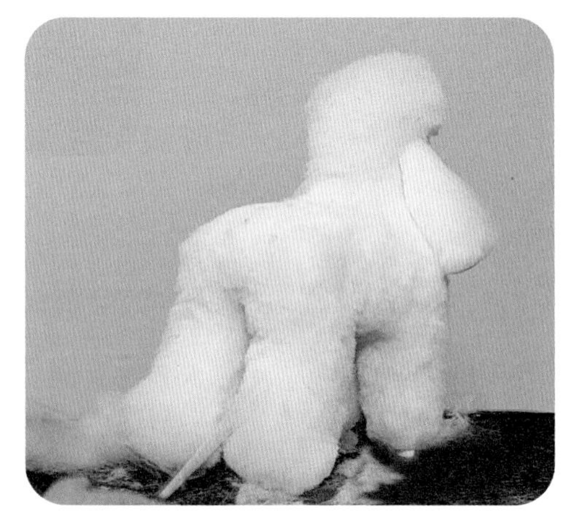

① 초벌을 마무리한다.

✔ 초벌작업이 1시간 전에 마무리되었다면 감독위원에게 초벌작업이 끝남을 알리고, 감독위원의 지시에 따라 재벌작업을 시작한다.

✔ 초벌작업 1시간을 꽉 채웠다면 감독위원에게 따로 알릴 필요는 없다.

다. 재벌커트하기

총 시험시간 2시간 중 1시간은 초벌커트, 남은 1시간은 재벌커트를 한다. 초벌커트는 램클립 순서에 맞추어 커트를 진행하였지만 재벌커트는 순서에 상관없이 커트를 진행하여도 무관하다. 그러나 순서 없이 커트를 하기보다 어느 정도 순서를 정해놓고 재벌커트를 하는 것이 균형 및 두께 등을 맞추기 용이하며, 불필요한 작업을 줄임으로써 시간 절약에도 도움이 된다. 커트 시 작업하지 않는 손은 털이 없는 머즐을 잡고 커트하는 것이 좋으며, 끊어짐 없이 이어지도록 커트를 해야 면 처리가 깔끔하다. 재벌 시에는 가위 테크닉에 신경을 써서 작업을 해야 한다. 전체적으로 커트가 마무리되면 시험 종료시간 20분 전에는 꼬리를 견체 몸에 꽂아 꼬리 커트를 해야 한다.

✔ **가위 테크닉**: 가위를 올바른 방법으로 잡았는지, 가위 방향이 위협적이지 않는지, 가위의 개폐각도가 적당한지, 가위 진행방향이 올바른지, 가위질이 끊김이 없이 연속적으로 커트를 하는지 등

(1) 몸 전체 재벌커트하기

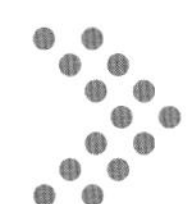

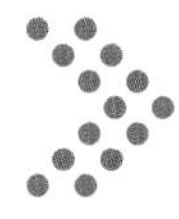

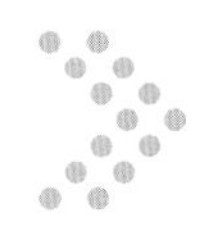

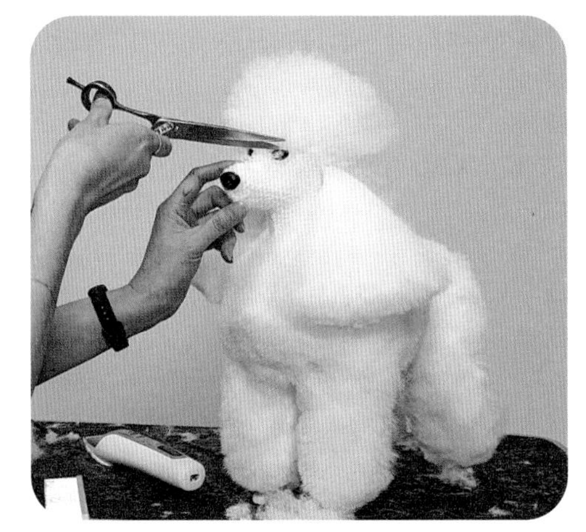

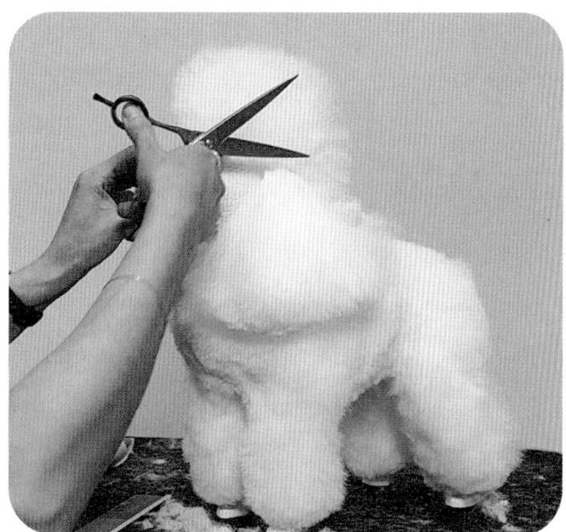

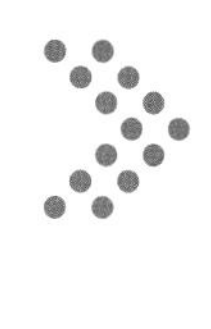

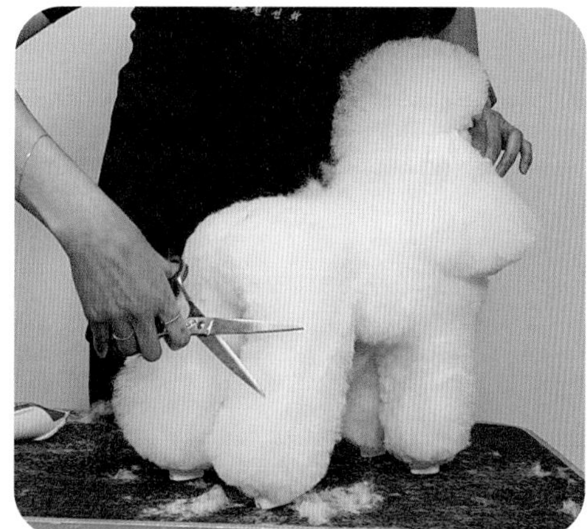

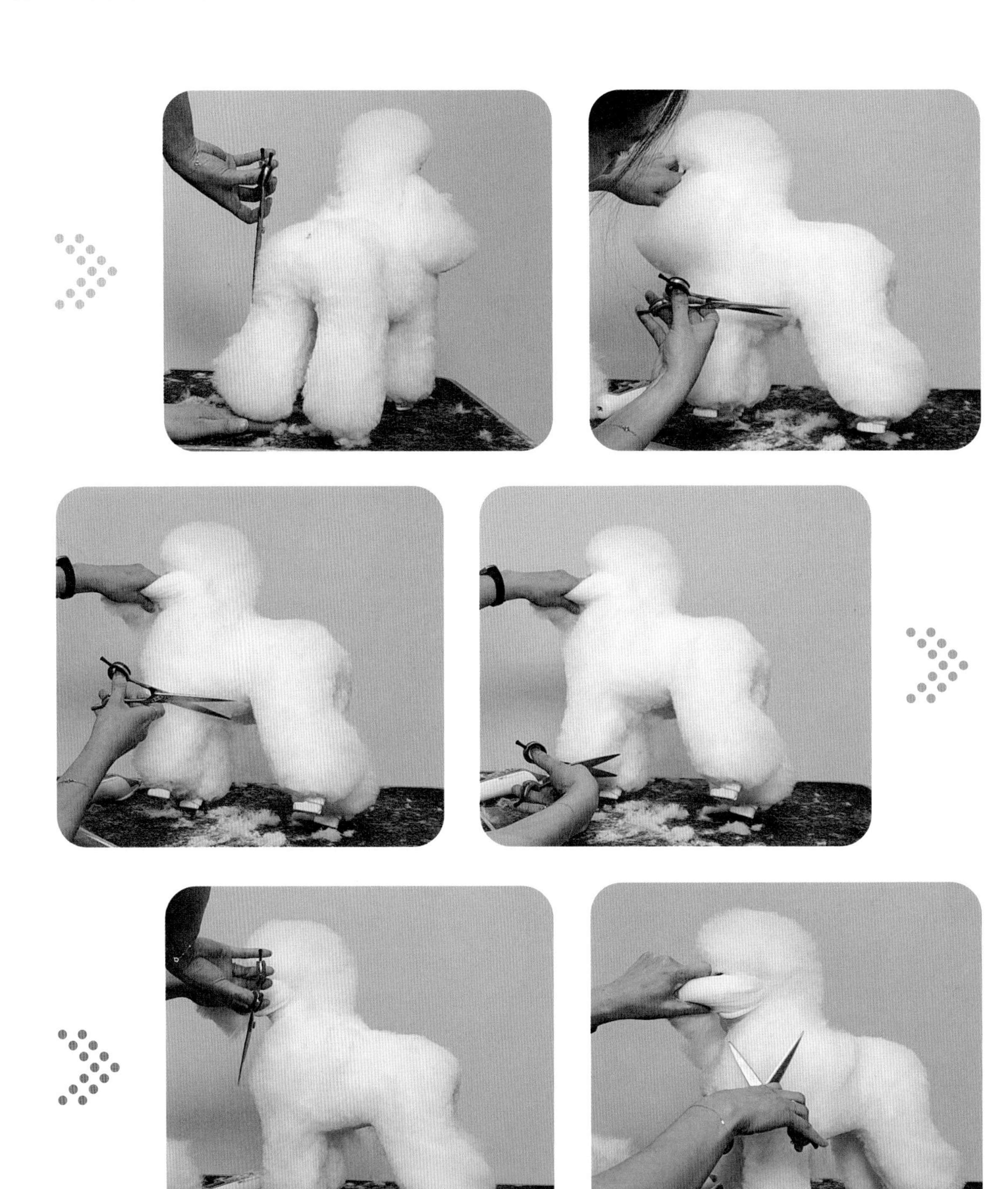

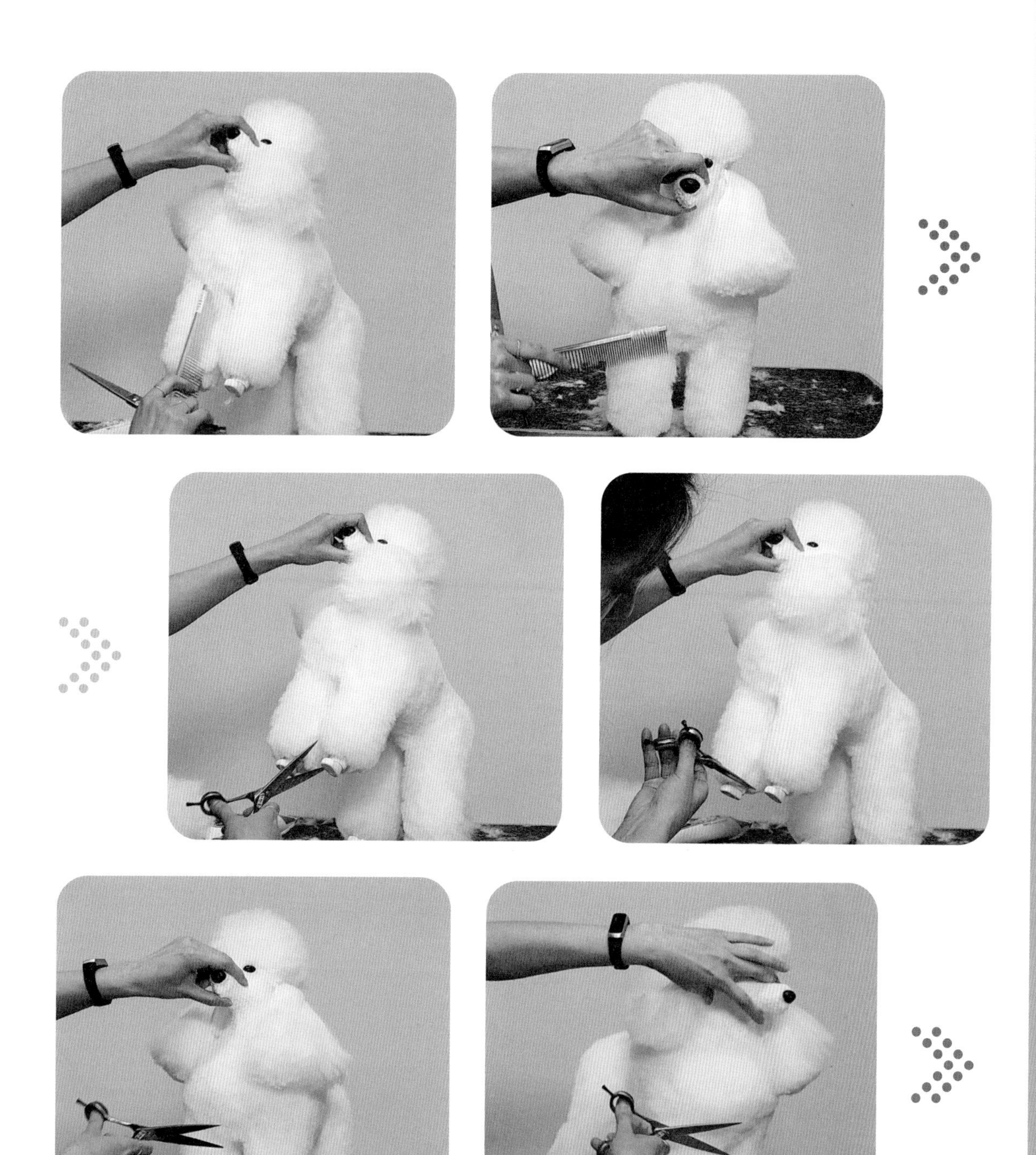

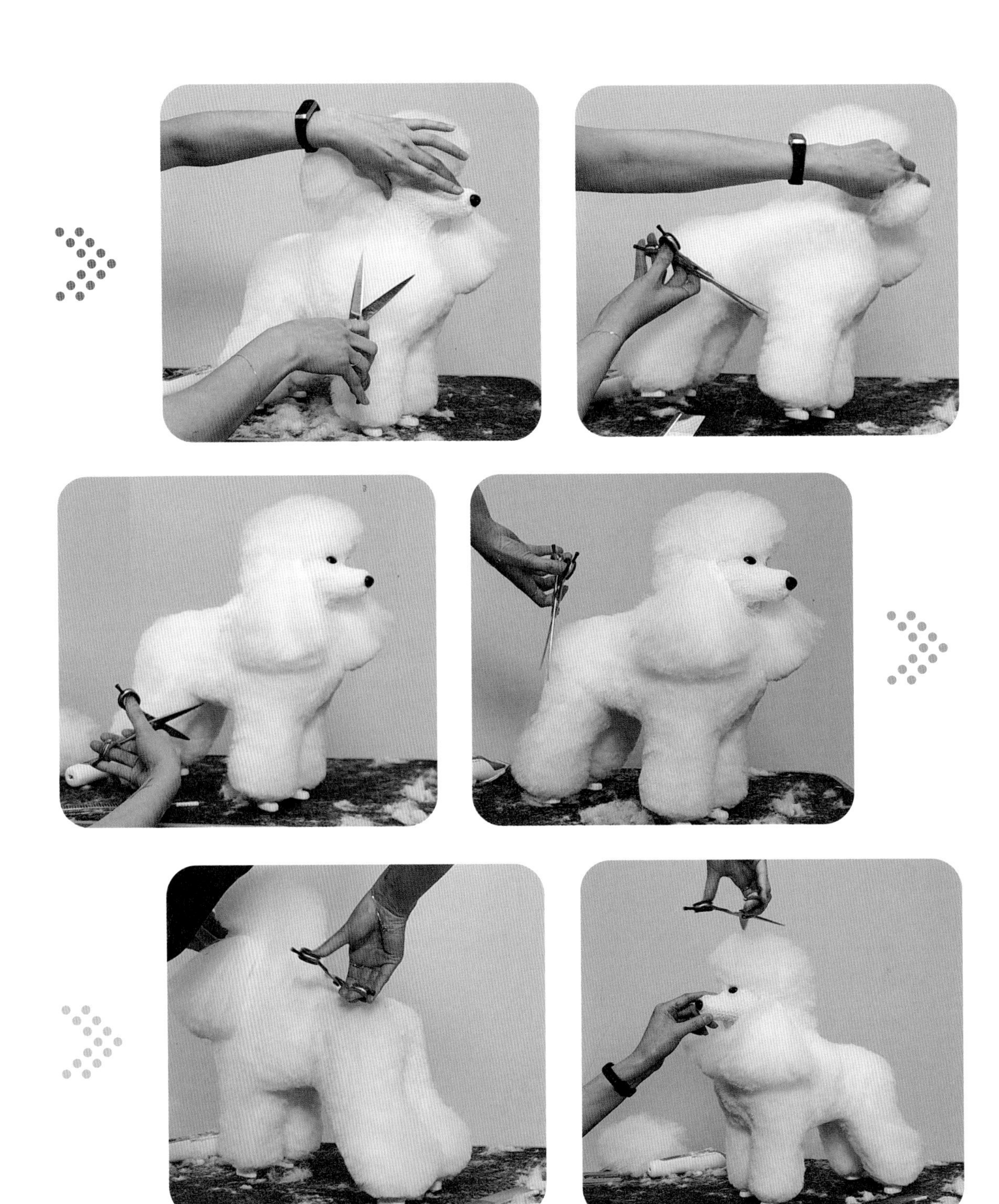

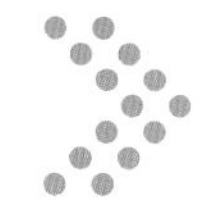

① 부족한 부분을 파악한다.

② 전체적으로 꼼꼼한 코밍을 한 후 균형, 두께, 크기 등을 고려해가며 커팅한다.

③ 몸 전체 커팅을 마무리한다.

(2) 꼬리털 커트하기

시험 종료 20분 전에 견체에 꼬리털을 꽂는다.

① 꼬리털을 견체에 꽂기 전에 브러싱을 한다.

✔ 꼬리 견체에서 꼬리털이 빠지지 않도록 아랫부분을 꽉 잡고 브러싱한다.

✔ 견체에 꼬리를 꽂지 않은 상태에서 가위로 커트를 하면 실격사유가 되니 주의해야 한다.

✔ 꼬리 준비 작업을 할 동안은 견체를 잡고 있지 않아도 된다.

- 꼬리 준비 작업 : 꼬리털 브러싱, 견체에 꼬리 꽂는 작업

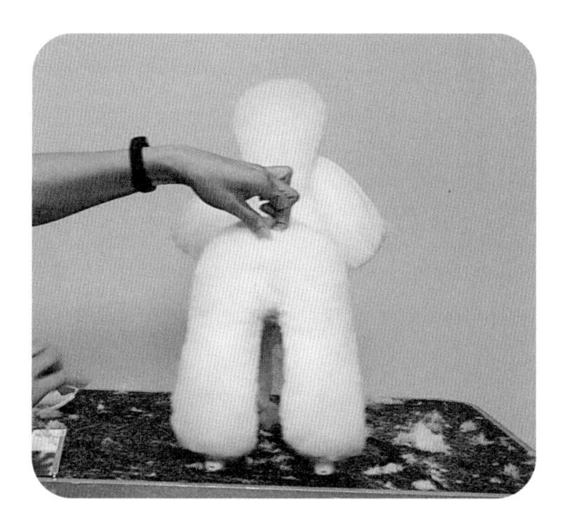
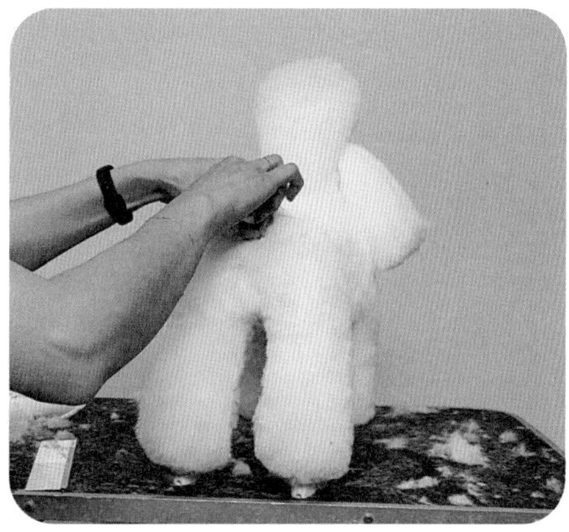
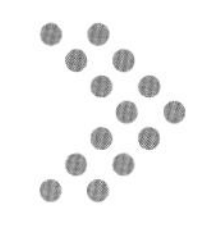

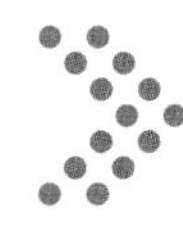

② 견체에 꼬리 꽂는 위치를 파악한 후 밴드를 제거한 후 겸자나 꼬리빗으로 뚫는다.

✔ 밴드 제거 시에는 손으로 제거하거나 여의치 않을 경우에는 밴드용 가위를 이용하여 밴드를 자르고 제거한다.

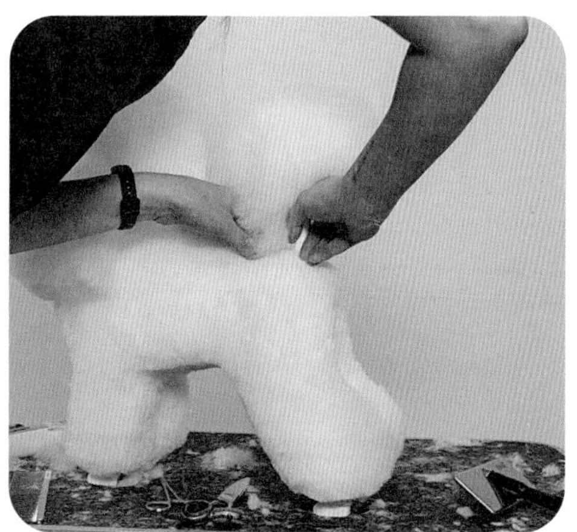

③ 견체에 꼬리를 사선으로 꽂는다.

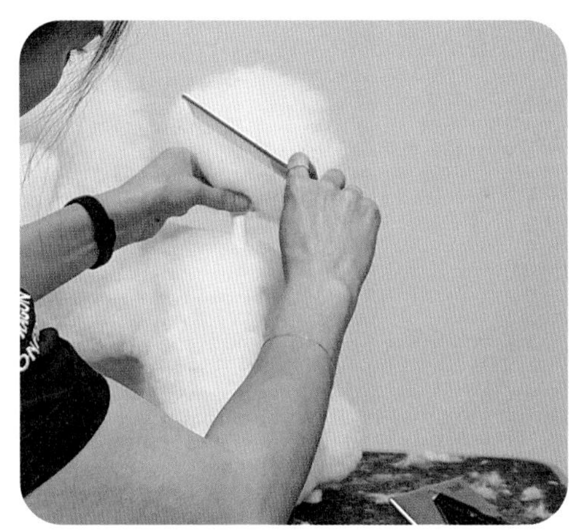

④ 꼬리털을 코밍한다.

✓ 견체에 꼬리를 꽂은 후부터는 작업하지 않는 손은 견체를 보정해야 하며, 꼬리털을 코밍하거나 커트 시 꼬리 아랫부분을 잡도록 한다.

✓ 꼬리털 코밍 시 꼬리에서 꼬리털이 분리되지 않도록 주의하며 코밍한다.

✓ 꼬리털을 자를 때에는 머즐을 잡거나 꼬리털 아랫부분을 잡고 커트한다.

아래쪽 기준

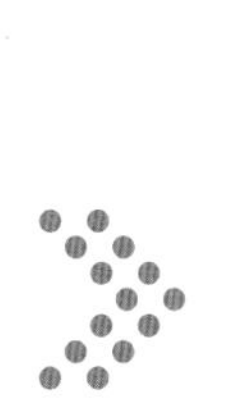

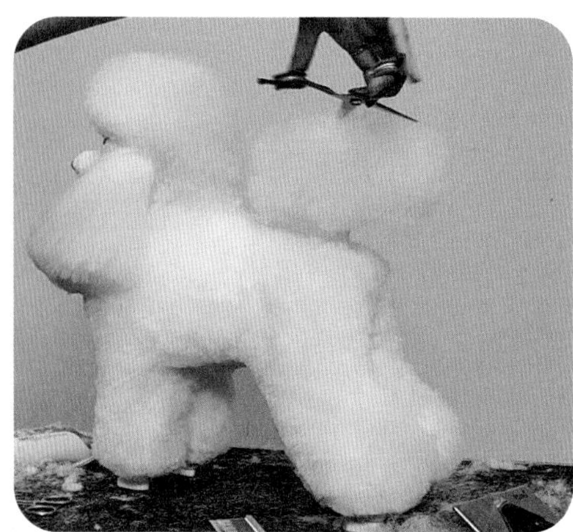

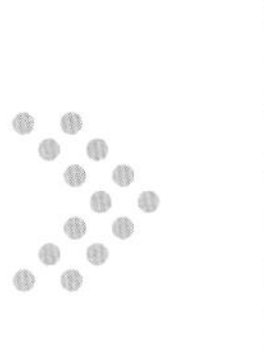

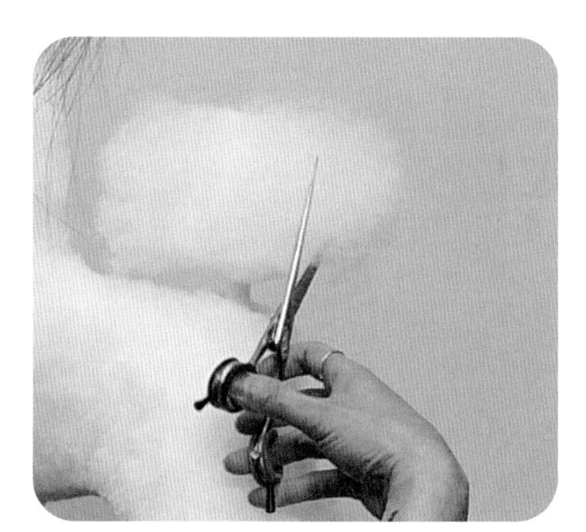

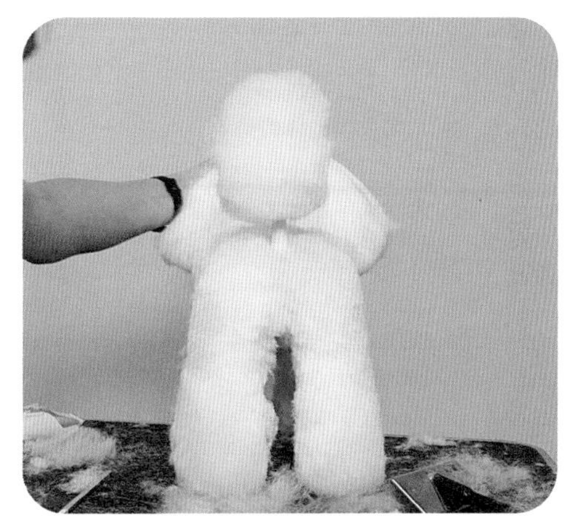

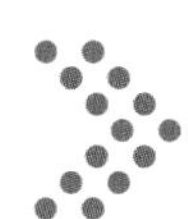

⑤ 꼬리털은 정사각형으로 커트한다.

✔ 꼬리털을 처음부터 둥글게 자르기보다, 정사각형을 만든다는 생각으로 커트한다.

✔ 완성된 꼬리털의 크기는 9~10cm라는 것을 염두에 두고 커트한다.

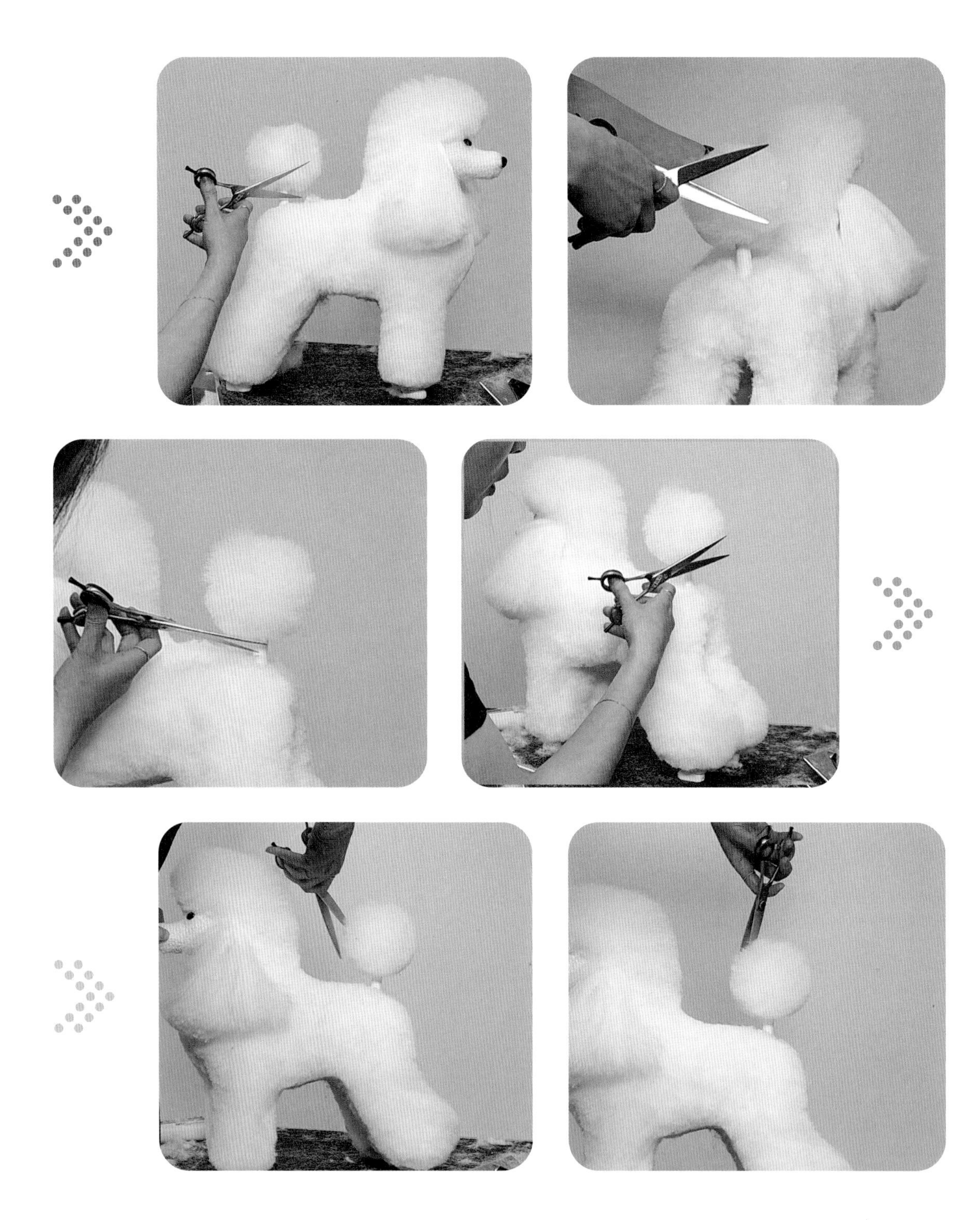

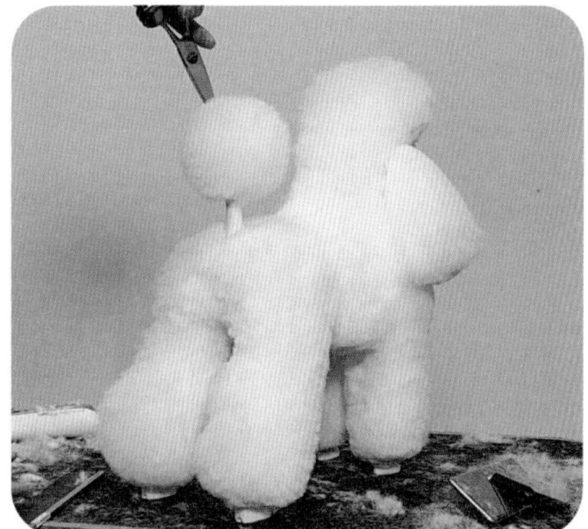

⑥ 각진 모서리를 둥글게 커트한다.

⑦ 꼬리를 완성한다.

(3) 램클립 완성하기

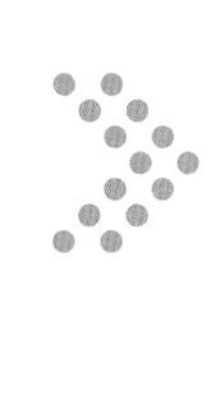

① 꼬리털을 커트한 후 몸에 떨어진 털을 제거한 후 정리되지 않은 털들을 커트한다.

② 배 아래, 다리 사이 등 털이 튀어나올 수 있는 부분은 코밍을 꼼꼼히 하여 튀어나온 털을 다시 한번 커트한다.

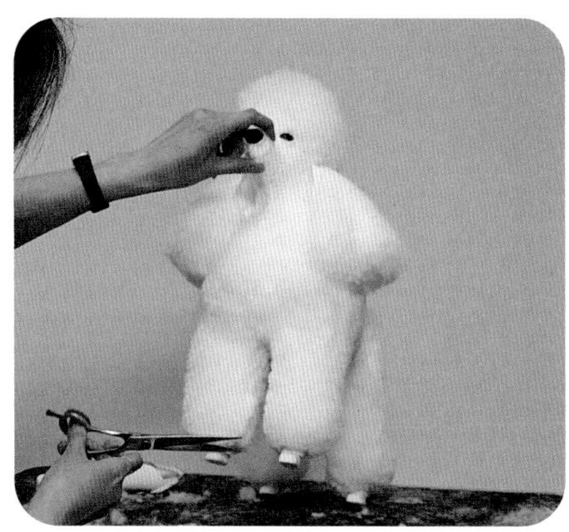

③ 귀 라인과 풋라인이 잘 정리되어있는지 확인한 후 마무리한다.

④ 램클립을 완성한다.

참고문헌

국가직무능력표준 www.ncs.go.kr/

네이버 사전 https://dict.naver.com/

농촌진흥청 http://www.rda.go.kr

질병관리청 www.kdca.go.kr

한국분자·세포생물학회 http://www.ksmcb.or.kr/

한국애견협회 국가공인 반려견스타일리스트 자격검정 http://ps.kkc.or.kr/main/main.html

가네코 고이치·후쿠야마 다카아키(2017), 트리머를 위한 베이직 테크닉, 모리스.

김영권 외(2003), 병원미생물과 감염관리, 수문사.

한국사전연구사편집부(1996), 간호학대사전, 한국사전연구사.

한국식품과학회(2012), 식품과학사전, 교문사.

Bruce Fogle(2004), 최신 애견 대백과 사전, ㈜신흥메드싸이언스.

Victoria Aspinall(2012), 동물간호학, OKVET.

부록

트리밍 용어

1. 그루머(groomer): 반려동물 미용사. 동물의 피모 관리를 전문적으로 하는 사람으로 트리머(trimmer)라고 부르기도 함.
2. 그루밍(grooming): 피모에 대한 일상적인 손질을 모두 포함하는 포괄적인 것. 몸을 청결하게 하고 건강하게 하기 위한 브러싱, 베이싱, 코밍, 트리밍 등 피모에 대한 모든 작업을 포함.
3. 그리핑(gripping): 트리밍 나이프로 소량의 털을 골라 뽑는 것.
4. 네일 트리밍(nail trimming): 발톱 손질.
5. 듀플렉스 쇼튼(duplex-shorten): 듀플렉스 트리밍(duplex trimming) 스트리핑 후 일정 기간 새 털이 자라날 때까지 들뜬 오래된 털을 다시 뽑는 것.
6. 드라잉(drying): 드라이어로 코트를 말리는 과정. 모질이나 품종의 기준에 따라 여러 가지 드라이 방법을 달리 활용할 수 있음.
7. 래핑(wrapping): 장모종의 긴 털을 보호하기 위해 적당한 양의 털을 나누어 래핑지로 감싸주는 작업. 동물의 보행에 불편함이 없어야 하며 털을 보호할 수 있도록 해야 함.
8. 레이저 커트(razor cut): 면도날로 털을 잘라 내는 것.
9. 레이킹(raking): 스트리핑 후 남은 오버코트나 언더코트를 일정 간격으로 제거해 주는 것.
10. 린싱(rinsing): 샴푸 후 린스를 뿌려 코트를 마사지하고 헹구어 내는 작업. 털을 부드럽게 하여 정전기를 방지하고 샴푸로 인한 알칼리 성분을 중화하는 작업.
11. 밥 커트(bob cut): 털을 가위로 잘라 일직선으로 가지런히 하는 것.
12. 밴드(band): 띠 모양으로 형태를 잡아 깎아 들어간 부분.
13. 베이싱(bathing): 목욕. 입욕. 물로 코트를 적셔 샴푸로 세척하고 충분히 헹구어 내는 작업.
14. 브러싱(brushing): 브러시를 이용하여 빗질하는 것. 피부를 자극하여 마사지 효과를 주고 노폐모와 탈락모를 제거함. 피부의 혈액 순환을 좋게 하고 신진대사를 촉진하여 건강한 피모가 되도록 함. 엉킨 털 뭉치를 제거하고 피모를 청결하게 함.
15. 블렌딩(blending): 털의 길이가 다른 곳의 층을 연결하여 자연스럽게 하는 것.
16. 블로 드라잉(blow drying): 드라이어를 사용하여 코트를 말리는 작업.
17. 새킹(sacking): 베이싱 후 털이 튀어나오거나 뜨는 것을 막아 가지런히 하기 위해 신체를 타월로

싸 놓는 것.

18. 샴핑(shampooing): 샴푸를 이용하여 씻기는 것. 몸을 따뜻한 물로 적시고 손가락으로 마사지하여 세척한 후 헹구어 내는 작업.
19. 세트 스프레이(set spray): 톱 노트 부분의 코트를 세우기 위해 스프레이 등을 뿌리는 작업.
20. 세트업(set up): 톱 노트를 형성하기 위해 두부의 코트를 밴딩하고 세트 스프레이를 하는 작업.
21. 셰이빙(shaving): 드레서나 나이프를 이용하여 털을 베듯이 자르는 기법.
22. 쇼 클립(show clip): 쇼에 출진하기 위한 그루밍으로 쇼에서 요구하는 타입의 미용 스타일을 완성해야 함. 보통 각 견종의 표준에 맞는 그루밍 방법이 정해져 있으며, 출진할 시기에 맞추어 출진 견이 최고의 상태로 돋보일 수 있도록 쇼 당일에 초점을 맞추어 계획적으로 피모를 정돈해 두어야 함.
23. 스웰(swell): 두부를 부풀려 볼륨 있게 모양을 낸 것.
24. 스테이징(staging): 미니어처슈나우저 등에게 하는 스트리핑 방법의 순서.
25. 스트리핑(stripping): 나이프를 사용하여 오버코트를 제거하는 작업.
26. 스트리핑(stripping): 트리밍 나이프를 사용해 노폐물 및 탈락된 언더코트를 제거하거나 과도한 언더코트 양을 줄이기 위해 털을 뽑아 스타일을 만들어 내는 미용 방법.
27. 스펀징(sponging): 샴핑할 때 스펀지를 이용하는 것.
28. 시닝(thinning): 빗살 가위로 과도하게 많은 부분의 털을 잘라 내어 모량을 감소시키고 형태를 만드는 것.
29. 시저링(scissoring): 가위로 털을 잘라 내는 것.
30. 오일 브러싱(oil brushing): 피모에 오일을 발라 브러싱하는 것.
31. 이미지너리 라인(imaginary line): 외부에 설정하는 가상의 선.
32. 인덴테이션(indentation): 우묵한 패임을 만드는 것. 푸들의 스톱에 역V형 표현.
33. 초킹(chalking): 냄새나 더러움을 제거하기 위해 흰색 털에 흰색을 표현할 수 있는 제품을 문질러 바르는 것.
34. 치핑(chipping): 가위나 빗살 가위를 사용하여 털끝을 잘라 내는 미용 방법.
35. 카딩(carding): 빗질하거나 긁어내어 털을 제거하는 미용 방법
36. 커팅(cutting): 가위나 클리퍼로 털을 잘라 원하는 형태를 만들어 내는 것.
37. 코밍(combing): 털을 가지런하게 빗질하는 것. 보통 털의 방향으로 일정하게 정리하는 것이 기본적인 의미임.
38. 클리핑(clipping): 클리퍼를 사용하여 스타일 완성에 불필요한 털을 잘라 내는 것.
39. 타월링(toweling): 베이싱 후 타월을 감싸 닦아 내는 것.

40. 토핑오프(topping-off): 스트리핑 후 완성된 아웃코트 위에 튀어나오는 털을 뽑아 정리하는 것.
41. 트리밍(trimming): 털을 자르거나 뽑거나 미는 등의 모든 미용 작업을 일컫는 말. 불필요한 부분의 털을 제거하여 스타일을 만듦.
42. 파팅(parting): 털을 좌우로 분리하는 것. 분리한 선은 파팅 라인이라고 함.
43. 페이킹(faking): 눈속임. 여러 기법으로 모색 및 모질에 대한 눈속임을 하는 것.
44. 펫 클립(pet clip): 쇼 클립을 제외한 나머지 미용을 대부분 펫 클립이라고 함. 가정에서 반려견으로 키우기 위하여 털을 청결하게 관리해 건강을 유지할 수 있어야 하며, 견종에 따른 피모의 특성, 생활환경, 개체의 성격과 보호자의 생활 방식이나 취향 등을 고려하여 다양한 스타일을 연출함.
45. 플러킹(plucking): 트리밍 칼로 털을 뽑아 원하는 미용 스타일을 만드는 것.
46. 피킹(picking): 듀플렉스 쇼트와 같은 작업. 주로 손가락을 사용하여 오래된 털을 정리함.
47. 핑거 앤드 섬 워크(finger and thumb work): 엄지손가락과 집게손가락을 이용해 털을 제거하는 것. 기구로 하는 방법보다 자연스러운 표현이 가능.
48. 화이트닝(whitening): 견체의 하얀 털 부분을 더욱 하얗게 보이게 하기 위한 작업

피부와 털

1. 더블 코트(double coat): 오버코트와 언더코트의 이중모 구조의 털.
2. 러프(ruff): 목 주위의 풍부한 장식 털. 예) 콜리
3. 롱 코트(long coat): 장모(長毛), 긴 털.
4. 머스태시(moustache): 입술과 턱 측면에 난 수염.
5. 머즐 밴드(muzzle band): 주둥이 주위의 하얀 반점.
6. 메인 코트(main coat): 몸의 중심이 되는 털.
7. 몰팅(molting): 자연스러운 계절적인 환모.
8. 블론(blown): 환모기의 털
9. 비어드(beard): 입 주위의 털.
10. 새들(saddle): 등 부분에 넓은 안장 같은 반점.
11. 섀기(shaggy): 올드잉글리시시프도그와 같은 덥수룩한 털.
12. 스무드 코트(smooth coat): 단모(短毛), 짧은 털.
13. 스커트(skirt): 에이프런 아랫부분의 긴 장식 털.

14. 스탠드 오프 코트(stand off coat): 개립모(開立毛), 꼿꼿하게 선 모양의 털. 예) 스피츠, 포메라니안
15. 스테이링 코트(staring coat): 건조하고 거칠며 상태가 나빠진 털. 질병이 있거나 영양 상태가 안 좋을 경우 나타남.
16. 스트레이트 코트(straight coat): 직립모(直立毛). 구불거리지 않는 직선의 털.
17. 실키 코트(silky coat): 부드럽고 광택이 있는 실크 같은 긴 모질.
18. 싱글 코트(single coat): 한 겹의 털.
19. 아웃 오브 코트(out of coat): 모량이 부족하거나 탈모된 상태.
20. 아이래시(eyelash): 속눈썹.
21. 아이브로(eyebrow): 눈썹 부위의 털.
22. 언더코트(undercoat): 아래 털, 하모(下毛), 부모(副毛). 체온을 유지하고 조절하거나 방수성을 가짐. 부드럽고 촘촘하게 나 있음.
23. 에이프런(apron): 가슴 부위의 장식 털.
24. 역모: 털 결에서 반대로 자란 털. 주로 목이나 항문에 있음.
25. 오버코트(overcoat): 위 털, 상모(上毛), 주모(主毛). 외부 환경으로부터 신체를 보호함. 언더코트보다 굵고 긺.
26. 와이어 코트(wire coat): 뻣뻣하고 강한 형태의 모질. 상모가 단단하고 바삭거리는 모질.
27. 울리 코트(woolly coat): 양모상의 털, 북방 견종에게 많음. 워터도그의 코트에는 방수 효과가 있음.
28. 웨이비 코트(wavy coat): 파상모(波狀毛), 상모에 웨이브가 있는 털.
29. 위스커(whisker): 주둥이 볼 양쪽과 아래턱의 길고 단단한 털. 예) 미니어처슈나우저
30. 컬리 코트(curly coat): 권모(捲毛), 곱슬 모.
31. 코디드 코트(corded coat): 승상모(繩狀毛), 로프 코트(rope coat). 새끼줄 모양으로 된 털. 언더코트와 오버코트가 자연스럽게 얽혀 새끼줄 모양으로 된 털. 예) 코몬도르, 풀리
32. 코트(coat): 털, 외부 온도 변화와 외상으로부터 피부를 보호한다. 품종에 따라 모색, 강도, 털의 성질이 다양함.
33. 퀼로트(culotte): 뒷다리의 긴 장식 털.
34. 타셀(tassel): 귀 끝에 남긴 장식 털. 예) 베들링턴테리어
35. 톱 노트(top knot): 정수리 부분의 긴 장식 털.
36. 트라우저스(trousers): 다량의 긴 털이 뒷다리에 자라난 헐렁헐렁한 판탈롱. 예) 아프간하운드
37. 팁(tip): 꼬리 끝의 하얀색 털.
38. 파일(pile): 두껍고 많은 언더코트.

39. 페더링(feathering): 프린지(fringe). 귀·다리·꼬리·몸통 등에 있는 깃털 모양의 장식 털.
40. 페셔헤어(festher-hair): 스코티시테리어의 머리, 귀 주변에 남겨진 장식 털.
41. 펠트(felt): 털이 엉켜 굳은 상태.
42. 폴(fall): 정수리에서 안면부로 늘어져 내린 털. 예) 아프간하운드, 스카이테리어
43. 프릴(frill): 목 아래와 가슴의 길고 풍부한 털. 예) 러프콜리
44. 플럼(plume): 깃발 모양 꼬리의 장식 털. 예) 잉글리시세터
45. 피부(skin): 외부 병원체로부터 신체를 보호하는 촉각, 온각, 냉각, 통각, 압각 등의 감각 기관.
46. 하시 코트(harsh coat): 거치고 단단한 와이어 코트.

모색

1. 골드 버프(golden buff): 금색에 빨강이 있는 담황색.
2. 골드(gold): 황금색.
3. 그레이(gray): 회색. 어두운 회색부터 밝은 회색까지 다양한 색이 있음.
4. 그루즐(gruzzle): 흑색 계통 털에 회색이나 적색이 섞인 색.
5. 대플(dapple): 특별히 도드라지는 색 없이 여러 가지 색으로 반점을 만드는 색. 불규칙한 반점.
6. 데드 그래스(dead grass): 옅은 다갈색으로 마른 풀색, 데드 리프라고도 함.
7. 러스트 탠(rust tan): 녹슨 색의 탠.
8. 레드(red): 마른 나뭇잎 색, 황갈색, 적색.
9. 레몬(lemon): 레몬색.
10. 론(roan): 흰색 털과 유색의 털이 섞여 있는 것. 검은 바탕에 흰색의 털이 섞인 것. 유색모의 색상에 따라 블루 론(blue roan), 오렌지 론(orange roan), 레몬 론(lemon roan), 리버 론(liver roan), 레드 론(red roan) 등이 있음.
11. 루비(ruby): 진한 밤색.
12. 리버(liver): 진한 적갈색, 붉은 간장색.
13. 마스크(mask): 이마, 주둥이 부위가 검은 것으로 블랙 마스크라고 함. 예) 마스티프, 복서, 페키니즈
14. 마우스 그레이(mouse gray): 쥐색.
15. 마킹(marking): 반점. 부위에 따라 분포와 크기가 다양함.
16. 마호가니(mahogany): 체스트너트 레드, 적갈색.

17. 맨틀(mantle): 어깨, 등, 몸통 양쪽에 망토를 걸친 듯한 크고 진한 반점이 있는 것. 예) 세인트버나드
18. 머스터드(mustard): 겨자색, 황색.
19. 머즐 밴드(muzzle band): 주둥이 주위에 흰색 반점. 예) 보스턴테리어, 세인트버나드
20. 멀(merle): 검정, 블루, 그레이의 배색.
21. 배저 마킹(badger marking): 목, 귀에 탄이나 다른 색의 반점이 있는 것. 그레이, 진회색, 화이트가 섞인 오소리 색 반점.
22. 배저(badger): 그레이, 진회색, 화이트가 섞인 모색.
23. 버프(buff): 부드럽고 연한 느낌의 담황색.
24. 벨튼(belton): 흰색 바탕에 옅은 반점이 흩어져 있는 것. 모색에 따라 블루 벨튼, 오렌지 벨튼, 리버 벨튼, 레몬 벨튼 등이 있음.
25. 브라운(brown): 갈색, 다갈색.
26. 브로큰 컬러(broken color): 단일 색인 모색이 파괴된 것.
27. 브론즈(bronze): 전체적으로 어두운 녹색에 털끝이 약간 붉은 색.
28. 브리칭(breeching): 검은색 개의 대퇴부 안쪽과 후방의 탠 반점. 예) 맨체스터테리어, 로트와일러
29. 브린들(brindle): 바탕색에 다른 색의 무늬가 존재하는 털. 어두운 바탕색에 밝은 모색이 섞이거나 밝은 바탕색에 어두운 모색이 섞인 것. 예) 스코티시테리어. 적색이나 황색 바탕에 검정 또는 어두운색의 줄무늬를 만든 것을 타이거 브린들이라고 함. 예) 그레이트데인
30. 블랙 마스크(black mask): 주둥이 부분이 검은 것.
31. 블랙 앤드 탠(black and tan): 검은 바탕에 양 눈 위, 귀 안쪽, 주둥이 양측, 목, 아랫다리, 항문 주위에 탠이 있는 것.
32. 블랭킷(blanket): 목, 꼬리 사이의 등, 몸통 쪽에 넓게 있는 모색. 예) 아메리칸폭스하운드
33. 블레이즈(blaze): 양 눈과 눈 사이에 중앙을 가르는 가늘고 긴 백색의 선. 예) 파피용
34. 블루 마블(blue marble): 블루멀(blue merle). 검정, 블루, 그레이가 섞인 대리석 색.
35. 블루 블랙(blue black): 블루에 털끝이 검은 털.
36. 블루(blue): 검은 것 같은 청색으로 농도의 폭이 넓음. 보통 태어날 때는 검은색이나 성장하며 블루로 변함.
37. 비버(beaver): 브라운과 그레이가 섞인 색.
38. 삭스(socks): 유색 견이 흰색 양말을 신은 것 같은 무늬. 예) 이비전하운드
39. 새들(saddle): 말안장을 얹은 것 같은 검은색 반점. 예) 에어데일테리어
40. 샌드(sand): 모래색.

41. 설반(舌斑): 반점이 있는 혀. 예) 차우차우
42. 섬 마크(thumb mark): 패스턴에서 볼 수 있는 검은색 반점. 예) 맨체스터테리어, 토이 맨체스터테리어
43. 세이블(sable): 연한 기본 모색에 검은색 털이 섞여 있거나 겹쳐 있는 것. 황색 또는 황갈색 바탕에 털끝이 검은색. 오렌지색 바탕에 세이블은 오렌지 세이블, 암갈색 바탕에 세이블이 겹쳐진 것은 다크 세이블이라고 함.
44. 셀프 마크드(self marked): 가슴, 발가락, 꼬리 끝에 흰색이나 청색 반점을 가진 한 가지 색으로 보통은 검은색을 띰.
45. 셀프 컬러(self color): 솔리드 컬러(solid color), 단일 색. 몸 전체 모색이 같은 것.
46. 스모크(smoke): 거무스름한 엷은 흑색의 연기 색.
47. 스틸 블루(steel blue): 푸른 동색, 청동색.
48. 스폿(spot): 반점. 흰색 바탕에 검정이나 리버 스폿이 전신에 무늬. 예) 달마티안
49. 슬레이트 블루(slate blue): 검은 회색의 블루, 회색이 있는 청색. 예) 오스트레일리안 실키테리어
50. 실버 그레이(silver gray): 마우스 그레이보다 밝은 은색이 도는 회색. 예) 와이마리너
51. 실버 버프(silver buff): 은색의 하얀색 같은 담황색. 전체적으로 희게 보이며 은색을 띰.
52. 실버 블랙(silver black): 검은 털 속에 은색 털이 섞인 것. 예) 스코티시테리어
53. 실버(sliver): 밝은 회색, 은색.
54. 알비노(albino): 선천적 색소 결핍증.
55. 알비니즘(albinism): 백화 현상, 색소 결핍증. 피부, 털, 눈 등에 색소가 발생하지 않는 이상 현상. 유전적 원인에 의해 발생함.
56. 에이프리코트(apricot): 밝은 적황갈색, 살구색.
57. 옐로(yellow): 노란색. 여우 색부터 크림색까지 범위가 매우 다양함.
58. 오렌지(orange): 오렌지색.
59. 울프 그레이(wolf gray): 회색. 어두운 정도의 색깔 혼합 비율이 다양함.
60. 이사벨라(isabela): 연한 밤색.
61. 제트 블랙(get black): 순수한 검은색.
62. 체스넛(chestnut): 밤색. 적갈색.
63. 초콜릿(chocolate): 초콜릿색, 검은 적갈색.
64. 카페오레(cafe au lait): 커피 우유색.
65. 칼라(collar): 목 주변을 감싸는 폭넓은 흰색 반점. 예) 콜리

66. 캡(cap): 캡을 쓴 것 같은 두개 위의 어두운 반점. 예) 알래스칸맬러뮤트
67. 크림(cream): 크림색.
68. 키스 마크(kiss mark): 검은 모색의 견종의 볼에 있는 진회색 반점. 예) 도베르만핀셔, 로트와일러
69. 타이거 브린들(tiger breindle): 금색의 바탕색에 호랑이 무늬가 있는 것.
70. 탠(tan): 황갈색. 짙은 것은 리치 탠, 엷은 것은 라이트 탠이라고 부름.
71. 트라이컬러(tri-color): 세 가지가 섞인 색. 흰색, 갈색, 검은색.
72. 트레이스(trace): 폰 색의 등줄기를 따른 검은 선. 예) 퍼그의 등줄기 색
73. 티킹(ticking): 흰색 바탕에 한 가지나 두 가지의 명확한 독립적인 반점이 있는 것. 예) 브리타니
74. 파울 컬러(foul color): 폴트 컬러(fault color), 부정 모색. 바람직하지 못한 반점이나 모색.
75. 파티컬러(parti-color): 두 가지 색의 구분된 반점의 색깔. 보통 흰 바탕에 윤곽이 뚜렷한 갈색 또는 검은색 반점이 있음.
76. 팰로(fallow): 담황색.
77. 페퍼 앤 솔트(pepper and solt): 검은색과 흰색의 혼합.
78. 페퍼(pepper): 후추 색. 어두운 푸른 계통의 검은색에서 밝은 은회색까지 다양함.
79. 펜실링(penciling): 맨체스터테리어의 발가락에 있는 검은 선.
80. 포인츠(points): 안면, 귀, 사지 및 꼬리의 모색. 보통은 흰색, 검은색, 탠 등임.
81. 퓨스(puce): 암갈색.
82. 피그멘테이션(pigmentation): 피모의 멜라닌 색소 과립 침착 상태.
83. 하운드 마킹(hound marking): 흰색, 검은색, 황갈색의 반점.
84. 할퀸(harlezuin): 흰색 바탕에 검은색이나 그레이의 불규칙한 반점이 있는 것. 순백색 바탕에 찢긴 것 같은 검은 반점 무늬가 있음.
85. 허니(honey): 벌꿀 색, 연한 적황갈색.
86. 화운(faun): 금색에 검은색이 조금 섞은 색.
87. 화이트(white): 흰색, 화이트 컬러 좋은 눈, 입술, 코, 패드, 항문이 검은색이며 이것으로 알비노가 아님을 증명함.
88. 휘튼(wheaten): 옅은 황색의 털, 황색이 스민 것 같이 보이는 색.

견체 용어

■ 머리

1. 노즈 브리지(nose bridge): 비량, 사람의 콧등과 같은 부분.
2. 다운 페이스(down face): 디시 페이스의 반대. 두개에서 코끝 아래쪽으로 경사진 얼굴.
3. 단두형(短頭型): 짧고 넓은 두개.
4. 돔 헤드(dome head): 애플 헤드와 동일한 의미.
5. 드라이 스컬(dry skull): 얼굴 피부가 밀착해 주름이 없는 얼굴. 클린 헤드와 같은 의미.
6. 디시 페이스(dish face): 접시 모양의 얼굴. 스톱보다 콧대가 높아 옆에서 보면 코가 휘어져 접시 모양을 띤 것.
7. 링클(wrinkle): 주름. 앞머리 부분이나 얼굴의 이완된 피부. 예) 바센지의 전두부 주름, 샤페이, 블러드하운드
8. 몰레라(molera): 치와와 두개의 패임으로 부드러운 부분.
9. 밸런스드 헤드(balanced head): 균형 잡힌 머리, 스톱을 중심으로 머리 부분과 얼굴 부분의 길이가 동일하게 균형 잡힌 것. 예) 고든세터
10. 블로키 헤드(blocky head): 두부에 각이 지거나 펑퍼짐하게 퍼져 길이에 비해 폭이 매우 넓은 네모난 모양의 각진 머리형. 예) 보스턴테리어
11. 스니피 페이스(snipy face): 주둥이가 뾰족해 약한 느낌의 얼굴.
12. 스컬(skull): 두개. 앞머리의 후두골, 두정골, 전두골, 측두골 등을 포함한 머리부 뼈 조직.
13. 스톱(stop): 액단. 눈 사이의 패인 부분.
14. 애플 헤드(apple head): 사과 모양의 머리, 뒷머리 부분이 부풀어 올라 있는 모양. 예) 치와와
15. 옥시풋(occiput): 후두부 뒷부분, 양 귀 사이의 주먹 모양의 뼈.
16. 와안(frog face): 개구리 모양 얼굴. 아래턱이 들어가고 코가 돌출된 얼굴. 오버숏이 됨.
17. 장두형(長頭型): 길고 좁은 형태의 머리.
18. 전안부(fore face): 두부의 앞면으로 눈에서 앞쪽, 주둥이 부위.
19. 중두형(中頭型): 길이와 폭이 중간 정도의 두개.
20. 치즐드(chiselled): 눈 아래가 건조하고 살집이 없어 윤곽이 도드라지는 형태의 얼굴.
21. 치키(cheeky): 볼이 발달해서 팽창되고 불거진 얼굴, 발달이 현저해서 둥근 느낌을 주거나 근육이 두껍게 발달된 것, 얼굴뼈가 돌출된 것. 스탠포드셔 불테리어에 한해 바람직한 표현임.
22. 크라운(crown): 두부의 가장 높은 정수리 부분. 두정부, 톱 스컬(top skull)이라고 함.

23. 클린 헤드(clean head): 주름이 없고 앙상한 머리형. 예) 살루키
24. 타입 오브 스컬(type of skull): 두개(頭蓋)의 타입.
25. 투 앵글드 헤드(tow angled head): 옆에서 보았을 때 두개면과 주둥이의 평면이 평행하지 않고 각도가 있는 것.
26. 퍼로(furrow): 세로 주름. 스컬 중앙에서 스톱 방향으로 세로로 가로지르는 이마 부분의 주름.
27. 페어 셰이프트 헤드(pear-shaped head): 서양배 모양의 머리. 예) 베들링턴테리어
28. 폭시(foxy): 전안부가 짧고 코끝이 뾰족한 것. 여우의 표정을 띠는 것. 예) 포메라니안
29. 플랫 스컬(flat skull): 앞이나 옆에서 보아서 평평한 두개. 예) 에어데일테리어, 스탠더드 슈나우저

■ 눈

1. 라운드 아이(round eye): 동그란 눈. 예) 몰티즈
2. 마블 아이(marble eye): 대리석 색상의 눈. 예) 블루멀콜리나 웰시코기카디건
3. 벌징 아이(bulging eye): 튀어나와 볼록하게 보이는 눈.
4. 아몬드 아이(almond eye): 아몬드 모양 눈. 눈 양끝이 뾰족한 아몬드 모양의 눈. 예) 저먼셰퍼드, 도베르만핀셔
5. 아이 스테인(eye stain): 눈물 자국.
6. 아이라인(eye line): 눈꺼풀 가장자리.
7. 아이리드(eyelid): 눈꺼풀.
8. 오벌 아이(oval eye): 일반적인 모양의 타원형, 계란형 눈. 예) 푸들, 살루키
9. 차이나 아이(china eye): 밝은 청색의 눈. 마루색 유전자를 가진 견종에게서 나타나는 불완전한 눈으로 보통은 결점으로 간주되나 모색과 관계해 허용되는 견종도 있음. 예) 시베리안 허스키, 블루멀콜리나 웰시코기카디건
10. 트라이앵글러 아이(triangular eye): 눈꺼풀의 바깥쪽이 올라가 삼각형 모양을 이루는 눈. 예) 아프간하운드
11. 풀 아이(full eye): 둥글게 튀어나온 눈.

■ 입

1. 결치: 선천적으로 정상 치아 수에 비해 치아 수가 없는 것. 단두종에게 많음. 제1 전구치에 많이 발생함.
2. 과리치: 결치의 반대말. 표준 치아 수보다 많은 것.

3. 라이 마우스(wry mouth): 뒤틀려 삐뚤어진 입.
4. 리피(lippy): 아래로 늘어진 입술, 턱이 밀착되지 않은 입술.
5. 머즐(muzzle): 주둥이, 입. 얼굴부.
6. 부정 교합: 견종 표준이 요구하는 교합 외의 교합.
7. 손상치: 후천적으로 파손된 치아.
8. 스니피 머즐(snipy muzzle): 날카롭고 좁으며 뾰족한 주둥이.
9. 시저스 바이트(scissors bite): 협상 교합. 위턱 앞니와 아래턱 앞니가 조금 접촉되어 맞물린 것.
10. 실치: 후천적으로 상실한 치아.
11. 언더숏(undershot): 반대 교합. 아래턱 전출. 아래턱 앞니가 위턱 앞니보다 앞쪽으로 돌출되어 맞물린 것.
12. 오버숏(overshot): 과리 교합. 위턱의 앞니가 아래턱 앞니보다 전방으로 돌출되어 맞물린 것.
13. 이븐 바이트(even bite): 절단 교합. 위턱과 아래턱이 맞물린 것.
14. 정상 교합: 견종 표준에서 요구하는 교합. 각 견종에 따라 정상 교합이 다름. 일반적으로 시저스 바이트를 정상 교합으로 하는 견종이 많으나, 견종의 목적에 따라 정상 교합이 다름.
15. 조(jaw): 턱.
16. 조윌(jowel): 두터운 입술과 턱. 촙과 같은 말.
17. 촙(chop): 두터운 입술과 턱. 예) 불도그
18. 치아의 수
    - 개의 유치: 28개
    - 생후 3~4주경에 절치, 견치, 구치의 순서로 나오기 시작해 생후 6주 정도에 모두 완성.
    - 절치(앞니, 문치, incisor teeth) 6개, 견치(송곳니, canine tooth) 2개, 구치(어금니, molar tooth) 6개
    - 어른 견의 영구치: 42개
    - 생후 4~8개월이 되면 유치의 치근이 융해되면서 영구치가 유치를 밀어내어 빠지고 이갈이를 하는데 7~8개월쯤이면 거의 모두 영구치로 바뀜. 영양 상태가 좋지 않거나 단두종의 경우 다소 늦을 수 있음. 전구치와 후구치는 유치 없이 나옴.
    - 윗니 20개: 절치(앞니, 문치, incisor teeth) 3개, 견치(송곳니, canine tooth) 1개, 전구치(어금니, 소구치, molar tooth) 4개, 후구치(어금니, 대구치, molar tooth) 2개가 좌우로 위치함.
    - 아랫니 22개: 절치(앞니, 문치 incisor teeth) 3개, 견치(송곳니, canine tooth) 1개, 전구치(어금니, 소구치, molar tooth) 4개, 후구치(어금니, 대구치, molar tooth) 3개가 좌우로 위치함.

19. 쿠션(cushion): 윗입술이 두껍고 풍만한 것. 예) 페키니즈
20. 템퍼치: 디스템퍼나 고열에 의해 변화되어 변색된 치아.
21. 플루즈(flews): 늘어진 윗입술.
22. 피그 조(pig jow): 과도한 오버숏.

■ 코

1. 노즈 밴드(nose band): 주둥이를 둘러싼 흰색의 띠를 이룬 반점.
2. 노즈 브리지(nose bridge): 스톱에서 코까지 주둥이 면. 코 근육.
3. 더들리 노즈(dudley nose): 색소가 부족한 살빛의 코, 빨간 코.
4. 로만 노즈(roman nose): 독수리코. 매부리코. 예) 보르조이
5. 리버 노즈(liver nose): 간장색 코.
6. 버터플라이 노즈(butterfly nose): 반점 모양의 코. 살색 코에 검은 반점이 있거나 검은 코에 살색 반점이 있는 것.
7. 스노 노즈(snow nose): 평소에는 코가 검은색이나 겨울철에 핑크색 줄무늬가 생기는 코.
8. 프레시 노즈(fresh nose): 살색 코.

■ 귀

1. 드롭 이어(drop ear): 아래로 늘어진 귀. 예) 바셋하운드
2. 로즈 이어(rose ear): 귀의 안쪽이 보이며 뒤틀려 작게 늘어진 귀. 예) 불도그, 휘핏
3. 배트 이어(bat ear): 귀 아랫부분이 넓고 박쥐 날개같이 둥글게 선 귀. 예) 프렌치불도그, 웰시코기
4. 버터플라이 이어(butterfly ear): 나비 모양 귀, 긴 장식 털에 서 있는 큰 귀가 두개 바깥쪽으로 약 45° 기운 나비 모양 귀. 예) 파피용
5. 버튼 이어(button ear): 아래 부위는 직립해 있고 귓불이 두개 앞쪽으로 V 모양으로 늘어진 귀. 예) 보더테리어, 폭스테리어
6. 벨 이어(bell ear): 종 모양의 귀. 끝이 둥근 벨과 같은 형태의 둥근 귀.
7. V형 귀(V-shaped ear): 삼각형 모양의 귀. 늘어진 귀와 선 귀 두 가지 타입이 있음. 예) 불마스티프, 에어데일테리어(늘어진 귀), 시베리안허스키(선 귀)
8. 세미프릭 이어(semiprick ear): 반직립형 귀. 직립한 귀의 끝부분이 앞으로 기울어진 것. 예) 폭스테리어, 러프콜리, 그레이하운드
9. 이렉트(erect): 귀나 꼬리를 위쪽으로 세운 것.

10. 이어 프린지(ear fringe): 길게 늘어진 귀 주변의 장식 털. 예) 세터
11. 캔들 프레임 이어(candle flame ear): 촛불 모양의 귀. 예) 잉글리시토이테리어
12. 크롭트 이어(cropped ear): 귀를 세우기 위해 자른(크로핑−cropping) 귀. 예) 복서, 도베르만핀셔
13. 파렌 이어(phalene ear): 늘어진 귀 타입. 파피용의 늘어진 타입은 그 수가 매우 적음. 틀어진 타입의 파피용의 경우 완전하게 늘어져야만 함.
14. 펜던트 이어(pendant ear): 늘어진 귀. 예) 닥스훈트, 바셋하운드
15. 프릭 이어(prick ear): 직립 귀, 앞쪽 끝부분이 뾰족하게 선 귀. 귀를 잘라 인위적으로 만든 직립 귀와 자연적인 직립 귀가 있음. 예) 저먼셰퍼드(자연적인 직립 귀), 도베르만핀셔, 복서, 그레이트데인(귀를 잘라 세운 귀)
16. 플레어링 이어(flaring ear): 나팔꽃 모양 귀. 예) 치와와
17. 필버트 타입 이어(fillbert shaped ear): 개암나무 열매 형태의 귀. 예) 베들링턴테리어
18. 하이셋 이어(highset ear): 높은 위치에 귀가 있는 것. 반대로 낮은 위치에 귀가 있는 것은 로셋 이어(lowset ear)라고 함.

■ 몸통

1. 구스 럼프(goose rump): 근육 발달이 불충분해 엉덩이 골반의 경사가 급한 것. 보통 꼬리가 낮게 자리 잡음.
2. 다운 힐(down hill): 등선이 허리로 갈수록 낮아지는 모양.
3. 듀클로(dewclaw): 다리 안쪽 엄지발톱. 낭조. 며느리발톱.
4. 럼프(rump): 엉덩이. 골반 상부의 근육이 연결된 부위.
5. 레벨 백(level back): 수평한 등. 기갑에서 허리에 걸쳐 평편한 모양. 바람직한 등의 모양.
6. 레이시(racy): 껑충하게 긴 다리. 등이 높고 비교적 가는 체구의 몸통 타입. 균형 잡히고 세련된 모양.
7. 레인지(rangy): 흉심이 얕은 긴 몸통의 타입.
8. 로인(loin): 허리, 요부.
9. 로치 백(roach back): 잉어 등. 등선이 허리로 향하여 부드럽게 커브한 모양.
10. 롱 바디(long body): 긴 몸통. 예) 닥스훈트
11. 리브(rib): 늑골. 갈비뼈. 13대로 흉추에 연결됨.
12. 리브케이지(ribcage): 흉곽. 심장이나 폐 등을 수용하는 바구니 형태의 골격.
13. 바디(body): 몸통
14. 배럴 체스트(barrel chest): 술통 모양의 가슴.

15. 백 라인(back line): 등선. 기갑에서 시작해 꼬리 뿌리 부분까지의 등선.
16. 백(back): 등.
17. 버톡(buttock): 엉덩이.
18. 보시(bossy): 어깨 근육이 과도하게 발달해 두꺼운 몸통 타입.
19. 브리스킷(brisket): 하흉부. 몸통 앞쪽의 가슴 아랫부분.
20. 비피(beefy): 근육이나 살이 과도하게 발달해 비만인 몸통 타입.
21. 쇼트 백(short back): 기갑의 높이보다 짧은 등.
22. 쇼트 커플드(short-coupled): 라스트 리브에서 둔부까지 거리가 짧은 것.
23. 숄더(shoulder): 어깨.
24. 스웨이 백(sway back): 캐멀 백의 반대. 등선이 움푹 파인 모양.
25. 스트레이트 숄더(straight shoulder): 어깨 전출, 어깨가 전방으로 기울어짐.
26. 슬로핑 숄더(sloping shoulder): 견갑골이 뒤쪽으로 길게 경사를 이루어 후방으로 경사진 어깨.
27. 아웃 오브 숄더(out of shoulder): 전구가 매우 넓어진 상태. 두드러지게 벌어진 어깨. 예) 불도그
28. 앵귤레이션(angulation): 뼈와 뼈가 연결되는 각도.
29. 언더 라인(under line): 가슴 아랫부분에서 배를 따라 만들어진 아랫면의 윤곽선.
30. 에이너스(anus): 항문.
31. 오벌 체스트(oval chest): 계란 모양의 가슴.
32. 위더스(withers): 기갑. 목 아래에 있는 어깨의 가장 높은 점. 키를 이 위치에서 측정.
33. 위디(weedy): 골량 부족으로 가느다란 모양. 골격이 가늘고 왜소한 모양. 미발육의 신체 상태.
34. 인 숄더(in shoulder): 등뼈와 평행하지 않은 어깨 끝. 어깨가 앞으로 나온 모양.
35. 체스트(chest): 가슴, 흉부.
36. 캐멀 백(camel back): 낙타 등. 어깨 쪽이 낮고 허리 부분이 둥글게 올라가고 엉덩이가 내려간 모양.
37. 캣 풋(cat foot): 고양이 발.
38. 커플링(coupling): 요부. 늑골과 관골 사이를 연결하는 몸통 부위. 흉부와 엉덩이의 중간 부위.
39. 코비(cobby): 몸통이 짧고 간결한 모양의 몸통 타입. 예) 몰티즈
40. 크루프(croup): 엉덩이.
41. 클로디(cloddy): 등이 낮고 몸통이 굵어 무겁게 느껴지는 몸통의 타입.
42. 턱 업(tuck up): 허리 부분에서 복부가 감싸 올려진 상태.
43. 톱 라인(top line): 기갑 직후부터 뿌리까지의 등선.
44. 파텔라(patella): 슬개골.

45. 페이퍼 풋(paper foot): 종이 발. 발바닥이 너무 얇아 움직임이 빈약함.
46. 플랭크(flank): 옆구리. 라스트 리브와 엉덩이 사이의 몸통 측면.
47. 헤어 풋(hare foot): 토끼 발. 긴 발가락.
48. 흉심: 가슴의 깊이. 기갑부 최고점에서 가슴 아래에 이르는 수직 거리.
49. 힙 본(hip bone): 관골. 장골, 좌골, 치골로 이루어지며 고관절을 형성함. 장골이 가장 큼.
50. 힙 조인트(hip joint): 고관절.

■ 다리

1. 내로 사이(narrow thigh): 폭이 좁은 대퇴부.
2. 내로 프런트(narrow front): 앞가슴 폭이 좁은 프런트. 앞다리 간격이 좁음. 예) 보르조이
3. 다운 인 패스턴(down in pastern): 패스턴이 앞쪽으로 경사진 것. 지구력이 결여되어 결점.
4. 배럴 호크(barrel hock): 발가락 부분이 안쪽으로 굽어 밖으로 돌아간 비절.
5. 보우드 프런트(bowed front): 활 모양의 전반부. 팔꿈치가 바깥쪽으로 굽은 안짱다리.
6. 사이(thigh): 어퍼 사이(upper thigh) 대퇴부. 후지 엉덩이에서 무릎 관절까지의 부위.
7. 세컨드 사이(second thigh): 로어 사이(lower thigh) 하퇴부. 후지 무릎 관절부터 비절까지의 부위.
8. 스타이플(stiffle): 무릎 관절. 대퇴골과 하퇴골을 연결하는 부위.
9. 스트레이트 프런트(straight front): 테리어의 프런트. 일직선상의 프런트.
10. 스트레이트 호크(straight hock): 각도가 없는 관절.
11. 스팁 프런트(steep front): 어깨가 높아서 깎아지는 듯한 프런트.
12. 시클 호크(sickle hock): 비절이 낮아 낫 모양 관절.
13. 아웃 앳 엘보(out at elbow): 팔꿈치가 밖으로 돈 것.
14. 어퍼 암(upper arm): 상완부.
15. 엘보(elbow): 팔꿈치.
16. 와이드 프런트(wide front): 앞발 간격이 넓은 프런트. 예) 불도그
17. 웰 벤트 호크(well bent hock): 이상적인 각도의 비절.
18. 카우 호크(cow hock): 뒷다리 양쪽이 소처럼 안쪽으로 구부러진 다리.
19. 트위스팅 호크(twisting hock): 체중이 과도해 지탱이 어려워 좌우 비절 관절이 염전된 것.
20. 패스턴(pastern): 중수골. 손의 관절과 손가락 뼈 사이의 부위. 앞다리의 가운데 뼈. 뒷다리의 가운데 뼈.
21. 포어 암(fore arm): 전완부.

22. 프런트(front): 앞다리, 앞가슴, 가슴, 어깨, 목 등을 포함한 전반부.
23. 피들 프런트(fiddle front): 팔꿈치가 바깥쪽으로 굽은 프런트. 발가락도 밖으로 향함.
24. 호크(hock): 비절. 아랫다리와 패스턴 사이의 뒷다리 관절.

■ 꼬리

1. 게이 테일(gay tail): 치켜든 꼬리. 예) 스코티시테리어
2. 독(dock): 잘린 꼬리. 단미. 보통 생후 4~7일에 실시.
3. 랫 테일(rat tail): 쥐꼬리 모양. 뿌리 부분이 두텁고 부드러운 털이 있는 반면 끝 쪽에는 털이 없고 가는 꼬리. 예) 아이리시워터스패니얼
4. 로셋 테일(low set tail): 낮게 달리 꼬리.
5. 링 테일(ring tail): 커브진 꼬리. 바퀴 모양으로 꼬리 뿌리가 높게 올려져 원형을 이루는 꼬리. 예) 아프간하운드
6. 밥 테일(bob tail): 선천적으로 꼬리가 없는 것. 또는 잘린 꼬리.
7. 브러시 테일(brush tail): 여우처럼 길고 늘어진 둥근 브러시 모양의 꼬리. 폭스 브렛슈라고도 함. 예) 시베리안허스키
8. 세이버 테일(saver tail): 바셋하운드처럼 부드럽게 커브를 그리며 올라간 형태와 저먼셰퍼드처럼 반원형을 이루며 낮게 유지한 두 가지 형태가 있음.
9. 셋온(set-on): 꼬리와 몸통의 연결점. 꼬리의 뿌리 부분.
10. 스냅 테일(snap tail): 낫 모양 꼬리. 꼬리 끝이 등에 접촉된 꼬리. 예) 알래스칸맬러뮤트
11. 스쿼럴 테일(squirrel tail): 다람쥐 꼬리. 예) 파피용.
12. 스크루 테일(screw tail): 와인 오프너 같은 모양의 나선형 꼬리. 예) 불도그, 보스턴테리어
13. 스턴(stern): 하운드나 테리어종 중 짧은 꼬리의 경우. 예) 폭스테리어, 블러드하운드
14. 시클 테일(sickle tail): 낫 모양 꼬리. 뿌리부터 등 위로 높게 자리 잡고 중간에 반원형을 그리며 낫 모양으로 구부러진 꼬리.
15. 오터 테일(otter tail): 수달 꼬리 모양. 뿌리 부분이 두껍고 둥글며 끝은 가는 꼬리. 예) 래브라도리트리버
16. 이렉트 테일(erect tail): 직립 꼬리. 위를 향해 선 꼬리. 예) 스코티시테리어, 폭스테리어
17. 컬드 테일(curled tail): 심하게 말려 올라가 등 가운데 짊어진 꼬리 예) 페키니즈
18. 콕트업 테일(cocked-up tail): 등선에 직각으로 구부러져 올려진 꼬리.
19. 크랭크 테일(crank tail): 굴곡진 꼬리. 짧고 아래를 향한 꼬리로 말단이 위쪽으로 꼬부라짐. 예) 불도그

20. 크룩 테일(crook tail): 구부러진 꼬리.
21. 킹크 테일(kink tail): 비틀린 꼬리. 예) 프렌치불도그
22. 테일(tail): 꼬리.
23. 테일리스(tailless): 꼬리가 없는 것. 선천적으로 꼬리가 없는 경우.
24. 판 테일(fan tail): 풍부한 모량의 장모 꼬리를 등 위로 말아 올리고 있거나 부채를 편 것 같은 형태의 꼬리. 예) 포메라니안
25. 플래그 테일(flag tail): 깃발 형태의 꼬리. 예) 잉글리시세터
26. 플래그풀 테일(flagpoles tail): 등선에 대해 직각으로 올라간 꼬리. 예) 비글
27. 플룸 테일(plume tail): 깃털 모양의 장식 털이 아래로 늘어진 꼬리. 예) 잉글리시세터
28. 하이셋 테일(high set tail): 높게 달린 꼬리.
29. 훅 테일(hook tail): 갈고리 모양 꼬리. 예) 브리아드, 피레니언마운틴도그
30. 휩 테일(whip tail): 채찍형 꼬리. 곧고 길며 끝이 가늘고 뾰족한 꼬리. 예) 잉글리시포인터

약력

혜전대학교 반려동물토탈케어과 교수/학과장

릭드래곤 비숑프리제 브리더 & 핸들러

(사)한국애견협회 애견미용 심사위원

(사)한국애견협회 국제 도그쇼 심사위원

(사)한국애견협회 도그쇼 정 심사위원

(사)한국애견협회 핸들러 심사위원

(사)한국애견협회 반려견스타일리스트 경연대회 '대상' 수상

중국, 스페인 도그쇼 및 애견미용 초청 심사

국제직업능력평가원 운영위원 이사

한국동물보건학회 정회원

도그쇼 BIS 다수 수상

(사)한국애견협회 국가공인 반려견스타일리스트 자격증 실기시험 메뉴얼 및 채점표 개발

(사)한국애견협회 반려견스타일리스트 자격증 실기시험 매뉴얼 개발

前 (사)한국애견협회 국가공인 반려견스타일리스트자격증 감독(심사)위원

前 (사)한국애견협회 반려견스타일리스트자격증 심사위원

前 (사)한국애견협회 핸들러분과위원회 위원장

반려견 기초 그루밍

초판발행 2022년 10월 28일

지은이 천선화
펴낸이 노 현

편 집 김다혜
기획/마케팅 김한유
표지디자인 Ben Story
제 작 고철민·조영환

펴낸곳 ㈜ 피와이메이트
서울특별시 금천구 가산디지털2로 53, 한라시그마밸리 210호(가산동)
등록 2014. 2. 12. 제2018-000080호
전 화 02)733-6771
f a x 02)736-4818
e-mail pys@pybook.co.kr
homepage www.pybook.co.kr
ISBN 979-11-6519-346-1 93490

정 가 30,000원